国家科学技术学术著作出版基金资助出版

新能源多输入逆变器

陈道炼　著

科学出版社

北　京

内 容 简 介

本书按照输入源路数、功率变换级数、电气隔离、电路拓扑等类型，在论述新能源多输入逆变器的现状与发展的基础上，提出并系统深入地论述新颖的直流变换器型两级多输入逆变器、直流变换器型准单级多输入逆变器和外置并联分时选择开关供电型、内置并联分时选择开关供电型、并联分时选择开关直流斩波器型、串联同时选择开关 Buck 直流斩波器型、串联同时选择开关 Buck-Boost 直流斩波器型、多绕组同时供电 Boost 型单级多输入逆变器。本书以三类单级多输入逆变器为例，论述新能源单级多输入分布式发电系统的设计与研制。在光伏、风力、燃料电池等多种新能源联合供电的场合，单级多输入分布式发电系统具有重要的应用价值。

本书集新概念、系统性、理论性、工程性于一体，是一本内容十分翔实、理论与工程实践紧密结合的著作，可作为高等学校电气工程等相关学科研究生的参考书，也可供从事新能源分布式发电系统研究、开发的工程技术人员参考使用。

图书在版编目(CIP)数据

新能源多输入逆变器 / 陈道炼著. —北京：科学出版社，2021.12

ISBN 978-7-03-067930-7

Ⅰ.①新… Ⅱ.①陈… Ⅲ.①逆变器 Ⅳ.①TM464

中国版本图书馆CIP数据核字（2021）第005109号

责任编辑：范运年　霍明亮 / 责任校对：王萌萌
责任印制：师艳茹 / 封面设计：蓝正设计

科学出版社 出版
北京东黄城根北街 16 号
邮政编码：100717
http://www.sciencep.com
河北鹏润印刷有限公司 印刷
科学出版社发行　各地新华书店经销

*

2021 年 12 月第 一 版　开本：720×1000 1/16
2021 年 12 月第一次印刷　印张：18 3/4
字数：378 000

定价：148.00 元
（如有印装质量问题，我社负责调换）

前　　言

随着电网规模的不断扩大，当今社会对电力能源供应的质量、安全可靠性要求越来越高。于是，分布式电源在 21 世纪获得了快速的发展。直接安装在接近用户端的分布式发电可以弥补和完善大规模集中式电力系统发电输电的不足，近年来越来越受到各国政府的重视。目前，大电网与分布式电源相结合是 21 世纪电力工业的发展方向。

分布式能源系统是世界能源工业发展中的一个重要方向，已得到深入的研究和广泛的应用，主要表现在实现能源综合梯级利用、弥补大电网安全稳定性方面的不足、降低远距离输送损失、减少相应的输配系统投资、环境友好等方面，为可再生能源利用开辟了新方向。

由于石油、煤和天然气等不可再生的化石能源日益紧张、环境污染日趋严重等原因，能源短缺和环境污染已成为 21 世纪人类所面临的重大问题。太阳能、风能、氢能等新能源具有清洁无污染、廉价、可靠、丰富等优点，其开发和利用越来越受到世界各国的重视。其中，太阳能光伏发电和风力发电是两类重要的新能源发电方式。

太阳能光伏发电是一种零排放的清洁能源和能够规模应用的现实能源，具有转换效率高、无污染、不受地域限制、维护方便等诸多优点，广泛应用于交通、城市建设、民用设施等诸多领域。太阳能光伏发电系统有独立运行和并网运行两种方式。独立运行的光伏发电系统需要电池作为储能装置，主要用于无电网的边远地区和人口分散地区，整个系统的成本较高；并网运行的光伏发电系统省去了储能装置，主要用于有电网的地区，可大幅降低成本，并且有更高的环保性能。2015 年是全球风电发展里程碑的一年，这一年全球风电装机再次实现历史性突破，2016～2020 年期间全球风电年新增装机容量趋向稳定，2020 年累计装机市场已达到 743GW。与传统的恒频风力发电系统相比，变速恒频风力发电系统具有结构简洁、发电效率高、体积重量小、电能质量高、生产维护方便、可靠性高等优点，将成为风力发电的重要发展方向，特别是变速恒频直驱风力发电系统。

光伏、风力、燃料电池等单一新能源发电通常存在电力供应不稳定、不连续、随气候条件变化等缺陷，为了提高供电系统的稳定性和灵活性，实现能源的优先利用和充分利用，需要采用有发展前景的分布式能源系统——多种新能源联合供电的分布式发电系统，多输入逆变器是其关键技术。

本书按照输入源路数、功率变换级数、电气隔离、电路拓扑等类型，在论述新能源多输入逆变器的现状与发展的基础上，提出新颖的直流变换器型两级多输入逆变器、直流变换器型准单级多输入逆变器和外置并联分时选择开关供电型、内置并联分时选择开关供电型、并联分时选择开关直流斩波器型、串联同时选择开关 Buck 直流斩波器型、串联同时选择开关 Buck-Boost 型直流斩波器型、多绕组同时供电 Boost 型单级多输入逆变器，并对构成这些系统的电路结构与拓扑族、能量管理控制策略、原理特性、主要参数设计准则等关键技术进行深入的理论分析、仿真和实验，获得重要结论。

本书共 10 章。第 1 章系统地论述新能源多输入逆变器的现状与发展；第 2 章提出并论述新颖的直流变换器型两级多输入逆变器；第 3 章提出并论述直流变换器型准单级多输入逆变器；第 4 章提出并论述外置并联分时选择开关供电型单级多输入逆变器；第 5 章提出并论述内置并联分时选择开关供电型单级多输入逆变器；第 6 章提出并论述并联分时选择开关直流斩波器型单级多输入逆变器；第 7 章提出并论述串联同时选择开关 Buck 直流斩波器型单级多输入逆变器；第 8 章提出并论述串联同时选择开关 Buck-Boost 直流斩波器型单级多输入逆变器；第 9 章提出并论述多绕组同时供电 Boost 型单级多输入逆变器；第 10 章提出并论述新能源单级多输入分布式发电系统的研制。

本书是作者近年来主持的国家自然科学基金重点项目(51537001)的创新成果，以及作者多年来科学研究的成果和积累。

多年来，作者与新能源电能变换结下了不解之缘，具有十分浓厚的感情。作者以新能源多输入逆变器为研究对象，倾注了大量心血，取得了许多重要的研究成果。将多年的研究成果和积累加以总结，并将本书奉献给广大读者，是作者多年来的夙愿。如果本书有助于提高广大读者的学术水平，对电力电子、新能源分布式发电的发展能起到积极的促进作用，作者将甚感欣慰！

书稿的整理、绘图与录入工作，由作者团队成员冯之健、曾汉超、邱琰辉、江加辉和作者的研究生赵嘉伟、李健、刘鲁甲、岳星、白露萌、邢朋帅、沈复颖、秦舒然、王建功、韦润昌等协助完成。对他们的辛勤劳动，致以诚挚的谢意！

本书得到了浙江大学钱照明教授、华南理工大学张波教授和上海大学陈国呈教授的热情推荐和支持，特此致谢！

最后还要感谢妻子钱薇薇女士，是她的理解和支持，作者才得以专心完成本书的撰写。谨以本书献给钱薇薇女士和女儿陈曦子等家人，以及关心和支持作者的所有人！

由于作者水平有限和时间仓促，加之新能源分布式发电仍处于研究发展之中，书中难免有不足之处，恳请广大读者批评指正。

陈道炼

2021 年 12 月

目　　录

第1章　新能源多输入逆变器的现状与发展

1.1　概　　述

1.1.1　分布式能源系统

目前，电力系统已经发展成为以大机组、大电网、高电压为主要特征的集中式单一供电系统。然而，随着电网规模的不断扩大，当今社会对电力能源供应的质量、安全可靠性要求越来越高，超大规模电力系统的运行难度大、投入成本高、环境污染严重等弊端也日益凸显。分布式电源在 21 世纪发展迅速，分布式发电（distributed generation，DG）可以弥补和完善大规模集中式电力系统发电输电的不足，近年来越来越受到各国政府的重视。

分布式能源（distributed energy resources，DER）系统是世界能源工业发展中的一个重要方向，专有缩略名词 DG、DP（distributed power）、DER 的详细定义为：①DG 指原动机包括内燃机、燃气轮机、微型燃气轮机、水轮机、燃料电池及太阳能、风能、生物能等任何能发电的系统，存在于传统公共电网以外；②DP 包含所有 DG 的技术，并且能将电能储存在蓄电池、飞轮、再生型燃料电池、超导磁力储存设备、水电储能设备等中；③DER 指在用户当地或靠近用户的地点生产电或热能提供给用户使用，其包含 DG 与 DP 所有的技术，并且包含那些与公共电网相连接的系统，用户可将本地的多余电能通过连接线路出售给公共电力公司。

分布式能源系统主要在以下几个方面获得了深入的研究和广泛的应用。

(1) 实现能源综合梯级利用，能源利用率高，节能效果显著。常规的集中供能方式相对单一，当用户不仅需要电力，还需要供热、供冷、生活热水等其他形式的能量时，仅通过电力来满足上述需求难以实现能量的综合梯级利用。而分布式能源系统以其规模小、灵活性强等特点，通过不同循环的有机整合，在满足用户需求的同时可以克服冷、热无法远距离传输的困难，实现能量的综合梯级利用。大型发电厂的发电效率一般为 35%～55%，扣除厂用电和线损率，终端的利用效率只能达到 30%～47%。而分布式能源系统的能源利用率可达到 80%以上，没有输电损耗。

(2) 弥补大电网安全稳定性方面的不足。21 世纪世界上发生几次大的停电事故，特别是美国东北部发生的大停电事故，每天的经济损失高达 300 亿美元，充分地反映了以集中供电模式为主的现代电力系统的弊端。同时，美国"9·11"事件后，供电安全已上升至国家安全的层面，各国高度重视，而电网的快速扩张对供电安全稳定性也带来很大的威胁。在接近用户端直接安装分布式能源系统，与大电网配合，可以显著地提高供电可靠性，在电网崩溃和地震、暴风雪、人为破坏、战争等意外灾害情况下，可以维持重要用户的供电。

(3)装置容量小、占地面积小，初始投资少，降低了远距离输送损失和相应的输配系统投资，可以满足特殊场合的需求。与集中能源系统相比，分布式能源系统按需就近设置，尽可能地与用户配合，没有能源远距离输送引起的输配损失和相应的输配系统投资，经济性好，为终端用户提供了灵活、节能型的综合能源型服务。对于不适宜铺设电网的西部等偏远地区或分散的用户，可以发展分布式能源系统。此外，在废弃资源现场，因地制宜地就地利用转换余热、余压及可燃性废弃气体，也有重要意义。

(4)环境友好，燃料多元化，为可再生能源利用开辟了新方向。分布式能源系统一般采用清洁燃料做能源，同时其高效率可以实现环保效益。相对化石能源而言，太阳能、地热、风能等可再生能源的能量密度较低且分散，目前的可再生能源利用系统规模较小，能源利用率较低，集中供电难度大，适合发展小规模的分布式能源系统。

根据燃料的不同划分，分布式能源系统的主要形式可分为燃用化石能源、利用可再生能源、燃用二次能源等。燃用化石能源的动力装置包括微型燃气轮机、燃气轮机、内燃机、常规柴油发电机、燃料电池；利用可再生能源包括太阳能、风能、水能、海洋能、地热能、生物质能等；燃用二次能源包括氢能等。根据用户侧需求不同划分，分布式能源系统的形式可分为电力单供、热电联产方式和热电冷三联产等。分布式能源系统由发电设备(汽轮机、燃气轮机、微型涡轮机、内燃机或燃料电池)、供热或制冷设备(吸收式冷/热水机组、电制冷机组)、锅炉或蓄热系统、汽-水换热器、调节装置(使蒸汽参数符合用户要求)及建筑控制系统等组成。

1.1.2　新能源多输入逆变器

由于石油、煤和天然气等不可再生的化石能源储量日益减少，环境污染日趋严重，地球气候逐渐变暖，核能的生产又会产生核废料并造成环境污染等原因，能源和环境已成为21世纪人类所面临的重大问题。太阳能、风能、氢能、潮汐能和地热能等新能源具有清洁无污染、廉价、可靠、丰富等优点，其开发和利用越来越受到世界各国的重视，对世界各国经济的可持续发展具有十分重要的意义。其中，太阳能光伏发电和风力发电是两类重要的新能源发电方式。

太阳能光伏发电是一种零排放的清洁能源和能够规模应用的现实能源，具有转换效率高、无污染、不受地域限制、维护方便、使用寿命长等优点，广泛地应用于国防、通信、交通、城市建设、民用设施等领域。太阳能光伏发电系统有独立运行和并网运行两种方式。独立运行的太阳能光伏发电系统需要电池作为储能装置，主要用于无电网的边远地区和人口分散地区，整个系统的成本较高。并网运行的太阳能光伏发电系统省去了储能装置，主要用于有电网的地区，可大幅地降低成本，并且有更好的环保性能。

2015 年全球风电新增装机容量达到 63467MW，同比增加 22%，全球累计风电装机容量为 432.9GW，同比增加 17%。2015 年全球风电总投资达到 3286.4 亿美元，比 2014 年 3160 亿美元的全球风电总投资增加 4%。2015 年，中国风电市场继续强劲增长，全国新增风电装机容量 30.753GW，同比增长 32.6%；全国累计风电装机容量达到 145GW；风电发电量为 1863 亿 kW·h，占全部发电量的 3.3%，是继火电、水电之后的第三大电源[1]。2016~2020 年，全球风电年新增装机容量趋向稳定，风电进入一个相对稳定的发展时期，2020 年累计风电装机市场达到743GW。与传统的恒频风力发电系统相比，变速恒频风力发电系统具有结构简洁、发电效率高、体积重量小、电能质量高、生产维护方便、可靠性高等优点，将成为风力发电的重要发展方向，特别是变速恒频直驱风力发电系统。

光伏、风力等新能源发电系统产生的能量通常是不稳定的，不可能将光伏电池或风力发电机等转化的电能直接提供给负载使用或与公共电网相连，需要在光伏电池或风力发电机与负载或电网之间配置容量适合的逆变器，将电压幅值或电压幅值与频率均随机变化的电能变换成电压、频率、谐波、相角和功率因数均符合要求的交流电能，以供负载使用或实现并网。逆变器的性能对太阳能、风能等新能源发电起到了至关重要的作用。此外，光伏、风力、燃料电池、地热等单一新能源发电通常存在电力供应不稳定、不连续、随气候条件变化等缺陷，为了提高供电系统的稳定性和灵活性，实现能源的优先利用和充分利用，需要采用有发展前景的分布式能源系统——多种新能源联合供电的分布式发电系统。

逆变器是新能源分布式发电系统最关键的装备，占据发电成本的 1/3~1/2。2010 年后，中国已成为世界上最大的风能设备制造中心，目前双馈式变速恒频风电机组是国内外风电机组的主流机型，单机容量已达 5MW 以上。直驱式风电机组未来将占据主导地位，国内中压直驱式风电并网逆变器产品正在研制之中，国外直驱式风电并网逆变器产品已趋于成熟。国产光伏并网逆变器已经成为主流，2013 年国产并网逆变器容量突破 13GW，占全球市场的 26%，国内已经能够生产 1~30kW 组串型光伏逆变器、30~1000kW 电站型光伏逆变器、200~500W 的微型逆变器，但与国际一流品牌相比，在直流电压范围、变换效率、可靠性等方面，还有一定距离。

逆变器的种类繁多[2]，大致可按照交流输出能量的去向、功率流动的方向、输入直流电源的性质、输入与输出的电气隔离、功率电路的拓扑结构、组成功率电路的器件、占空比的控制方式、输出交流电压的电平、输出交流电压的波形、输出交流电的相数、输出交流电的频率、功率开关的工作方式及输入直流电源的路数等方面加以分类，具体如下所示。

逆变器
- 按交流输出能量的去向 { 无源逆变 / 有源逆变 }
- 按功率流动的方向 { 单向逆变 / 双向逆变 }
- 按输入直流电源的性质 { 电压源逆变 / 电流源逆变 }
- 按输入与输出的电气隔离 { 非隔离型逆变 / 低频环节逆变 / 高频环节逆变 }
- 按功率电路的拓扑结构 { 推挽式逆变 / 半桥式逆变 / 全桥式逆变 }
- 按组成功率电路的器件 { SCR逆变 / GTR逆变 / GTO逆变 / MOSFET逆变 / IGBT逆变 / IGCT逆变 / 混合器件逆变 }
- 按占空比的控制方式 { 脉宽调制逆变 / 脉频调制逆变 }
- 按输出交流电压的电平 { 二电平逆变 / 多电平逆变 }
- 按输出交流电压的波形 { 正弦波逆变 / 非正弦波逆变 }
- 按输出交流电的相数 { 单相逆变 / 三相逆变 / 多相逆变 }
- 按输出交流电的频率 { 工频逆变 / 中频逆变 / 高频逆变 }
- 按功率开关的工作方式 { 硬开关逆变 / 软开关逆变 }
- 按输入直流电源的路数 { 单输入逆变 / 双输入逆变 / 多输入逆变 }

因此，按照输入源路数和功率变换级数划分，新能源多输入逆变器可分为传统直流变换器型两级多输入逆变器、新颖的直流变换器型两级多输入逆变器、多输入直流变换器型准单级多输入逆变器、单级多输入逆变器四大类[3]。下面以此划分来论述新能源多输入逆变器的现状与发展。

1.2　新能源多输入逆变器的现状与发展

1.2.1　传统直流变换器型两级多输入逆变器

文献[3]～[5]提出了将多个单输入直流变换器在输出端串联或并联后再与一个逆变器级联，构成传统直流变换器型两级多输入逆变器及其分布式发电系统，如图 1-1 所示。光伏电池、风力发电机、燃料电池等不需能量存储的新能源发电

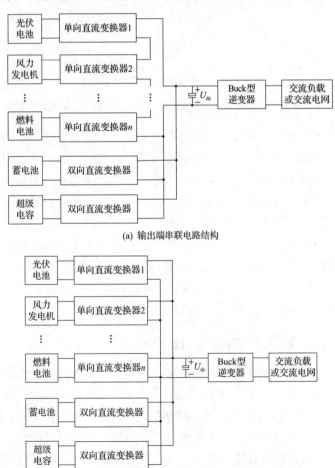

(a) 输出端串联电路结构

(b) 输出端并联电路结构

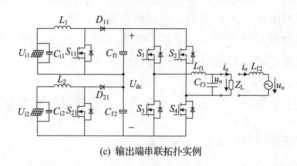

(c) 输出端串联拓扑实例

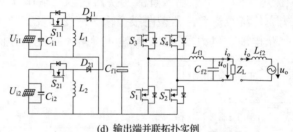

(d) 输出端并联拓扑实例

图 1-1　传统直流变换器型两级多输入逆变器及其分布式发电系统

设备分别通过一个单向直流变换器进行电能变换并且在输出端串联或并联后连接到公共的直流母线上，蓄电池、超级电容器等辅助能量存储设备分别通过一个双向直流变换器进行电能变换后连接到公共的直流母线上以稳定直流母线电压 U_{dc} 和实现系统的功率平衡，确保各种新能源联合供电并且能够协调工作。

　　传统直流变换器型两级多输入逆变器及其分布式发电系统，具有如下特点：①多个单输入直流变换器独立工作，控制灵活，易于实现多输入源的扩展；②前后级通过直流母线电容解耦，前后级独立控制，系统的能量管理主要由前级实现，控制简单；③存在多个单输入直流变换器，电路结构复杂，两级功率变换，体积、重量大，成本高，实用性受到很大程度的限制。

1.2.2　新颖的直流变换器型两级多输入逆变器

　　为了克服图 1-1 所示系统存在的缺陷，用一个新颖的直流变换器代替多个单输入直流变换器构成了图 1-2 所示新颖的直流变换器型两级多输入分布式发电系统[3, 6-14]。该系统由三部分构成：第一部分由光伏电池、风力发电机、燃料电池等新能源发电设备和单向多输入直流变换器构成；第二部分由蓄电池、超级电容等辅助能量存储设备和双向直流变换器构成；第三部分由 Buck 型逆变器和交流负载或交流电网构成。

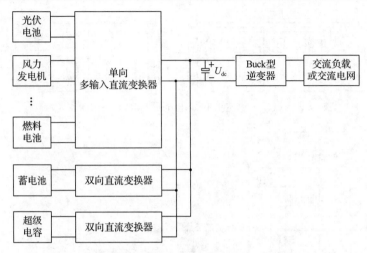

图 1-2 新颖的直流变换器型两级多输入分布式发电系统

文献[6]与[7]提出了新颖的 Buck 直流变换器型两级多输入逆变器电路结构与拓扑族,如图 1-3 所示。限于篇幅,图 1-3 中仅给出了拓扑实例,以下同。该电

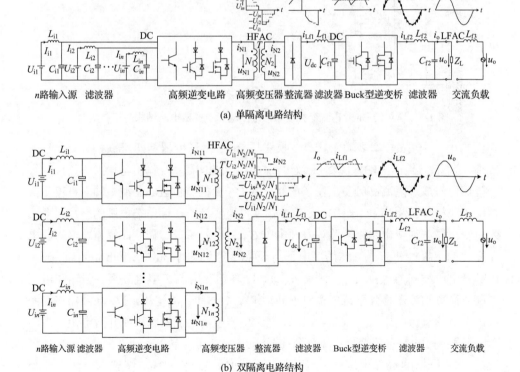

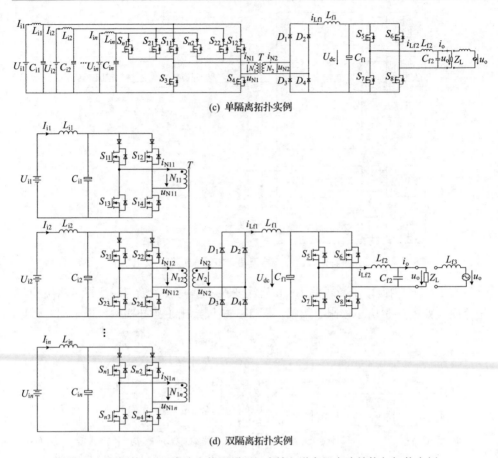

(c) 单隔离拓扑实例

(d) 双隔离拓扑实例

图 1-3　新颖的 Buck 直流变换器型两级多输入逆变器电路结构与拓扑实例

路结构由一个 Buck 型多输入直流变换器与 Buck 型逆变器两级级联构成，包括非隔离、单隔离(输出与输入隔离)、双隔离(多输入源间隔离、输出与输入隔离)三类，非隔离可看成单隔离高频变压器 T 的匝比 $N_1/N_2=1$ 的特例。Buck 型多输入直流变换器的工作机理，相当于多个 Buck 型单输入直流变换器在输出端电压的叠加。多输入单输出高频逆变电路将多路输入源电压 U_{i1}、U_{i2}、$\cdots$、U_{in} 调制成幅值随输入源电压变化的双极性两态或三态的多电平高频脉冲宽度调制(pulse width modulation, PWM)电压波 u_{N1}(u_{N11}、u_{N12}、$\cdots$、u_{N1n})，经高频变压器 T 电气隔离、传输和电压匹配，高频整流器将其整流成多电平高频 PWM 脉冲直流电压，LC 滤波器将其滤波成平滑的直流电压 U_{dc}，U_{dc} 经 Buck 型逆变器后输出正弦电压或并网电流。

新颖的 Buck 直流变换器型两级多输入逆变器具有单隔离或双隔离、两级功率变换、共用输出(高频变压器)整流滤波电路和后级逆变电路、多输入电源在一个高频开关周期内(并联)分时向负载供电、多输入源占空比调节范围小、多输入源电流脉动大等特点，适用于中大容量逆变场合。

文献[3]、文献[8]~[11]提出了新颖的 Boost 直流变换器型两级多输入逆变器电路结构与拓扑族，如图 1-4 所示。该电路结构由一个 Boost 型多输入直流变换器与 Buck 型逆变器两级级联构成，包括非隔离、单隔离、双隔离三类。Boost 型多输入直流变换器的工作机理，相当于多个 Boost 型单输入直流变换器在输出端电流的叠加。多输入单输出高频逆变电路将多路储能电感的高频脉动直流电流 i_{L1}、i_{L2}、$\cdots$、i_{Ln} 逆变成单极性两态或双极性三态的高频 PWM 电流 i_{N1}（i_{N11}、i_{N12}、$\cdots$、i_{N1n}），经高频变压器 T 电气隔离、传输和电流匹配输出单极性两态或双极性三态的多电平高频 PWM 电流 i_{N2}，高频整流器和输出滤波电容 C_{f1} 将其整流滤波成平滑的直流电压 U_{dc}，U_{dc} 经 Buck 型逆变器后输出正弦电压或并网电流。

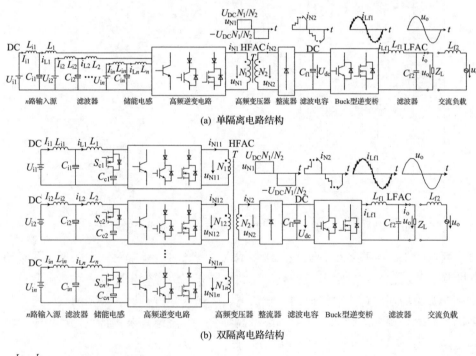

(a) 单隔离电路结构

(b) 双隔离电路结构

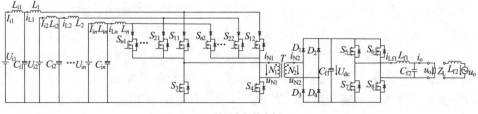

(c) 单隔离拓扑实例

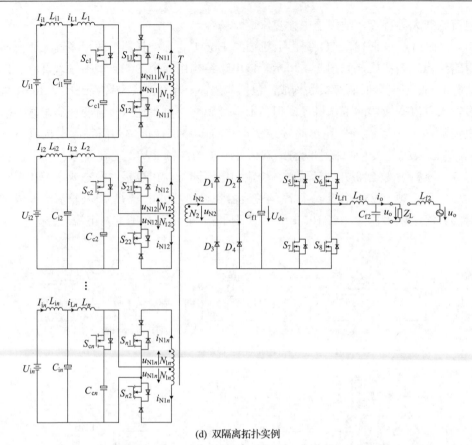

(d) 双隔离拓扑实例

图 1-4 新颖的 Boost 直流变换器型两级多输入逆变器电路结构与拓扑实例

新颖的 Boost 直流变换器型两级多输入逆变器具有单隔离或双隔离、两级功率变换、共用输出(高频变压器)整流滤波电路和后级逆变电路、多输入电源在一个高频开关周期内(并联)同时向负载供电、多输入源占空比调节范围大、变换效率高、多输入源电流脉动小、双隔离型高频变压器绕组复杂等特点，适用于中大容量逆变场合。

文献[12]与[13]提出了新颖的 Buck-Boost 直流变换器型两级多输入逆变器电路结构与拓扑族，如图 1-5 所示。该电路结构是由一个 Buck-Boost 型多输入直流变换器与 Buck 型逆变器两级级联构成的，包括非隔离、单隔离、双隔离三类。Buck-Boost 型多输入直流变换器的工作机理，相当于多个 Buck-Boost 型单输入直流变换器在输入端电流的叠加。多输入单输出高频逆变电路将多路输入源电压 U_{i1}、U_{i2}、$\cdots$、U_{in} 调制成具有 n 个不同上升斜率 U_{i1}/L_1、U_{i2}/L_1、$\cdots$、U_{in}/L_1 的高频 PWM 脉冲直流电流 i_{N1}(i_{N11}、i_{N12}、$\cdots$、i_{N1n})，经高频储能式变压器 T(T_1、

T_2)电气隔离、传输、电流匹配和高频整流、电容滤波后输出平滑的直流电压 U_{DC}。图 1-5(b)所示双隔离电路结构，稳态时一个开关周期内高频 PWM 脉冲直流电流 i_{N12}、i_{N13}、$\cdots$、i_{N1n} 的初值分别与 i_{N11}、i_{N12}、$\cdots$、$i_{N1(n-1)}$ 的终值满足磁势平衡原理。

　　新颖的 Buck-Boost 直流变换器型两级多输入逆变器具有单隔离或双隔离、两级功率变换、共用输出(高频储能式变压器)整流滤波电路和后级逆变电路、多输入电源在一个高频开关周期内(并联)分时向负载供电、多输入源占空比调节范围小、多输入源电流脉动大、前级负载短路时可靠性高等特点，适用于小容量逆变场合。

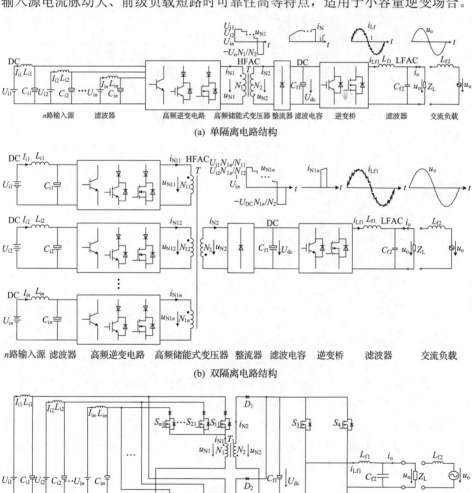

(a) 单隔离电路结构

(b) 双隔离电路结构

(c) 单隔离拓扑实例

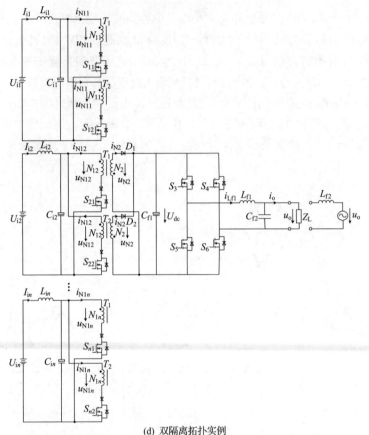

(d) 双隔离拓扑实例

图 1-5　新颖的 Buck-Boost 直流变换器型两级多输入逆变器电路结构与拓扑实例

文献[14]提出的新颖的 Zeta(组合升降压)直流变换器型两级多输入逆变器电路结构由一个 Zeta 型多输入直流变换器与 Buck 型逆变器两级级联构成，包括非隔离、单隔离、双隔离三类。Zeta 型多输入直流变换器的工作机理，相当于多个 Zeta 型单输入直流变换器在输出端电压的叠加。

新颖的直流变换器型两级多输入逆变器实现了多输入源在一个开关周期内分时或同时向负载供电，简化了电路结构和降低了成本，但仍属于两级功率变换，其变换效率、功率密度和成本等仍不够理想。

1.2.3　多输入直流变换器型准单级多输入逆变器

如果前级多输入直流变换器的输出波形为一个低频双正弦半波，则后级电路可简化成一个极性反转逆变桥，从而构成图 1-6 所示直流变换器型准单级多输入分布式发电系统[3, 15-18]。该系统由三部分构成：第一部分由光伏电池、风力发电机、燃料电池等新能源发电设备和单向/双向多输入直流变换器构成，单向、双向多输入直流变换器分别适用于并网发电和独立供电场合；第二部分由蓄电池、超级电容等辅助能量存储设备和双向直流变换器构成；第三部分由极性反转逆变桥和交流负载或交流电网构成。

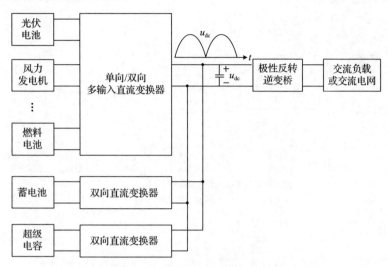

图 1-6　直流变换器型准单级多输入分布式发电系统

文献[15]提出的 Buck 直流变换器型准单级多输入逆变器电路结构与拓扑族，如图 1-7 所示。该电路结构由单向/双向 Buck 型多输入直流变换器和极性反转逆变桥级联构成，包括非隔离、单隔离、双隔离三类；拓扑实例给出的是并网情形单向 Buck 型多输入直流变换器，对于离网情形要用有源开关代替选择开关电路和整流器中的二极管，以构成双向 Buck 型多输入直流变换器。与图 1-3 所示两级电路结构相比，该逆变器的前级因工作在 SPWM(正弦脉冲宽度调制, sinusoidal PWM)状态而负担重，但极性反转逆变桥工作简单。多输入单输出高频逆变电路将 n 路输入源电压调制成幅值随输入源电压变化的双极性两态或三态的多电平高频脉冲电压波 $u_{N1}(u_{N11}、u_{N12}、\cdots、u_{N1n})$，$u_{N1}(u_{N11}、u_{N12}、\cdots、u_{N1n})$ 经高频变压器 T 电气隔离传输电压匹配、高频整流和输出滤波器滤波后获得优质的双正弦半波电压 u_{dc}，u_{dc} 经极性反转逆变桥输出工频正弦电压 u_o 或正弦并网电流 i_o。

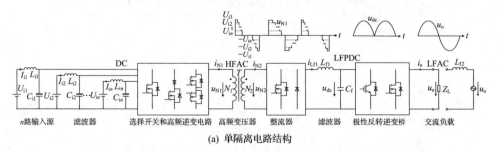

(a) 单隔离电路结构

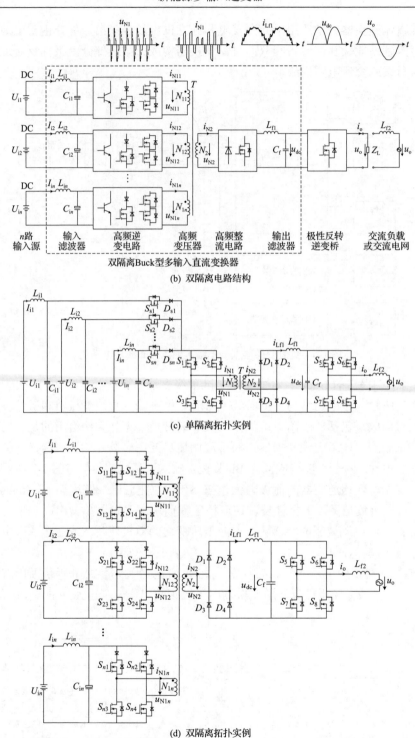

(b) 双隔离电路结构

(c) 单隔离拓扑实例

(d) 双隔离拓扑实例

图 1-7　Buck 直流变换器型准单级多输入逆变器电路结构与拓扑实例

　　文献[16]～[18]提出了 Buck-Boost 直流变换器型准单级多输入逆变器电路结构与拓扑族,如图 1-8 所示。该电路结构是由一个单向/双向 Buck-Boost 型多输入直流变换器和一个极性反转逆变桥级联构成的,包括单隔离、双隔离两类;拓扑实例给出的是离网情形双向 Buck-Boost 型多输入直流变换器,并网情形可用二极管取代整流器的有源开关,以构成单向 Buck-Boost 型多输入直流变换器。与图 1-5 所示两级系统相比,该逆变器的前级因工作在 SPWM 状态而负担重,但极性反转逆变桥工作简单。多输入单输出高频逆变电路将 n 路输入源电压调制成具有 n 个不同上升斜率($U_{i1}+U_{i2}+\cdots+U_{in}$)$/L_1$、($U_{i1}+U_{i2}+\cdots+U_{in-1}$)$/L_1$、$\cdots$、$U_{i1}/L_1$($U_{i1}/L_1$、$U_{i2}/L_1$、$\cdots$、$U_{in}/L_1$)的低频双正弦半波包络线的高频 SPWM 脉冲电流 i_{L1}(i_{N11}、i_{N12}、$\cdots$、i_{N1n}),i_{L1}(i_{N11}、i_{N12}、$\cdots$、i_{N1n})经储能式变压器 T 电气隔离传输电流匹配、高频整流和输出电容滤波后获得优质的双正弦半波电压 u_{dc},u_{dc} 经极性反转逆变桥后输出工频正弦电压 u_o 或正弦并网电流 i_o。

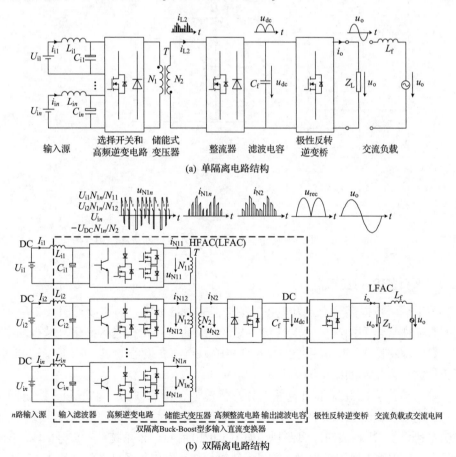

(a) 单隔离电路结构

(b) 双隔离电路结构

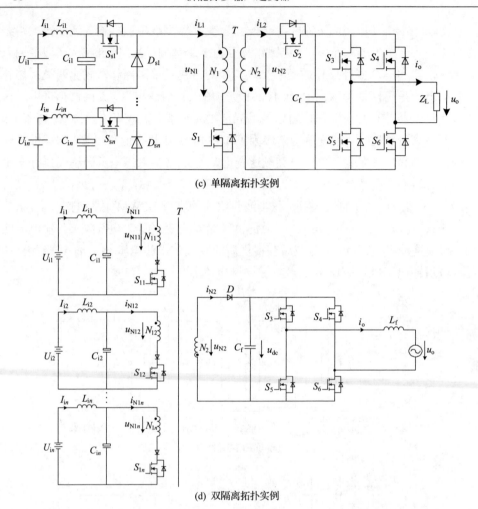

(c) 单隔离拓扑实例

(d) 双隔离拓扑实例

图 1-8　Buck-Boost 直流变换器型准单级多输入逆变器电路结构与拓扑实例

1.2.4　单级多输入逆变器

　　为了进一步提高分布式发电系统的性能和降低成本，有必要对图 1-2 所示新颖的直流变换器型两级多输入分布式发电系统的电路结构进行简化，减少功率变换级数，即将图 1-2 所示系统的"单向多输入直流变换器"和"Buck 型逆变器"两级集成一体化，如图 1-9 (a) 所示。

　　本书首次提出并深入研究并联分时供电型、串联同时供电型和多绕组同时/分时供电型三类单级多输入逆变器及其分布式发电系统[19-45]，已申请或授权中国发明专利[20-27,32-41]和美国发明专利，如图 1-9 (b) 所示。该系统由三部分构成：第一部分由光伏电池、风力发电机、燃料电池等新能源发电设备和单级多输入逆变器构成；第二部分由蓄电池等辅助能量存储设备和单级隔离双向充放电变换器构成；第三部分由交流负载或交流电网构成。

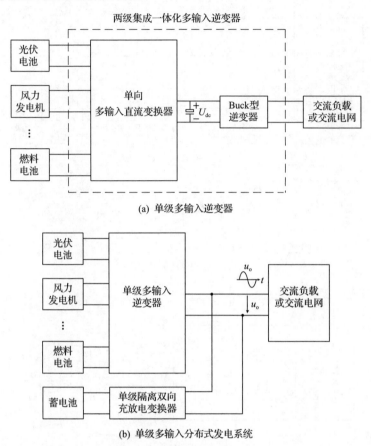

(a) 单级多输入逆变器

(b) 单级多输入分布式发电系统

图 1-9　单级多输入逆变器及其分布式发电系统

文献[19]~[22]、文献[42]提出了外置并联分时选择开关供电型单级多输入逆变器及其分布式发电系统，包括非隔离 Buck 型、低频环节 Buck 型、高频环节 Buck 型、隔离 Buck-Boost 型四类。其中，低频环节 Buck 型电路结构由一个外置并联分时选择开关 Buck 型单级多输入低频环节逆变器与一个蓄电池单级隔离充放电变换器在交流输出侧并接构成，前者由输入滤波器、外置并联分时选择四象限功率开关的多输入单输出高频逆变电路、输出滤波电感 L_{f1}、工频变压器 T_1、输出滤波电容 C_f 依序级联构成，L_{f1} 包含了工频变压器 T_1 的漏感，如图 1-10 所示。n 路输入源 U_{i1}、U_{i2}、$\cdots$、U_{in} 经多输入单输出高频逆变电路调制成幅值随输入直流电压变化的双极性两态或单极性三态的多电平 SPWM 电压波，再经输出滤波电感 L_{f1}、低频变压器 T 和输出滤波电容 C_f 后获得优质的正弦交流电压 u_o 或正弦并网电流 i_o。

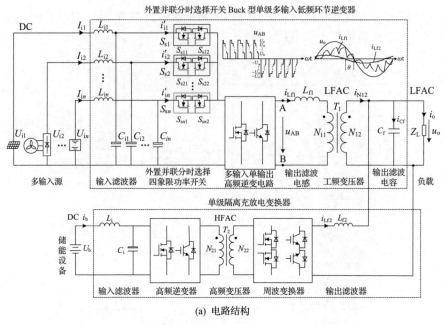

(a) 电路结构

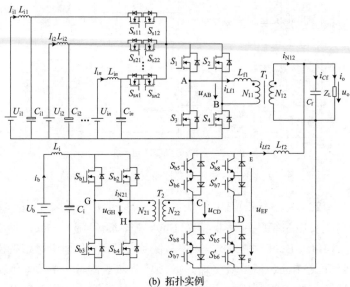

(b) 拓扑实例

图 1-10　外置并联分时选择开关 Buck 型单级多输入低频环节逆变器及其分布式发电系统

　　为了减少多输入逆变器传递功率时同时导通的功率开关数，有必要将外置并联分时选择四象限功率开关和高频逆变电路开关二者集成一体化。文献[23]～[25]、文献[43]提出了内置并联分时选择开关供电型单级多输入逆变器及其分布式发电系统，包括非隔离 Buck 型、低频环节 Buck 型、高频环节 Buck 型、隔离 Buck-Boost

型四类。其中，内置并联分时选择开关 Buck 型单级多输入低频环节逆变器电路结构是由输入滤波器、内置并联分时选择四象限功率开关的多输入单输出高频逆变电路、输出滤波电感 L_{f1}、工频变压器 T、输出滤波电容 C_f 依序级联构成的，L_{f1} 包含了工频变压器 T 的漏感，如图 1-11 所示。与图 1-10 相比，电路结构与拓扑实例不同，但逆变原理相似。n 路输入源 U_{i1}、U_{i2}、$\cdots$、U_{in} 经多输入单输出高频逆变电路调制成幅值随输入直流电压变化的双极性两态或单极性三态的多电平 SPWM 电压波，再经输出滤波电感 L_{f1}、工频变压器 T 和输出滤波电容 C_f 后获得优质的正弦交流电压 u_o 或正弦并网电流 i_o。

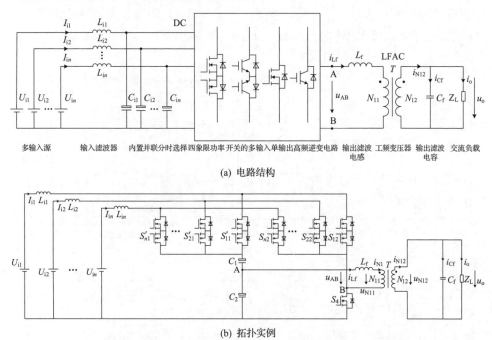

(a) 电路结构

(b) 拓扑实例

图 1-11 内置并联分时选择开关 Buck 型单级多输入低频环节逆变器电路结构与拓扑实例

并联分时选择开关隔离 Buck(Buck-Boost) 型单级多输入逆变器是一类并联分时选择开关周波变换器型单级多输入逆变器[22, 25, 42, 43]，其周波变换器器件换流时由于打断了高频变压器(储能式变压器)漏感中连续的电流，故需要采用缓冲电路或有源电压钳位电路来抑制高频变压器(储能式变压器)和周波变换器之间产生的电压过冲。为了进一步提高变换效率，有必要探索和寻求无周波变换器单元的并联分时选择开关供电型单级多输入逆变器电路结构。

文献[26]～[31]提出了并联分时选择开关直流斩波器型单级多输入逆变器及其分布式发电系统，包括 Buck 型、Buck-Boost 型两类。其中，并联分时选择开关 Buck 直流斩波器型单级多输入高频环节逆变器电路结构是一个由多路并联分时选择四象限功率开关电路、单输入单输出组合隔离双向 Buck 直流斩波器级联构成的多输入单输出组合隔离双向 Buck 直流斩波器型高频环节逆变器，而单输入单输出组合隔离双向 Buck 直流斩波器由两个相同的、分别输出低频正半周和低频负半周单极性脉宽调制电压波的隔离双向 Buck 直流斩波器输入端并联输出端反向串联构成，如图 1-12 所示。高频变压器原绕组匝数 $N_{11}=N_{21}=N_1$，副绕组匝数 $N_{12}=N_{22}=N_2$。n 路输入源 U_{i1}、U_{i2}、$\cdots$、U_{in} 经多路并联分时选择四象限功率开关电路、单输入单输出组合隔离双向 Buck 直流斩波器中的高频逆变开关调制成幅值取决于输入直流电压的双极性两态多电平高频电压方波或双极性三态多电平 SPWM 电压波 $u_{12}N_1/N_2$、$u_{22}N_1/N_2$，经高频变压器 T_1、T_2 隔离和高频整流器整流成单极性三态多电平 SPWM 电压波 u_{o1}、u_{o2}，再经输出滤波器滤波后获得优质的正弦交流电压 u_o 或正弦并网电流 i_o。

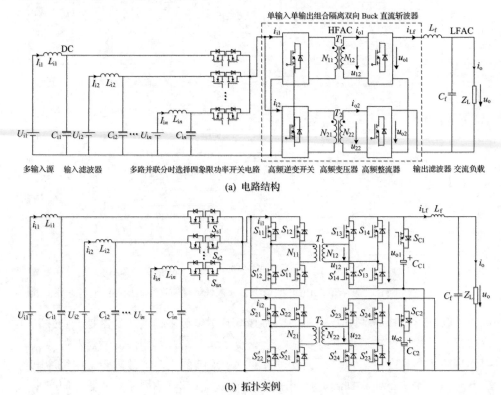

(a) 电路结构

(b) 拓扑实例

图 1-12　并联分时选择开关 Buck 直流斩波器型单级多输入高频环节逆变器电路结构与拓扑实例

为了进一步提高多输入逆变器的变换效率，有必要增大多输入源每路占空比的调节范围。文献[32]～[35]提出了串联同时选择开关供电型单级多输入逆变器及其分布式发电系统，包括非隔离 Buck 型、低频环节 Buck 型、高频环节 Buck 型和隔离 Buck-Boost 型四类。其中，串联同时选择开关 Buck 型单级多输入低频环节逆变器电路结构是由每路均含有输入滤波器的输出端顺向串联的多路串联同时选择功率开关电路、双向单输入单输出高频逆变电路、输出滤波电感 L_f、低频变压器 T、输出滤波电容 C_f 依序级联构成的，L_f 包含了工频变压器 T 的漏感，如图 1-13 所示。n 路输入源 U_{i1}、U_{i2}、$\cdots$、U_{in} 经多路串联同时选择功率开关电路、双向单输入单输出高频逆变电路调制成幅值随输入供电电源数变化的双极性两态或单极性三态的多电平 SPWM 电压波 u_{AB}，经输出滤波电感 L_f、工频变压器 T、输出滤波电容 C_f 后在交流负载上获得高质量的正弦交流电压 u_o 或正弦交流电流 i_o。

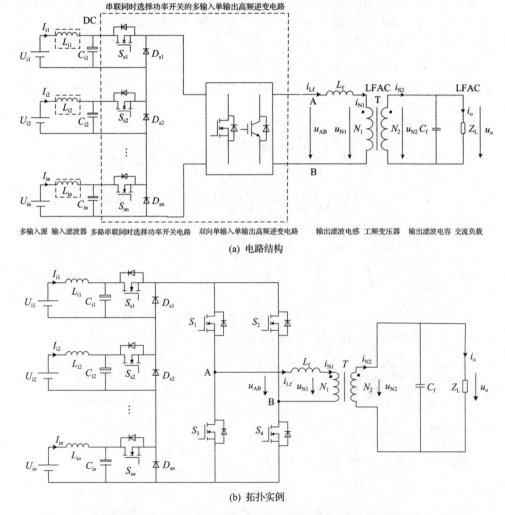

(a) 电路结构

(b) 拓扑实例

图 1-13　串联同时选择开关 Buck 型单级多输入低频环节逆变器电路结构与拓扑实例

文献[28]～[31]、文献[36]、文献[44]提出了串联同时选择开关直流斩波器型单级多输入逆变器及其分布式发电系统，包括 Buck 型、Buck-Boost 型两类。其中，Buck 型系统的电路结构由一个串联同时供电 Buck 直流斩波器型单级多输入高频环节逆变器与一个蓄电池单级隔离双向充放电变换器在交流输出侧并接构成，前者是一个由多路串联同时选择四象限功率开关、单输入单输出组合隔离双向 Buck 直流斩波器级联构成的多输入单输出组合隔离双向 Buck 直流斩波器型高频环节逆变器，而单输入单输出组合隔离双向 Buck 直流斩波器由两个相同的、分别输出低频正半周和低频负半周单极性脉宽调制电压波的隔离双向 Buck 直流斩波器输入端并联输出端反向串联构成，如图 1-14 所示。设高频变压器原绕组匝数 $N_{11}=N_{21}=N_1$，副绕组匝数 $N_{12}=N_{22}=N_2$，n 输入单输出组合隔离双向正激直流斩波器中的高频逆变开关将 n 路输入源 U_{i1}、U_{i2}、$\cdots$、U_{in} 调制成双极性三态多电平 SPWM 电压波 $u_{12}N_1/N_2$、$u_{22}N_1/N_2$，经高频变压器 T_1、T_2 隔离和高频整流器整流成单极性三态多电平 SPWM 电压波 u_{o1}、u_{o2}，经输出滤波器滤波后在交流负载上输出优质的正弦电压 u_o。

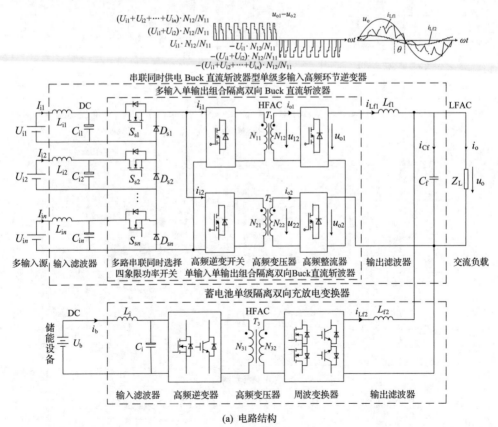

(a) 电路结构

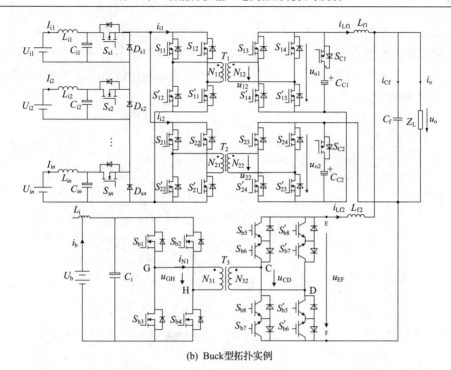

(b) Buck 型拓扑实例

图 1-14　串联同时供电 Buck 直流斩波器型单级多输入高频环节分布式发电系统

　　串联同时供电型单级多输入逆变器及其分布式发电系统,具有如下特点:①电路结构简洁,多输入源共用高频逆变、隔离、输出滤波和蓄电池充放电电路,除了蓄电池充电模式均属单级功率变换;②串联同时选择开关由二象限功率开关和续流二极管构成;③任一时刻一路或多路输入源工作,即多输入源串联同时向负载供电,每路占空比的调节范围宽;④一路输入源单独向负载供电时需流经多个续流二极管,增加了逆变器的损耗;⑤交流负载、多输入源和蓄电池三者之间电气隔离;⑥公共部分电路的功率开关电压应力随输入源路数的增加而增大,多输入源的路数难以扩展。

　　为了实现多输入源之间的电气隔离,有必要将多输入逆变器的(储能式)变压器绕组设置成多输入单输出结构。文献[37]~[39]提出了多绕组分时选择开关供电型单级多输入逆变器及其分布式发电系统,包括低频环节 Buck 型、高频环节 Buck 型、隔离 Buck-Boost 型三类;文献[40]与文献[41]提出了多绕组分时选择开关直流斩波器型单级多输入逆变器及其分布式发电系统,包括 Buck 型、Buck-Boost 型两类。其中,多绕组分时选择开关 Buck 型单级多输入低频环节逆变器电路结构由多路相互隔离的带有输入滤波器的双向单输入单输出高频逆变电路、多输入单输出低频变压器和输出滤波器依序级联构成,如图 1-15 所示。n 路输入源

U_{i1}、U_{i2}、$\cdots$、U_{in} 经多路双向单输入单输出高频逆变电路调制成幅值取决于输入直流电压的双极性两态多电平高频电压方波或双极性三态多电平 SPWM 电压波，经多输入单输出低频变压器 T 隔离变压和输出滤波后获得优质的正弦交流电压 u_o 或正弦并网电流 i_o。

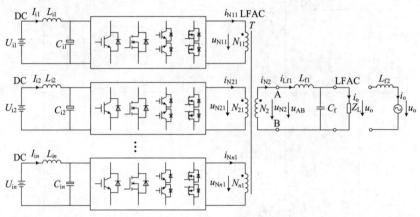

多输入源　输入滤波器　双向单输入单输出高频逆变电路　多输入单输出低频变压器　输出滤波器　交流负载或交流电网

(a) 电路结构

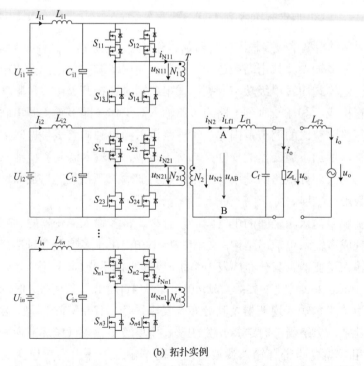

(b) 拓扑实例

图 1-15　多绕组分时选择开关 Buck 型单级多输入低频环节逆变器

　　为了提高多绕组供电型多输入逆变器的变换效率，有必要增大多输入源占空比的调节范围。文献[45]与文献[46]提出了多绕组同时供电 Boost 型单级多输入逆变器及其分布式发电系统，其电路结构由一个多绕组同时供电 Boost 型单级多输入高频环节逆变器与一个蓄电池单级隔离双向充放电变换器在交流输出侧并接构成，前者由多个相互隔离的带有输入滤波器和储能电感的高频逆变电路、高频变压器、周波变换器和输出滤波电容依序级联构成，如图 1-16 所示。

　　为了解决 Boost 型逆变器存在的输出正弦电压下降且$|u_o| \leqslant U_{in}N_2/N_{n1}$ ($n=1$、2、$\cdots$、n) 期间输出波形畸变的固有缺陷，需要采用储能电感旁路开关法和非线性PWM 单周期控制策略[47-49]。图 1-16(b) 中 S_{c1} 和 C_{c1} 串联、S_{c2} 和 C_{c2} 串联、$\cdots$、S_{cn}和 C_{cn} 串联构成的有源钳位电路，旨在抑制高频变压器漏感阻碍储能电感能量释

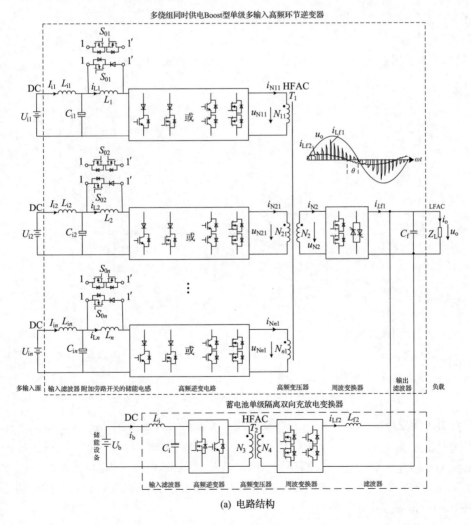

(a) 电路结构

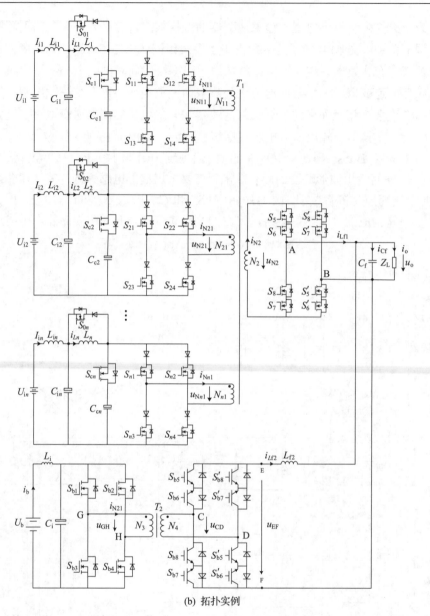

(b) 拓扑实例

图 1-16　多绕组同时供电 Boost 型单级多输入逆变器及其分布式发电系统

放时引起的电压尖峰。多路高频逆变电路将 n 路储能电感 L_1、L_2、$\cdots$、L_n 的高频脉动电流 i_{L1}、i_{L2}、$\cdots$、i_{Ln}（幅值为正弦半波包络线）逆变成双极性三态的高频脉冲电流 i_{N11}、i_{N12}、$\cdots$、i_{N1n}，经高频变压器 T_1 电气隔离、传输和电流匹配后得到双极性三态的多电平高频脉冲电流 i_{N2}，经周波变换器和输出滤波器后获得优质的正弦交流电压 u_o 或正弦并网电流 i_o。

1.3　新能源多输入逆变器的发展趋势

光伏、风力、燃料电池、地热等单一新能源发电通常存在电力供应不稳定、不连续、随气候条件变化等缺陷，为了提高供电系统的稳定性和灵活性，实现能源的优先利用和充分利用，需要采用多种新能源联合供电的多输入逆变器及其分布式发电系统。新能源多输入逆变器及其分布式发电系统正朝着高功率密度、高变换效率、高可靠性、低成本、集成化、无污染的方向发展。

优良性能的多种新能源联合供电的多输入逆变器及其分布式发电系统，是当今电力电子学和新能源发电技术的研究热点。开展该领域的创新研究，对于满足人类社会对能源大幅增长的需求、国民经济和社会的可持续发展、环境污染的改善、供电电能质量的提高及促进电力电子学和新能源发电技术的快速发展，具有十分重要的意义。

参 考 文 献

[1] 李俊峰, 高虎, 乔黎明. 2016 中国风电发展报告. 北京: 中国循环经济协会可再生能源专业委员会, 2016.

[2] 陈道炼. DC-AC 逆变技术及其应用. 北京: 机械工业出版社, 2003.

[3] Qiu Y H, Jiang J H, Chen D L. Development and present status of multi-energy distributed power generation system. IEEE 8th International Power Electronics and Motion Control Conference, Hefei, 2016.

[4] Bratcu A I, Munteanu I, Bacha S. Cascaded DC-DC converter photovoltaic systems: Power optimization issues. IEEE Transactions on Industrial Electronics, 2011, 58(2): 403-411.

[5] Martin A D, Cano J M, Silva J F A. Backstepping control of smart grid-connected distributed photovoltaic power supplies for telecom equipment. IEEE Transactions on Energy Conversion, 2015, 30(4): 1496-1504.

[6] 陈道炼, 陈艳慧. 单隔离降压型多输入直流变换器: 中国, 200910111465.3. 2011.

[7] 陈道炼, 陈亦文. 双隔离降压型多输入直流变换器: 中国, 200910111442.2. 2011.

[8] 陈道炼, 陈亦文, 徐志望. 双隔离升压型多输入直流变换器: 中国, 200910111443.7. 2011.

[9] 陈道炼, 陈亦文, 徐志望. 全桥 Boost 型多输入直流变换器. 中国电机工程学报, 2010, 30(27): 42-48.

[10] 邱琰辉, 陈道炼, 江加辉. 限功率控制 Boost 多输入直流变换器型并网逆变器. 中国电机工程学报, 2017, 37(20): 6027-6036.

[11] 邱琰辉, 陈道炼, 江加辉. 多绕组同时供电直流变换器型多输入逆变器. 电工技术学报, 2017, 32(6): 181-190.

[12] 陈道炼, 陈亦文. 单隔离升降压型多输入直流变换器: 中国, 200910111464.9. 2011.

[13] 陈道炼, 陈亦文. 双隔离升降压型多输入直流变换器: 中国, 200910111441.8. 2012.

[14] 徐志望, 陈道炼, 陈艳慧. 单隔离组合升降压型多输入直流变换器: 中国, 200910111463.4. 2012.

[15] 徐志鹏. 分时供电全桥 Buck 双输入直流变换器型分布式发电系统. 福州: 福州大学, 2018.

[16] Jiang J H, Qiu Y H, Chen D L. A distributed maximum power point tracking flyback type PV grid-connected inverter. 43rd Annual Conference of the IEEE Industrial Electronics Society, Beijing: 2017: 7713-7717.

[17] 江加辉, 陈道炼, 余敏. 准单级隔离 Buck-Boost 型多输入逆变器. 电工技术学报, 2018, 33(18): 4323-4334.

[18] 江加辉, 陈道炼. 总线并行 CPU 分时复用能量管理控制准单级分布式光伏逆变器. 中国电机工程学报, 2018, 38(10): 3068-3076.

[19] Chen D L, Zeng H C. A buck type multi-input distributed generation system with parallel-timesharing power supply. IEEE Access, 2020, 8: 79958-79968.

[20] 陈道炼. 外置并联分时选择开关电压型单级多输入非隔离逆变器: 中国, 201810019769.6. 2018.

[21] 陈道炼. 外置并联分时选择开关电压型单级多输入高频环节逆变器: 中国, 201810020155.X. 2020.

[22] 陈道炼. 外置并联分时选择开关隔离反激周波型单级多输入逆变器: 中国, 201810020144.1. 2020.

[23] 陈道炼. 内置并联分时选择开关电压型单级多输入非隔离逆变器: 中国, 201810020150.7. 2020.

[24] 陈道炼. 内置并联分时选择开关电压型单级多输入低频环节逆变器: 中国, 201810019207.1. 2020.

[25] 陈道炼. 内置并联分时选择开关隔离反激周波型单级多输入逆变器: 中国, 201810019766.2. 2018.

[26] 陈道炼. 并联分时供电正激直流斩波型单级多输入高频环节逆变器: 中国, 201810026575.9. 2018.

[27] 陈道炼. 并联分时供电隔离反激直流斩波型单级多输入逆变器: 中国, 201810020151.1. 2018.

[28] 王国玲, 陈道炼. 差动降压直流斩波器型高频链逆变器: 中国, 200810072266.1. 2014.

[29] Chen D L, Wang G L. Differential Buck DC-DC converter mode inverter with high frequency link. IEEE Transactions on Power Electronics, 2011, 26(5): 1444-1451.

[30] 陈道炼. 差动升降压直流斩波器型高频链逆变器: 中国, 200810072268.0. 2010.

[31] Chen D L, Chen S. Combined bi-directional buck-boost DC-DC chopper mode inverters with high frequency link. IEEE Transactions on Industrial Electronics, 2014, 61(8): 3961-3968.

[32] 陈道炼. 串联同时选择开关电压型单级多输入非隔离逆变器: 中国, 201810020146.0. 2018.

[33] 陈道炼. 串联同时选择开关电压型单级多输入低频环节逆变器: 中国, 201810020149.4. 2020.

[34] 陈道炼. 串联同时供电正激周波变换型单级多输入高频环节逆变器: 中国, 201810020153.0. 2020.

[35] 陈道炼, 江加辉. 串联同时供电隔离反激周波变换型单级多输入逆变器: 中国, 201810020134.8. 2018.

[36] 陈道炼. 串联同时供电隔离反激直流斩波型单级多输入逆变器: 中国, 201810029374.4. 2020.

[37] 陈道炼. 多绕组分时供电电压型单级多输入低频环节逆变器: 中国, 201810019754.X. 2018.

[38] 陈道炼. 多绕组分时供电正激周波变换型单级多输入高频链逆变器: 中国, 201810029384.8. 2018.

[39] 陈道炼. 多绕组分时供电隔离反激周波变换型单级多输入逆变器: 中国, 201810020135.2. 2018.

[40] 陈道炼. 多绕组分时供电正激直流斩波型单级多输入高频链逆变器: 中国, 201810019194.8. 2020.

[41] 陈道炼. 多绕组分时供电隔离反激直流斩波型单级多输入逆变器: 中国, 201810020132.9. 2020.

[42] Chen D L, Zeng H C. Single-stage multi-input buck type low-frequency link's inverter with an external parallel-timesharing select switch: US 11050359B2. 2021-06-29.

[43] Chen D L. Single-stage multi-input buck type high-frequency link's inverter with an internal parallel-timesharing select switch: Europe, PCT/CN 2018/000409. 2019-12-13.

[44] Chen D L, Jiang J H. Single-stage multi-input forward DC-DC chopper type high-frequency link's inverter with series simultaneous power supply: US10833600 B2. 2020-11-10.

[45] Chen D L, Qiu Y H. Multi-winding single-stage multi-input boost type high-frequency link's inverter with simultaneous/ time-sharing power supplies: US 11128236B2. 2021-09-21.

[46] Chen D L, Qiu Y H, Chen Y W, et al. Non-linear PWM one-cycle controlled single-phase boost mode grid-connected PV inverter with limited storage inductance current. IEEE Transactions on Power Electronics, 2017, 31(4): 2717-2727.

[47] 陈道炼, 陈亦文, 林立铮. 单相电流源并网逆变器的非线性脉宽调制控制装置: 中国, 200910112197.7. 2010.

[48] Qiu Y H, Chen D L, Zhao J W. Boost type multi-input independent generation system with multi-winding simultaneous power supply. IEEE Access, 2021, 9: 99805-99815.

[49] Chen D L, Jiang J H, Su Y S. A forward type single-stage multi-input inverter with series-time-overlapping power supply. IEEE Journal of Emerging and Selected Topics in Power Electronics, 2022.

第2章 新颖的直流变换器型两级多输入逆变器

2.1 概　述

传统的直流变换器型两级多输入逆变器，由于各输入源分别通过一个单向单输入直流变换器进行电能变换并且在输出端串联或并联后连接到公共的直流母线上，各输入源独立工作，控制灵活，但存在电路拓扑复杂、体积重量大、成本高等缺陷，其实用性受到了很大程度的限制。

为了克服传统直流变换器型两级多输入逆变器的缺陷，用一个多输入直流变换器代替多个单输入直流变换器，构成新颖的直流变换器型两级多输入逆变器。

本章论述新颖的直流变换器型两级多输入逆变器及其分布式发电系统，并以所提出的新颖的 Boost 直流变换器型两级多输入逆变器为例，对其电路结构与拓扑族、能量管理控制策略、原理特性、主要电路参数设计准则等关键技术进行深入的理论分析与实验研究，获得重要结论。

2.2　新颖的直流变换器型两级多输入逆变器电路结构与拓扑族

2.2.1　电路结构与拓扑族

按照电路结构划分，新颖的直流变换器型两级多输入逆变器主要可分为 Buck 型、Boost 型、Buck-Boost 型三类[1-9]。

文献[2]与文献[3]提出了新颖的 Buck 直流变换器型两级多输入逆变器电路结构与拓扑族，如图 2-1 所示。该电路结构由一个 Buck 型多输入直流变换器与 Buck 型逆变器两级级联构成，包括非隔离、单隔离(输出与输入隔离)、双隔离(多输入

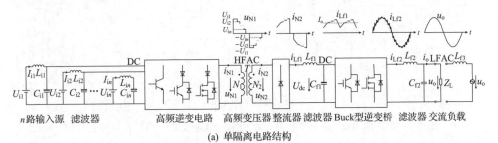

(a) 单隔离电路结构

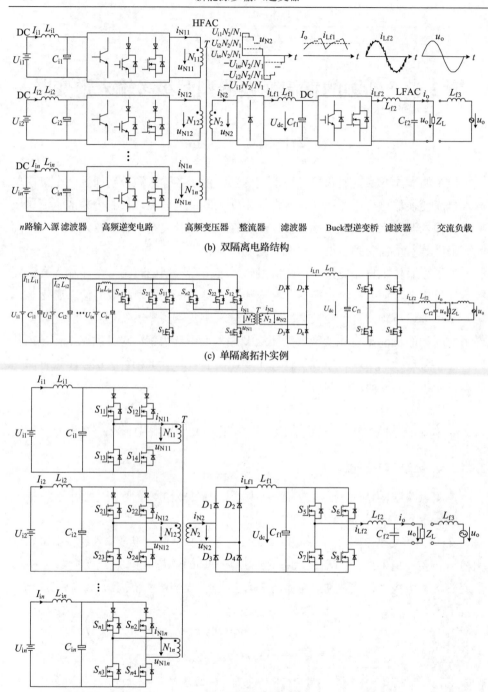

(b) 双隔离电路结构

(c) 单隔离拓扑实例

(d) 双隔离拓扑实例

图 2-1　新颖的 Buck 直流变换器型两级多输入逆变器电路结构与拓扑实例

源间隔离、输出与输入隔离)三类,非隔离可看成单隔离高频变压器 T 的匝比 $N_1/N_2=1$ 的特例。Buck 型多输入直流变换器的工作机理,相当于多个 Buck 型单输入直流变换器在输出端电压的叠加。多输入单输出高频逆变电路将多路输入源电压 U_{i1}、U_{i2}、$\cdots$、U_{in} 调制成幅值随输入源电压变化的双极性两态或三态的多电平高频 PWM 电压波 $u_{N1}(u_{N11}$、u_{N12}、$\cdots$、$u_{N1n})$,经高频变压器 T 电气隔离、传输和电压匹配,高频整流器将其整流成多电平高频 PWM 脉冲直流电压,LC 滤波器将其滤波成平滑的直流电压 U_{dc},U_{dc} 经 Buck 型逆变器后输出正弦电压或并网电流。

新颖的 Buck 直流变换器型两级多输入逆变器,具有单隔离或双隔离、两级功率变换、共用输出(高频变压器)整流滤波电路和后级逆变电路、多输入电源在一个高频开关周期内(并联)分时向负载供电、多输入源占空比调节范围小、多输入源电流脉动大等特点,适用于中大容量逆变场合。

文献[1]、文献[4]~[7]提出了新颖的 Boost 直流变换器型两级多输入逆变器电路结构与拓扑实例,如图 2-2 所示。该电路结构由一个 Boost 型多输入直流变换器与 Buck 型逆变器两级级联构成,包括非隔离、单隔离、双隔离三类。图 2-2(c)、(e)、(f)所示电路,多输入源在一个开关周期内以相同或不同的占空比同时向负载供电,其中图 2-2(e)所示对称全桥双隔离电路的上桥臂阻断二极管可省略;图 2-2(d)中,多输入源在一个开关周期内只能以相同的占空比同时向负载供电。Boost 型多

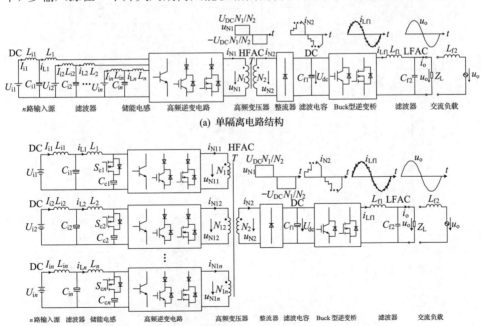

(a) 单隔离电路结构

(b) 双隔离电路结构

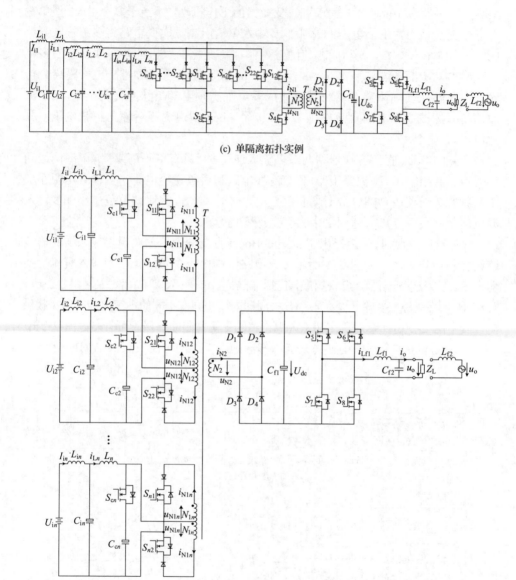

(c) 单隔离拓扑实例

(d) 推挽双隔离拓扑实例

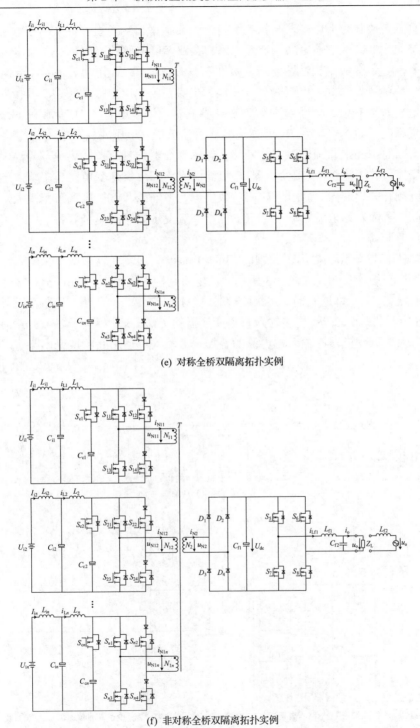

(e) 对称全桥双隔离拓扑实例

(f) 非对称全桥双隔离拓扑实例

图 2-2 新颖的 Boost 直流变换器型两级多输入逆变器电路结构与拓扑实例

输入直流变换器的工作机理，相当于多个 Boost 型单输入直流变换器在输出端电流的叠加。多输入单输出高频逆变电路将多路储能电感的高频脉动直流电流 i_{L1}、i_{L2}、$\cdots$、i_{Ln} 逆变成单极性两态或双极性三态的高频 PWM 电流 i_{N1}（i_{N11}、i_{N12}、$\cdots$、i_{N1n}），经高频变压器 T 电气隔离、传输和电流匹配输出单极性两态或双极性三态的多电平高频 PWM 电流 i_{N2}，高频整流器和输出滤波电容 C_{f1} 将其整流滤波成平滑的直流电压 U_{dc}，U_{dc} 经 Buck 型逆变器后输出正弦电压或并网电流。

新颖的 Boost 直流变换器型两级多输入逆变器，具有单隔离或双隔离、两级功率变换、共用输出（高频变压器）整流滤波电路和后级逆变电路、多输入电源在一个高频开关周期内（并联）同时向负载供电、多输入源占空比调节范围大、变换效率高、多输入源电流脉动小、双隔离型高频变压器绕组复杂等特点，适用于中大容量逆变场合。

文献[8]与文献[9]提出了新颖的 Buck-Boost 直流变换器型两级多输入逆变器电路结构与拓扑实例，如图 2-3 所示。该电路结构由一个 Buck-Boost 型多输入直流变换器与 Buck 型逆变器两级级联构成，包括非隔离、单隔离、双隔离三类，如图 2-3 所示。Buck-Boost 型多输入直流变换器的工作机理，相当于多个 Buck-Boost 型单输入直流变换器在输入端电流的叠加。多输入单输出高频逆变电路将多路输入源电压 U_{i1}、U_{i2}、$\cdots$、U_{in} 调制成具有 n 个不同上升斜率 U_{i1}/L_1、U_{i2}/L_1、$\cdots$、U_{in}/L_1

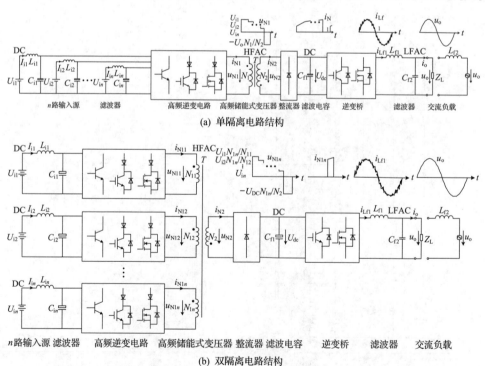

(a) 单隔离电路结构

(b) 双隔离电路结构

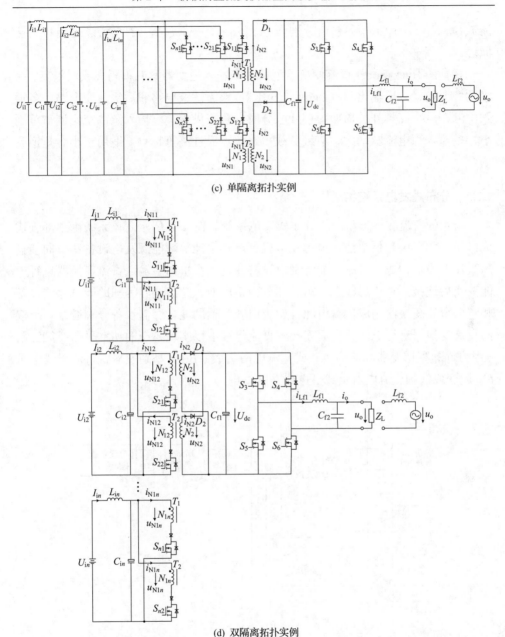

(c) 单隔离拓扑实例

(d) 双隔离拓扑实例

图 2-3　新颖的 Buck-Boost 直流变换器型两级多输入逆变器电路结构与拓扑实例

的高频 PWM 脉冲直流电流 i_{N1}（i_{N11}、i_{N12}、$\cdots$、i_{N1n}），经高频储能式变压器 T（T_1、T_2）电气隔离、传输、电流匹配和高频整流、电容滤波后输出平滑的直流电压 U_{dc}。图 2-3（b）所示双隔离电路结构，稳态时一个开关周期内高频 PWM 脉冲直流电

流 i_{N12}、i_{N13}、$\cdots$、i_{N1n} 的初值分别与 i_{N11}、i_{N12}、$\cdots$、$i_{N1(n-1)}$ 的终值满足磁势平衡原理。

新颖的 Buck-Boost 直流变换器型两级多输入逆变器具有单隔离或双隔离、两级功率变换、共用输出(高频储能式变压器)整流滤波电路和后级逆变电路、多输入电源在一个高频开关周期内(并联)分时向负载供电、多输入源占空比调节范围小、多输入源电流脉动大、前级负载短路时可靠性高等特点,适用于小容量逆变场合。

2.2.2　分布式发电系统构成

新颖的直流变换器型两级分布式发电系统如图 2-4 所示。该系统由三部分构成:第一部分由光伏电池、风力发电机、燃料电池等新能源发电设备和单向多输入直流变换器构成,多路新能源发电设备通过一个单向多输入直流变换器进行电能变换后连接到直流母线上;第二部分由蓄电池、超级电容等辅助能量存储设备和双向直流变换器构成,蓄电池、超级电容等辅助能量存储设备分别通过一个双向直流变换器进行电能变换后连接到直流母线上以实现系统的功率平衡;第三部分由 Buck 型逆变器和交流负载或交流电网构成,Buck 型逆变器将直流母线电压 U_{dc} 逆变成低频交流电对负载供电或并网发电。

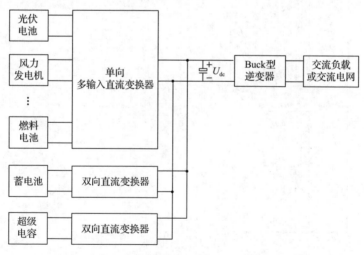

图 2-4　新颖的直流变换器型两级分布式发电系统

多输入源工作在最大功率输出方式,根据负载功率与多输入源最大功率之和的相对大小实时控制储能元件双向充放电直流变换器的功率流大小和方向,实现系统输出电压稳定和储能设备充放电的平滑无缝切换。

2.3　新颖的 Boost 直流变换器型两级多输入逆变器能量管理控制策略

2.3.1　能量管理模式

　　以新颖的双隔离 Boost 直流变换器型两级多输入逆变器为例，论述能量管理控制策略[1]。图 2-2(e)、(f)所示电路各输入源占空比可独立控制，故存在多个控制自由度，这就为其能量管理提供了可能性。该多输入逆变器的能量管理需同时具备输入源的功率分配、光伏电池和风力发电机等新能源发电设备的最大功率点跟踪(maximum power point tracking，MPPT)控制及输出波形控制三大功能。按照输入源功率分配方式的不同，多输入逆变器的能量管理模式可分为主从功率分配和最大功率输出，如表 2-1 所示。

表 2-1　主从功率分配和最大功率输出两种能量管理模式

输入源及负载	能量管理模式		最大功率输出
	主从功率分配		
第 1 路输入源	$P_{1\max}$	$P_{1\max}$	$P_{1\max}$
⋮	⋮	⋮	⋮
第 $n-1$ 路输入源	$P_{(n-1)\max}$	$P_{\mathrm o} - \sum\limits_{j=1}^{n-2} P_{j\max}$	$P_{(n-1)\max}$
第 n 路输入源	$P_{\mathrm o} - \sum\limits_{j=1}^{n-1} P_{j\max}$	0	$P_{n\max}$
输出功率	$P_{\mathrm o} > \sum\limits_{j=1}^{n-1} P_{j\max}$	$\sum\limits_{j=1}^{n-1} P_{j\max} > P_{\mathrm o} > \sum\limits_{j=1}^{n-2} P_{j\max}$	$P_{\mathrm o} = \sum\limits_{j=1}^{n} P_{j\max}$

　　表 2-1 中，$P_{\mathrm o}$ 为输出功率，$P_{1\max}$、$P_{2\max}$、$\cdots$、$P_{n\max}$ 分别为第 1、2、$\cdots$、n 路输入源的最大输出功率。对于主从功率分配能量管理模式，当 $P_{\mathrm o} > \sum\limits_{j=1}^{n-1} P_{j\max}$ 时，第 1、2、$\cdots$、$n-1$ 路输入源分别输出最大功率 $P_{1\max}$、$P_{2\max}$、$\cdots$、$P_{(n-1)\max}$，第 n 路输入源输出负载所需的不足功率 $P_{\mathrm o} - \sum\limits_{j=1}^{n-1} P_{j\max}$。当 $\sum\limits_{j=1}^{n-1} P_{j\max} > P_{\mathrm o} > \sum\limits_{j=1}^{n-2} P_{j\max}$ 时，第 1、2、$\cdots$、$n-2$ 路输入源分别输出最大功率 $P_{1\max}$、$P_{2\max}$、$\cdots$、$P_{(n-2)\max}$，第 $n-1$

路输入源提供负载所需的不足功率 $P_o - \sum\limits_{j=1}^{n-2} P_{j\max}$，第 n 路输入源停止供电。对于最大功率输出能量管理模式，第 1、2、$\cdots$、n 路输入源分别输出最大功率 $P_{1\max}$、$P_{2\max}$、$\cdots$、$P_{n\max}$，输出功率 $P_o = \sum\limits_{j=1}^{n} P_{j\max}$。主从功率分配能量管理模式由于省去了蓄电池等储能设备，降低了系统体积和成本，实现了系统的稳定运行和新能源的优先利用，适用于分布式独立供电系统。最大功率输出能量管理模式，实现了系统的稳定运行和新能源的充分利用，适用于分布式并网发电系统。

2.3.2 能量管理控制策略

以图 2-2(e) 所示对称全桥双隔离拓扑为例，多输入逆变器独立供电时前后级分别采用主从功率分配能量管理移相 PWM 控制、直流母线电压前馈输出电压反馈单极性倍频 SPWM 控制策略[6]，如图 2-5 所示。在输入源输出电压固定的情况下，我们通过控制该输入源的输出电流来控制该输入源的输出功率，故图 2-5(a)中的风力发电机、光伏电池的输出功率是通过控制输出电流来实现的；而光伏电池的输出功率则是通过控制输出电压来实现的，这样光伏发生突变时，我们可快速地追踪新的最大功率点而不会出现光伏电压崩溃现象，避免了由控制输出电流导致的光照突变后新的最大功率点易出现光伏电压崩溃的现象。

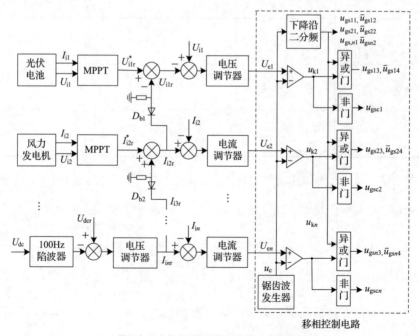

(a) 前级主从功率分配能量管理移相PWM控制框图

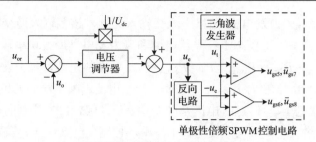

(b) 后级单环单极性倍频SPWM控制框图

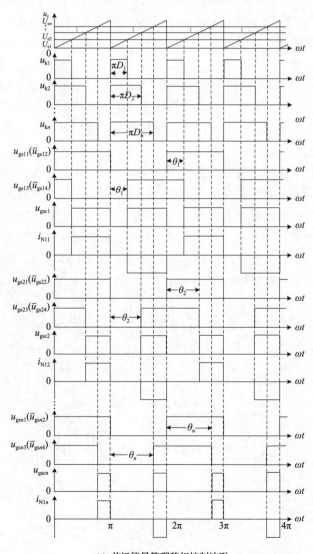

(c) 前级能量管理移相控制波形

图 2-5　双隔离对称全桥 Boost 直流变换器型两级多输入逆变器独立供电时的能量管理控制策略

以光伏电池-风力发电机-燃料电池三输入为例，该多输入逆变器独立供电时存在三种工作模态。①模态 I：光伏电池和风力发电机最大功率输出，燃料电池补足输出，$P_{1\max}+P_{2\max}+P_{3\max}>P_o>P_{1\max}+P_{2\max}$；燃料电池、风力发电机电流环基准 $I_{3r}>0$，$I_{2r}>0$，二极管 D_{b2}、D_{b1} 阻断，光伏电池、风力发电机和燃料电池分别独立工作；光伏电压单环控制，电压基准 U_{i1r} 等于光伏 MPPT 控制的输出信号 U_{i1r}^*，光伏电池输出最大功率；风力发电机电流单环控制，电流基准 I_{2r} 等于风力 MPPT 控制的输出信号 I_{2r}^*，风力发电机输出最大功率；燃料电池采用直流母线电压外环、燃料电池内环双环控制，电流基准 I_{3r} 为直流母线电压 U_{dc} 环的输出信号，燃料电池补足负载所需功率。②模态 II：光伏电池最大功率输出、风力发电机补足输出和燃料电池停止输出，$P_{1\max}+P_{2\max}>P_o>P_{1\max}$；$I_{3r}<0$，$I_{2r}>0$，$D_{b2}$ 导通，D_{b1} 阻断；由于 $I_{3r}<0$，燃料电池停止输出；由于 D_{b2} 导通，$I_{2r}=I_{2r}^*+I_{3r}<I_{2r}^*$，风力发电机电流基准变小，风力发电机提供负载所需的不足功率；由于 D_{b1} 阻断，光伏电池依然输出最大功率。③模态 III：光伏电池提供负载功率、风力发电机和燃料电池停止输出，$P_o<P_{1\max}$；$I_{3r}<0$，$I_{2r}<0$，D_{b2}、D_{b1} 导通；由于 $I_{3r}<0$，$I_{2r}<0$，风力发电机和燃料电池停止供电；由于 D_{b1} 导通，光伏发电机电压环基准 $U_{i1r}=U_{i1r}^*-I_{2r}>U_{i1r}^*$，$U_{i1r}^*$ 保持切换前的值，U_{i1r} 随 I_{2r} 减小而增大，光伏发电机功率随 U_{i1r} 增大而减小，光伏发电机提供负载所需的功率。

以图 2-2(f) 所示非对称全桥双隔离拓扑为例，多输入逆变器并网发电时前后级分别采用带限功率的最大功率输出能量管理移相 PWM 控制、直流母线电压外环并网电流内环双环单极性倍频 SPWM 控制策略[7]，如图 2-6 所示。在极限天气

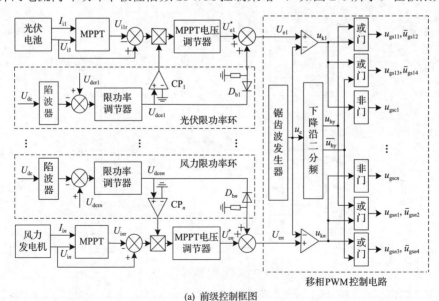

(a) 前级控制框图

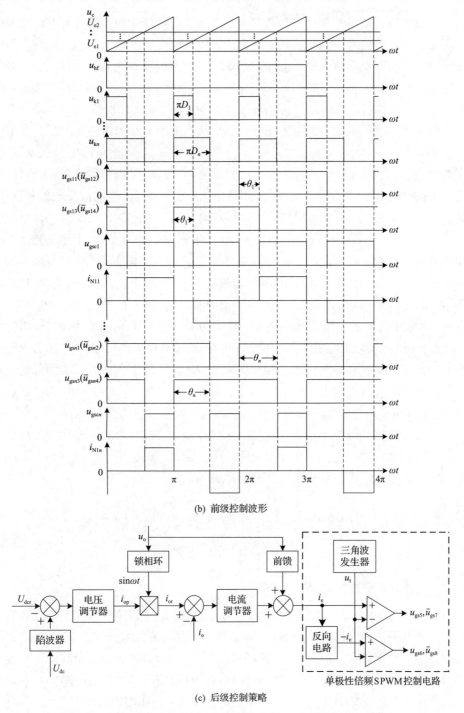

(b) 前级控制波形

(c) 后级控制策略

图 2-6　双隔离非对称全桥 Boost 直流变换器型两级多输入逆变器
并网发电时的能量管理控制策略

条件、电网电压跌落及系统启动等异常情形下，有可能出现多输入源输出的最大功率大于并网逆变器能承受的最大功率，导致直流母线电压 U_{dc} 和并网逆变器电流过大，此时需要限制多输入源输出的最大功率以确保系统安全稳定运行。限功率控制是在 MPPT 电压环外附加限功率环，通过减小异常情况下前级变换器的储能占空比来限制直流母线电压 U_{dc} 升高和多输入源的最大功率输出。

设光伏电池、风力发电机限功率环和后级逆变器直线母线电压外环的基准信号分别为 U_{dcr1}、U_{dcr2}、U_{dcr}（$U_{dcr1} > U_{dcr2} > U_{dcr}$），并网逆变器允许的最大输出功率为 P_{omax}，根据 P_{omax} 与 $P_{1max}+P_{2max}$ 的相对大小，并网逆变器存在三种工作模式。模态 I：光伏电池、风力发电机最大功率输出，$P_{omax} > P_{1max}+P_{2max}$；$U_{dc}=U_{dcr} < U_{dcr1}$、$U_{dcr2}$，光伏电池、风力发电机限功率电压环输出信号 $U_{dce1} > 0$，$U_{dce2} > 0$，二极管 D_{b1}、D_{b2} 阻断；过零比较器 CP$_1$、CP$_2$ 输出高电平，限功率电压环不影响光伏电池和风力发电机输出最大功率，并网功率 $P_o=P_{1max}+P_{2max}$。模态 II：光伏电池最大功率输出、风力发电机限功率输出，$P_{1max}+P_{2max} > P_{omax} > P_{1max}$；$U_{dc}=U_{dcr2} < U_{dcr1}$、$U_{dce1} > 0$，$D_{b1}$ 阻断，CP$_1$ 输出高电平，光伏电池输出最大功率；$U_{dce2} < 0$，D_{b2} 导通，CP$_2$ 输出低电平，风力发电机 MPPT 电压环输入误差信号变为 0，输出信号 U_{e2}^* 保持不变，风力发电机控制信号 $U_{e2}=U_{e2}^*+U_{dce2} < U_{e2}^*$，第 2 路占空比 D_2 减小，风力发电机工作在限功率状态，并网功率 $P_o=P_{omax}$。模态 III：光伏电池限功率输出、风力发电机停止输出，$P_{omax} < P_{1max}$；$U_{dc}=U_{dcr1} > U_{dcr2}$，$U_{dce1} < 0$，$D_{b1}$ 导通，CP$_1$ 输出低电平，光伏电池 MPPT 电压环输入误差信号变为 0，输出信号 U_{e1}^* 保持不变，光伏电池控制信号 $U_{e1}=U_{e1}^*+U_{dce1} < U_{e1}^*$，第 1 路占空比 D_1 减小，光伏电池工作在限功率状态；$U_{dce2} < 0$ 且负饱和，D_{b2} 导通，CP$_2$ 输出低电平，$U_{e2}=U_{e2}^*+U_{dce2}=0$，风力发电机停止输出，并网功率 $P_o=P_{omax}$。

2.4　新颖的 Boost 直流变换器型两级多输入逆变器的原理特性

2.4.1　高频开关过程分析

以双隔离对称全桥电路（$n=2$）为例，Boost 型多输入直流变换器的高频开关过程波形和区间等效电路，如图 2-7 所示。图 2-7 中，D_1、D_2 分别为第 1、2 路变换器的储能占空比（$D_2 > D_1$），T_{s1} 为高频开关周期，R_{dc} 为等效直流负载。为确保上桥臂（超前）和下桥臂（滞后）之间的可靠换流，每对超前功率开关或滞后功率开关之间存在重叠区；S_{c1}、S_{c2} 均延时开通和提前关断，以实现软开关。

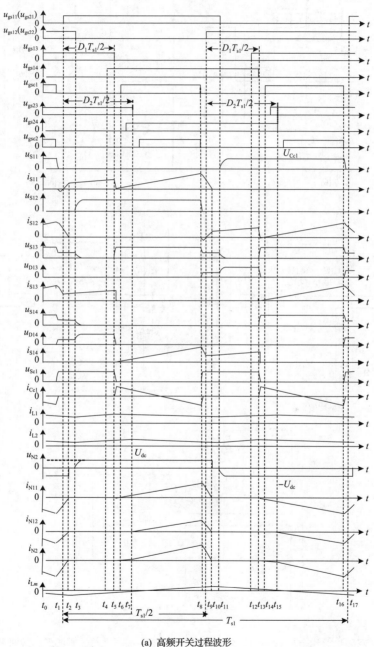

(a) 高频开关过程波形

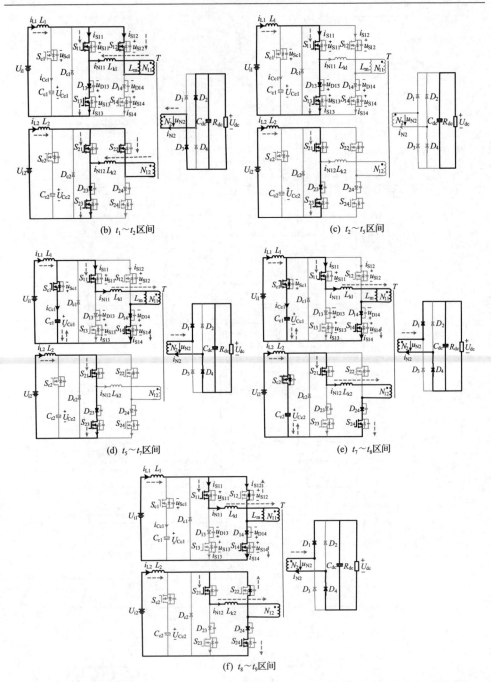

(b) $t_1\sim t_2$区间　　　　　　　　　　　　(c) $t_2\sim t_5$区间

(d) $t_5\sim t_7$区间　　　　　　　　　　　　(e) $t_7\sim t_8$区间

(f) $t_8\sim t_9$区间

图 2-7　双隔离对称全桥 Boost 型多输入直流变换器的高频开关过程波形和区间等效电路

　　双隔离对称全桥 Boost 型多输入直流变换器在一个高频开关周期 T_{s1} 内有 10 个工作区间 $t_1\sim t_{17}$，其中，$t_9\sim t_{17}$ 区间和 $t_1\sim t_9$ 区间相似，这里仅分析 $t_1\sim t_9$ 区间开关过程。

$t_1 \sim t_2$ 区间：S_{11}、S_{12} 的换流重叠区，S_{11}、S_{12}、S_{13} 导通，N_{11} 绕组电流 i_{N11} 和 S_{12} 电流 i_{S12} 以 $U_{dc}N_{11}/N_2/L_{k1}$ 的斜率迅速下降，S_{11} 电流 i_{S11} 以 $U_{dc}N_{11}/N_2/L_{k1}$ 的斜率迅速上升，第 2 路工作情况和第 1 路相同。

$t_2 \sim t_5$ 区间：t_2 时刻，i_{S12} 降为 0，换流结束，储能电感 L_1、L_2 分别通过其左桥臂功率开关储能；t_3 时刻 S_{12} 零电流关断；t_4 时刻 S_{14} 开通，若 S_{14} 的结电容 C_{S14} 等于 D_{14} 的结电容 C_{D14}，S_{14} 可实现零电压开通，已知 $C_{S14}>C_{D14}$、$u_{S14}(t_0)=U_{Cc1}$、$u_{D14}(t_0)=0$、$u_{S14}(t_{4-})-u_{D14}(t_{4-})=-U_{Cc1}$，可得 $u_{S14}(t_{4-})=U_{Cc1}-2U_{Cc1}C_{D14}/(C_{D14}+C_{S14})$、$u_{D14}(t_{4-})=2U_{Cc1}C_{S14}/(C_{D14}+C_{S14})$；$t_4$ 时刻 S_{14} 开通，$u_{S14}(t_{4+})$、$u_{D14}(t_{4+})$ 变为 0、U_{Cc1}，S_{14} 的开通损耗 P_{onS14} 为

$$
\begin{aligned}
P_{onS14} &= 0.5f_{s1}C_{S14}[U_{Cc1}-2U_{Cc1}C_{D14}/(C_{D14}+C_{S14})]^2 \\
&\quad + 0.5f_{s1}C_{D14}\{[2U_{Cc1}C_{S14}/(C_{D14}+C_{S14})]^2 - U_{Cc1}{}^2\} \\
&= 0.5f_{s1}U_{Cc1}{}^2(C_{S14}-C_{D14})
\end{aligned}
\tag{2-1}
$$

由式 (2-1) 可知，增大 C_{D14} 可降低 D_{14} 的电压应力和 S_{14} 的开通损耗，当 $C_{S14}=C_{D14}$ 时可实现 S_{14} 的零电压开通。

$t_5 \sim t_7$ 区间：t_5 时刻，S_{13} 关断，由于漏感电流不能突变，i_{L1} 向桥臂等效结电容充电，u_{S12} 迅速上升并被钳位于 U_{Cc1}，u_{Sc1} 下降到 0，S_{c1} 的体二极管导通，t_6 时刻 S_{c1} 实现零电压开通；该区间 L_1 和 C_{c1} 通过对角功率开关 S_{11}、S_{14} 向负载释能，L_2 继续储能。

$t_7 \sim t_8$ 区间：t_7 时刻，S_{23} 关断，L_2 储能结束；L_1 和 C_{c1} 通过对角功率开关 S_{11}、S_{14} 向负载释能，L_2 和 C_{c2} 通过对角功率开关 S_{21}、S_{24} 向负载释能，钳位电容在释能期间安秒平衡，$i_{N11}(t_8)\approx2i_{L1}(t_8)$，$i_{N12}(t_8)\approx2i_{L2}(t_8)$。

$t_8 \sim t_9$ 区间：t_8 时刻，S_{c1} 关断，N_{11} 绕组电流和储能电感电流的差值 $i_{N11}-i_{L1}$ 向桥臂等效结电容充电，桥臂电压和 S_{12} 电压 u_{S12} 迅速降为 0，S_{12} 体二极管导通，$i_{N11}-i_{L1}$ 经 S_{12} 体二极管流通，且以 $U_{dc}(N_{11}/N_2)/L_{k1}$ 的斜率迅速下降；t_9 时刻，$i_{N11}-i_{L1}$ 降为 0，S_{12} 零电压开通；第 2 路工作情况和第 1 路相同。

$t_9 \sim t_{17}$ 区间，变换器经右桥臂功率开关储能，经对角功率开关 S_{12}、S_{13} 和 S_{22}、S_{23} 释能，高频变压器在一个高频周期内双向对称磁化；超前开关实现了零电压开通和零电流关断，滞后开关和有源钳位开关均实现了零电压开通和软关断。

以双隔离非对称全桥电路 ($n=2$) 为例，Boost 型多输入直流变换器的高频开关过程波形和区间等效电路，如图 2-8 所示。图 2-8 中，左桥臂功率开关 S_{11}、S_{13} 和 S_{21}、S_{23} 为超前开关且导通占空比较大，右桥臂功率开关 S_{12}、S_{14} 和 S_{22}、S_{24} 为滞后开关且导通占空比较小；超前开关和对应的滞后开关间存在重叠时间以确保储能电感电流连续，有源钳位开关 S_{c1}、S_{c2} 均延时开通和提前关断以实现软开关。

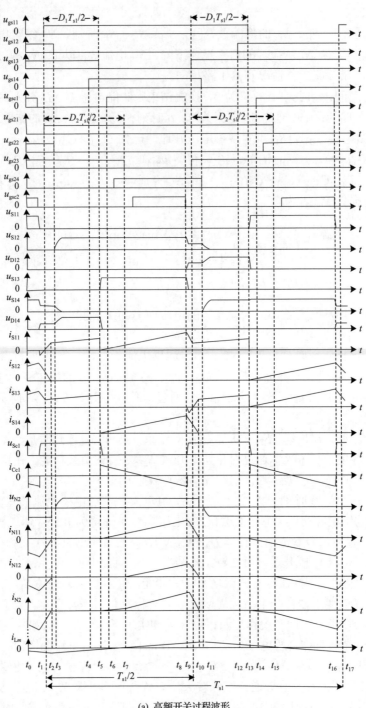

(a) 高频开关过程波形

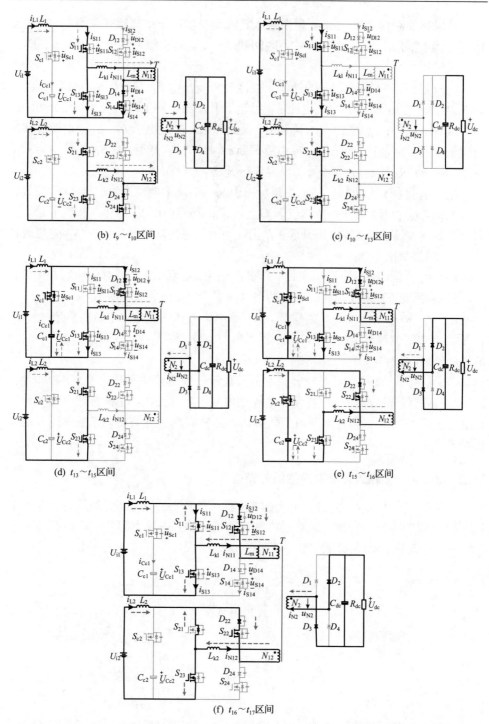

图 2-8　双隔离非对称全桥 Boost 型多输入直流变换器的高频开关过程波形和区间等效电路

双隔离非对称全桥 Boost 型多输入直流变换器在一个高频开关周期 T_{s1} 内有 10 个工作区间 $t_1 \sim t_{17}$，其中 $t_9 \sim t_{17}$ 区间和 $t_1 \sim t_9$ 区间相似，这里仅分析 $t_9 \sim t_{17}$ 区间开关过程。

$t_9 \sim t_{10}$ 区间：在 S_{13}、S_{14} 的换流重叠区，S_{11}、S_{13}、S_{14} 导通，N_{11} 绕组电流 i_{N11} 和 S_{14} 电流 i_{S14} 迅速下降，S_{13} 电流 i_{S13} 迅速上升，第 2 路工作情况和第 1 路相同。

$t_{10} \sim t_{13}$ 区间：t_{10} 时刻，i_{S14} 降为 0，换流结束，储能电感 L_1、L_2 分别通过其左桥臂功率开关储能；t_{11} 时刻 S_{14} 零电流关断；t_{12} 时刻 S_{12} 开通，若 S_{12} 的结电容 C_{S12} 等于 D_{12} 的结电容 C_{D12}，S_{12} 可实现零电压开通。

$t_{13} \sim t_{15}$ 区间：t_{13} 时刻，S_{11} 关断，由于漏感电流不能突变，i_{L1} 向桥臂等效结电容充电，u_{S11} 迅速上升并被钳位于 U_{Cc1}，u_{Sc1} 下降到 0，S_{c1} 的体二极管导通，t_{14} 时刻开通 S_{c1}，S_{c1} 实现零电压开通；L_1 和 C_{c1} 通过对角功率开关 S_{12}、S_{13} 向负载释能，L_2 继续储能。

$t_{15} \sim t_{16}$ 区间：t_{15} 时刻，S_{21} 关断，L_2 储能结束；L_1 和 C_{c1} 通过对角功率开关 S_{11}、S_{14} 向负载释能，L_2 和 C_{c2} 通过对角功率开关 S_{21}、S_{24} 向负载释能。

$t_{16} \sim t_{17}$ 区间：t_{16} 时刻，S_{c1} 关断，N_{11} 绕组电流和储能电感电流的差值 $i_{N11} - i_{L1}$ 向桥臂等效结电容充电，S_{11} 体二极管导通，$i_{N11} - i_{L1}$ 经 S_{11} 体二极管流通；t_{17} 时刻 S_{11} 零电压开通，第 2 路工作情况和第 1 路相同。

$t_1 \sim t_9$ 区间，变换器经左桥臂功率开关储能，经对角功率开关 S_{11}、S_{14} 和 S_{21}、S_{24} 释能，高频变压器在一个高频开关周期内双向对称磁化；左桥臂功率开关和有源钳位开关均实现了零电压开通和软关断，右桥臂功率开关实现了低电压开通和零电流关断。

2.4.2　Boost 型多输入直流变换器的外特性

双隔离对称和非对称全桥 Boost 型双输入直流变换器稳态时钳位电容在一个高频开关周期内安秒平衡，忽略钳位电容影响时的开关状态等效电路如图 2-9 所示。r_1、r_2 为第 1、2 路变换器的内阻。

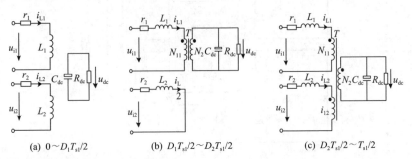

(a) $0 \sim D_1 T_{s1}/2$　　　(b) $D_1 T_{s1}/2 \sim D_2 T_{s1}/2$　　　(c) $D_2 T_{s1}/2 \sim T_{s1}/2$

图 2-9　双隔离对称和非对称全桥 Boost 型双输入直流变换器的开关状态等效电路

$0 \sim D_1 T_{s1}/2$，第 1、2 路变换器储能。图 2-9(a) 所示等效电路的状态方程为

$$L_1 \frac{\mathrm{d}i_{L1}}{\mathrm{d}t} = -r_1 i_{L1} + u_{i1} \tag{2-2a}$$

$$L_2 \frac{\mathrm{d}i_{L2}}{\mathrm{d}t} = -r_2 i_{L2} + u_{i2} \tag{2-2b}$$

$$C_{dc} \frac{\mathrm{d}u_{dc}}{\mathrm{d}t} = -\frac{u_{dc}}{R_{dc}} \tag{2-2c}$$

$D_1 T_{s1}/2 \sim D_2 T_{s1}/2$，第 1、2 路变换器分别释能、储能。图 2-9(b) 所示等效电路的状态方程为

$$L_1 \frac{\mathrm{d}i_{L1}}{\mathrm{d}t} = -r_1 i_{L1} - \frac{N_{11}}{N_2} u_{dc} + u_{i1} \tag{2-3a}$$

$$L_2 \frac{\mathrm{d}i_{L2}}{\mathrm{d}t} = -r_2 i_{L2} + u_{i2} \tag{2-3b}$$

$$C_{dc} \frac{\mathrm{d}u_{dc}}{\mathrm{d}t} = \frac{N_{11}}{N_2} i_{L1} - \frac{u_{dc}}{R_{dc}} \tag{2-3c}$$

$D_2 T_{s1}/2 \sim T_{s1}/2$，第 1、2 路变换器释能。图 2-9(c) 所示等效电路的状态方程为

$$L_1 \frac{\mathrm{d}i_{L1}}{\mathrm{d}t} = -r_1 i_{L1} - \frac{N_{11}}{N_2} u_{dc} + u_{i1} \tag{2-4a}$$

$$L_2 \frac{\mathrm{d}i_{L2}}{\mathrm{d}t} = -r_2 i_{L2} - \frac{N_{12}}{N_2} u_{dc} + u_{i2} \tag{2-4b}$$

$$C_{dc} \frac{\mathrm{d}u_{dc}}{\mathrm{d}t} = \frac{N_{11}}{N_2} i_{L1} + \frac{N_{12}}{N_2} i_{L2} - \frac{u_{dc}}{R_{dc}} \tag{2-4c}$$

将式 (2-2) 乘以 d_1 加上式 (2-3) 乘以 $(d_2 - d_1)$，再加上式 (2-4) 乘以 $(1-d_2)$，并令 $\frac{\mathrm{d}i_{L1}}{\mathrm{d}t} = 0$，$\frac{\mathrm{d}i_{L2}}{\mathrm{d}t} = 0$，$\frac{\mathrm{d}u_{dc}}{\mathrm{d}t} = 0$，得状态变量 i_{L1}、i_{L2}、u_{dc} 的稳态值为

$$I_{L1} = \frac{1}{r_1} \left[U_{i1} - (1 - D_1) \frac{N_{11}}{N_2} U_{dc} \right] \tag{2-5}$$

$$I_{L2} = \frac{1}{r_2} \left[U_{i2} - (1 - D_2) \frac{N_{12}}{N_2} U_{dc} \right] \tag{2-6}$$

$$U_{dc} = \frac{(N_{11}/N_2)(1-D_1)U_{i1}/r_1 + (N_{12}/N_2)(1-D_2)U_{i2}/r_2}{[(N_{11}/N_2)(1-D_1)]^2/r_1 + [(N_{12}/N_2)(1-D_2)]^2/r_2 + 1/R_{dc}} \tag{2-7}$$

当 $r_1=r_2=0$ 时，可得

$$U_{dc} = \frac{N_2}{N_{11}}\frac{U_{i1}}{1-D_1} = \frac{N_2}{N_{12}}\frac{U_{i2}}{1-D_2} \tag{2-8}$$

由式(2-8)可知，每路变换器均需满足 Boost 变换器的电压传输比关系。

设 $r_1=r_2=r$，$U_{i1}/N_{11}=kU_{i2}/N_{12}$，其中 k 为输入电压系数，由式(2-8)可得 $1-D_1=k(1-D_2)$，代入式(2-7)可得

$$U_{dc} \approx \frac{(N_{12}/N_2)(1-D_2)U_{i2}}{[(N_{12}/N_2)(1-D_2)]^2 + r/(k^2+1)/R_{dc}} \tag{2-9}$$

取 $R_{dc}=144.4\Omega$，$N_{11}:N_{12}:N_2=9:9:32$，根据式(2-9)可得变换器的外特性曲线如图 2-10 所示。由图 2-10 可知，由于内阻 r 的存在，当占空比增大时，变换器电压增益不会无限增大；当 $D_2 = 1 - \frac{N_2}{N_{12}}\sqrt{r/\left[(k^2+1)\cdot R_{dc}\right]}$ 时，变换器电压增益最大；当占空比趋近于 1 时，变换器电压增益趋近于 0；多输入源供电时，变换器等效内阻为 $r/(k^2+1)$，相同占空比时变换器等效内阻越小，变换器电压增益越高。

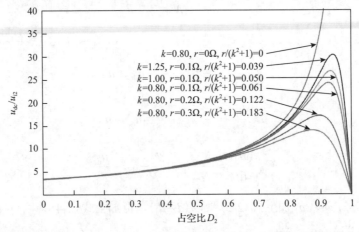

图 2-10　双隔离对称和非对称全桥 Boost 型双输入直流变换器的外特性曲线

2.4.3　启动时储能电感的磁饱和抑制

Boost 型多输入直流变换器启动时，直流母线电压 U_{dc} 低于输入电压 $(N_2/N_{1j})\,U_{ij}$，储能电感 L_1、L_2、$\cdots$、L_n 持续充磁，导致储能电感磁饱和甚至损坏变换器，故需要采用输入端串接启动电阻[10]、直流母线电容支路串联电阻[11]、高频储能式变压器代替储能电感法[12]和 Buck 型模式启动法等解决方案。本章提出一种基于钳位电容的储能电感磁饱和抑制启动控制波形的方案，如图 2-11 所示。该方案采用第

1 路输入源实现变换器的启动，启动期间第 1 路储能占空比 D_1 设置为 0，以 $2m$ 个高频开关周期为一个控制周期，高频逆变电路功率开关和有源钳位开关交替工作。前 m 个高频开关周期第 1 路高频逆变电路功率开关 $S_{11} \sim S_{14}$ 正常工作，第 1 路有源钳位开关 S_{c1} 截止，储能电感 L_1 处于充磁状态，直流母线电压 U_{dc} 逐渐升高；后 m 个开关周期 $S_{11} \sim S_{14}$ 截止，S_{c1} 正常工作，由于钳位电容电压 U_{Cc1} 大于输入电压 U_{i1}，储能电感 L_1 去磁。

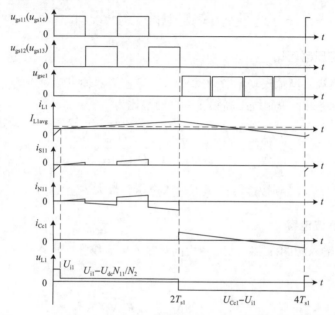

图 2-11　基于钳位电容的储能电感磁饱和抑制启动控制波形的方案

变换器启动过程结束 U_{dc} 达到稳定值，由图 2-11 可得

$$\Delta U = (U_{i1} - U_{dc} N_{11} / N_2) \approx \frac{4 I_{L1avg} L_1}{m T_{s1}} = \frac{4 U_{dc}^2 L_1}{U_{i1} R_{dc} m T_{s1}} \tag{2-10}$$

式中，I_{L1avg} 为第 1 路储能电感电流在 $2m$ 个高频开关周期内的平均值，近似等于输入电流。将 U_{i1}=48V、N_{11}/N_2=9/32、L_1=80μH、T_{s1}=20μs 代入式(2-10)，可得

$$\Delta U^2 - \left(96 + \frac{m R_{dc}}{4.2}\right) \Delta U + 2304 = 0 \tag{2-11}$$

取 m=5，R_{dc} 分别取 1000Ω、500Ω、288Ω、144Ω 时，变换器启动稳定电压 U_{dc} 的计算值和仿真值分别为 164V、158V、151V、139V 与 170V、163V、153V、128V，验证了该方案的可行性。若增大 m 值，可进一步提高电路的启动带载能力。空载时直流母线电压启动稳定值为 $U_{i1} N_2 / N_{11}$，电压稳定后关闭启动程序，n 路变

换器所有功率开关控制信号正常输出，U_{dc} 继续上升到直流母线电压设定值，最后再启动后级逆变器。该储能电感磁饱和抑制启动方案，具有不需要附加额外的电路、开关管启动时序和正常工作时序一致、数字信号化处理（digital signal processing, DSP）控制算法简单等优点。

2.5　新颖的 Boost 直流变换器型两级多输入逆变器关键电路参数设计

2.5.1　高频变压器匝比

设第 j 路输入源输入功率 P_j 在多输入直流变换器输出端对应的等效负载电阻为 R_{dcj}，多原绕组、单副绕组高频变压器的匝比为

$$\frac{N_2}{N_{1j}} = \frac{U_{ij\min} - \sqrt{U_{ij\min}^2 - 4rU_{dc}^2 / R_{dcj}}}{2rU_{dc} / (1 - D_{j\max})R_{dcj}} \tag{2-12}$$

式中，$U_{ij\min}$、$D_{j\max}$ 分别为第 j 路最低输入电压、最大占空比。

2.5.2　输入滤波电容

设 R_{ij} 为输入源的内阻，$\Delta I_{ij\max}$ 为高频输入电流纹波，输入滤波电容为

$$C_{ij} = \frac{U_{dc}N_{ij}T_{s1}^2}{128\Delta I_{ij\max}L_jR_{ij}N_2} \tag{2-13}$$

2.5.3　储能电感

一个高频开关周内，储能电感 L_j 的电流纹波为

$$\Delta I_{Lj} = \frac{U_{ij}D_jT_{s1}}{2L_j} = \frac{D_j(1-D_j)U_{dc}N_{ij}T_{s1}}{2L_jN_2} \tag{2-14}$$

当 $D_j=0.5$ 时，ΔI_{Lj} 取得最大值为

$$\Delta I_{Lj\max} = \frac{U_{dc}N_{ij}T_{s1}}{8L_jN_2} \tag{2-15}$$

由式（2-15）可得储能电感 L_j 为

$$L_j = \frac{U_{dc}N_{ij}T_{s1}}{8\Delta I_{Lj\max}N_2} \tag{2-16}$$

2.5.4　直流母线滤波电容

直流母线上 100Hz 电压纹波将在前级输入侧感应出 100Hz 电流纹波，需将其限制在一定范围以免影响变换效率。直流母线瞬时功率 p_{dc} 为

$$p_{dc} = 2P_o \sin^2 \omega t = P_o - P_o \cos 2\omega t \tag{2-17}$$

式中，P_o 为输出平均功率。

设 Boost 型多输入直流变换器的输出功率恒定，则 p_{dc} 中的 2 倍频功率将全部由直流母线电容平抑，可得

$$\int_0^{\pi/4} P_o \cos 2\omega t \mathrm{d}\omega t = 0.5 C_{dc} \left[\left(U_{dc} + \Delta U_{dc}\right)^2 - U_{dc}^2 \right] \tag{2-18}$$

式中，ΔU_{dc} 为直流母线电压二倍频纹波幅值。由式 (2-18) 可得，直流母线电容为

$$C_{dc} = \frac{P_o}{4\Delta U_{dc} \pi f_o U_{dc}} \tag{2-19}$$

2.5.5　钳位电容

钳位电容抑制了储能功率开关的关断电压尖峰，并且吸收关机时储能电感能量。钳位电容 C_{cj} 与其对应的高频变压器漏感 L_{kj} 存在谐振，应满足 $T_r/2 > (1-D_j) T_{s1}/2$，其中 T_r 为钳位电容与变压器漏感的谐振周期，可得钳位电容为

$$C_{cj} > \frac{(1 - D_{j\min})^2}{4\pi^2 L_{kj} f_{s1}^2} \tag{2-20}$$

2.6　1kV·A 新颖的 Boost 直流变换器型两级多输入逆变器样机实验

2.6.1　样机构成

本章采用图 2-2 (e) 所示对称全桥双隔离拓扑和基于 DSP28335 主从功率分配能量管理移相控制、直流母线电压前馈输出电压反馈单极性倍频 SPWM 控制策略设计并研制 1kV·A 40～60VDC/220VAC50Hz 对称全桥双隔离 Boost 直流变换器型两级光伏-风力双输入离网逆变器样机。本章采用图 2-2 (f) 所示非对称全桥双隔离拓扑和基于 DSP28335 最大功率输出能量管理移相控制、直流母线电压外环并网电流内环双环单极性倍频 SPWM 控制策略，设计并研制 1kW 40～60VDC/220VAC50Hz 非对称全桥双隔离 Boost 直流变换器型两级光伏-风力双输入并网逆变器样机。本章研制的两种两级双输入逆变器样机均由功率电路、控制电路和机内辅助电源三部分构成，如图 2-12 所示。

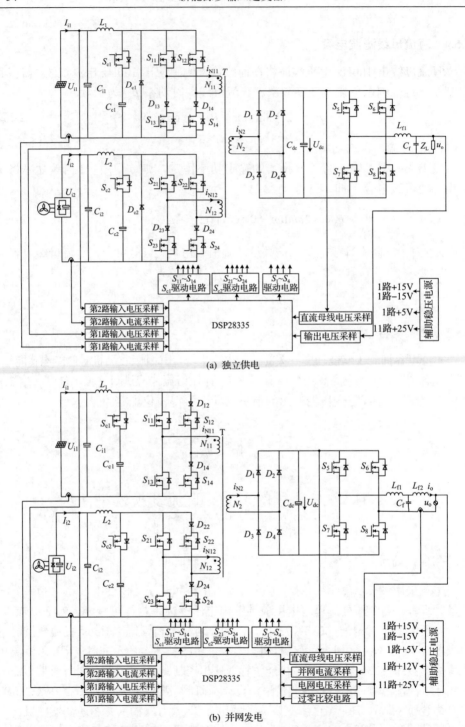

(a) 独立供电

(b) 并网发电

图 2-12　1kV·A/1kW 新颖的对称全桥双隔离 Boost 直流变换器型两级双输入逆变器样机构成

样机实例：第 1 路光伏电池均选用 Topcon quadro 可编程直流电源 TC.P.16.800.400.PV.HMI 供电[MPP(最大功率点，maximum power point)电压为 40~60V]，第 2 路风力发电机及整流电路分别选用直流源模拟供电(输入电压为 40~60V)、可编程直流电源 TC.P.32.200.400.S 供电(MPP 电压为 40~60V)，额定功率为 $1kV \cdot A/1kW$，$U_{dc}=380VDC$，$u_o=220VAC50Hz$，开关频率 $f_{s1}=50kHz$、$f_{s2}=25kHz$，高频变压器选用 LP3 型铁氧体磁芯 PM74、匝比 $N_2 : N_{11} : N_{12}=32 : 9 : 9$，储能电感 $L_1=L_2=80\mu H$ 选用 Mn-Zn R2KBD 型铁氧体磁芯 PM62×49、匝数 $N=14$，输入滤波电容 $C_{i1}=C_{i2}=2200\mu F/1000V$，直流母线电容 C_{dc} 选用一个 $470\mu F/450V$ 电解电容、一个 $680\mu F/450V$ 电解电容和一个 $4.7\mu F/630V$ CBB(聚丙烯电容)电容并联，输出 LC 滤波器 $L_{f1}=1.5mH$、$C_f=4.7\mu F$、$L_{f2}=0.4mH$。

2.6.2　样机实验

$1kV \cdot A$ 新颖的双隔离对称全桥 Boost 直流变换器型两级多输入离网逆变器独立供电样机在光伏电池最大功率点(60V,12.5A,750W)和风力机输出电压 40V、额定阻性负载时的稳态实验波形，如图 2-13 所示。

图 2-13 实验结果表明：①光伏电池工作在最大功率点(59.92V,12.35A，740.2W)，风力发电机补充负载所需的不足功率(40.36V,9.52A,384.4W)，风力发电机输出电流二次纹波较小，如图 2-13(a)所示；②移相控制功率开关的导通占

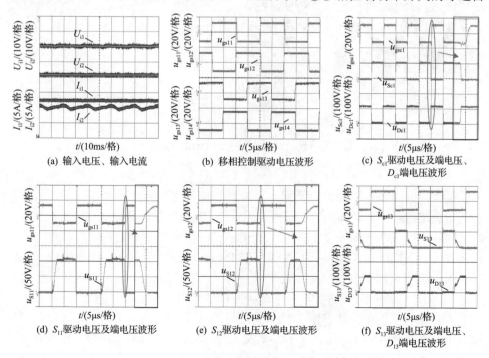

(a) 输入电压、输入电流　　(b) 移相控制驱动电压波形　　(c) S_{c1} 驱动电压及端电压、D_{c1} 端电压波形

(d) S_{11} 驱动电压及端电压波形　(e) S_{12} 驱动电压及端电压波形　(f) S_{13} 驱动电压及端电压、D_{13} 端电压波形

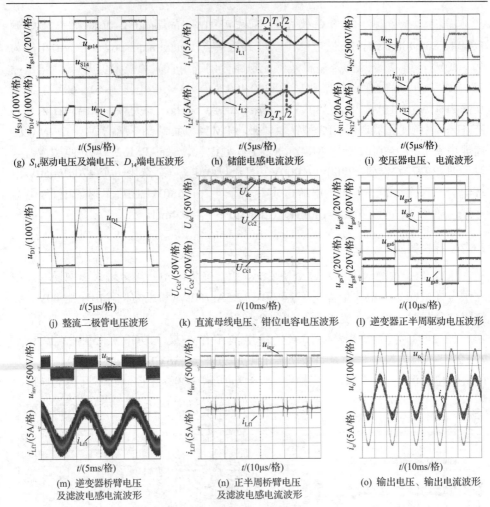

(g) S_{14}驱动电压及端电压、D_{14}端电压波形　(h) 储能电感电流波形　(i) 变压器电压、电流波形

(j) 整流二极管电压波形　(k) 直流母线电压、钳位电容电压波形　(l) 逆变器正半周驱动电压波形

(m) 逆变器桥臂电压及滤波电感电流波形　(n) 正半周桥臂电压及滤波电感电流波形　(o) 输出电压、输出电流波形

图 2-13　1kV·A 新颖的双隔离对称全桥 Boost 直流变换器型两级多输入离网逆变器独立供电样机在光伏电池最大功率点(60V，12.5A，750W)和风力机输出电压 40V、额定阻性负载时的稳态实验波形

空比均为 50%，如图 2-13(b)所示；③有源钳位功率开关实现了零电压开通，其关断电压尖峰被抑制，如图 2-13(c)所示；④超前功率开关 S_{11}、S_{12} 实现了零电压开通和零电流关断，如图 2-13(d)、(e)所示；⑤滞后功率开关 S_{13}、S_{14} 实现了零电压开通，关断电压尖峰被抑制，如图 2-13(f)、(g)所示；⑥多输入源在一个高频开关周期内同时向负载供电，每路变换器占空比独立且调节范围宽(占空比为 0.44~0.63)，如图 2-13(h)所示；⑦高频变压器双向对称磁化如图 2-13(i)所示；⑧整流二极管无电压尖峰如图 2-13(j)所示；⑨直流母线电压 U_{dc} 平均值为 380V，钳位电容电压稍大于 $U_{dc}N_{11}N_{12}/N_2$，如图 2-13(k)所示；⑩后级单极性倍频控制，输出滤波电感纹波电流频率为开关频率的 2 倍，如图 2-13(l)~(n)所示；⑪输出

电流为 4.601A/50Hz，输出功率为 1014.1W，输出电压为 THD=1.08%，变换器效率为 90.2%，如图 2-13(o)所示。

两级多输入逆变器独立供电时样机的前级在第 1 路输入源最大功率点 (600W，40V)、带 1500Ω 阻性负载时的启动波形，如图 2-14 所示。启动的第一阶段，桥臂功率开关和钳位开关交替导通分别对储能电感充磁、去磁，母线电压上升至 $U_{i2}N_2/N_{12}$；启动的第二阶段，桥臂功率开关和钳位开关正常工作，母线电压逐渐上升至 380V。整个启动过程储能电感电流较小，证实了本章所提出的储能电感钳位电容去磁启动法的可行性。

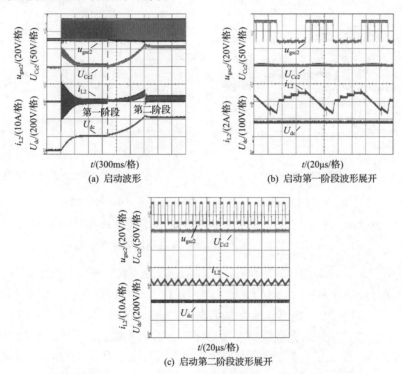

图 2-14　两级多输入逆变器独立供电时样机的前级在第 1 路输入源
最大功率点(600W，40V)、带 1500Ω 阻性负载时的启动波形

1kV·A 两级多输入离网逆变器独立供电样机在负载和光照强度变化时的模态切换波形，如图 2-15 所示。

图 2-15 实验结果表明：①光伏电池最大功率为 600W，风力发电机输入为 48V，阶段 1、5 期间的负载功率为 604.3W，大于光伏电池最大功率，光伏电池和风力发电机联合向负载供电。阶段 3 期间的负载功率为 464.2W，小于光伏电池最大功率，只有光伏一路输入源向负载供电。阶段 2 期间的负载功率由 604.3W 慢降为 464.2W 及阶段 4 期间的负载功率由 464.2W 慢升为 604.3W，以上两个阶段实现了两种模态平滑切换，如图 2-15(a)所示。②负载突变时，两种模态实现了平滑切换，

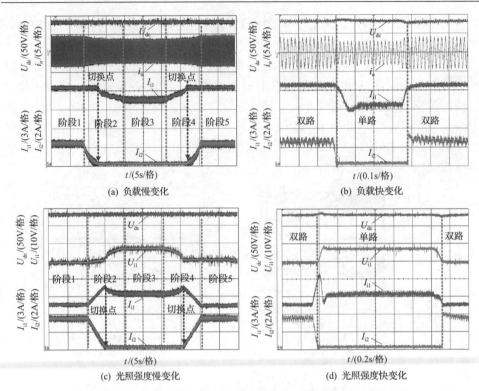

图 2-15　本章所提出的 1kV·A 两级多输入离网逆变器独立供电样机
在负载和光照强度变化时的模态切换波形

U_{dc} 基本不变，系统响应时间较快（小于 100ms），如图 2-15(b) 所示。③光伏电池
最大功率点为 (700W, 48V, 14.58A)，风力发电机输入为 48V，负载功率为 430.0W，
光伏在阶段 1、阶段 5 的光照强度为 500W/m²，光伏电池最大功率小于负载功率，光
伏电池和风力发电机联合向负载供电。光伏电池在阶段 3 的光照强度为 1000W/m²，
光伏电池最大功率大于负载功率，只有光伏电池向负载供电。光伏电池在阶段 2 的
光照强度由 500W/m² 慢升为 1000W/m²，以及在阶段 4 期间的光照强度由 1000W/m²
慢降为 500W/m²，两种模态实现了平滑切换，如图 2-15(c) 所示。光照强度突变时，
模态也能实现平滑切换，U_{dc} 基本不变，系统响应较快，如图 2-15(d) 所示。

　　1kV·A 两级多输入逆变器独立供电样机和前级变换器风力发电机输入为
48V，光伏电池工作在最大功率点 (600W, 48V)，光伏电池单路和光伏电池与风力
发电机两路同时供电时的变换效率，如图 2-16 所示。由图 2-16 可知：①当负
载功率小于 525W 时，只有光伏电池单路输入源向负载供电，变换效率先上升后
下降；②变换效率在输入源路数切换点附近迅速下降；③当负载功率大于 525W
时，光伏电池和风力发电机两路同时向负载供电，变换效率先上升后下降；④满
载时，整机和前级变换器的变换效率分别为 89.2%、93.0%，双路输入源供电时整

机变换效率得到了提高，其原因是功率开关和阻断二极管的通态损耗减小了。

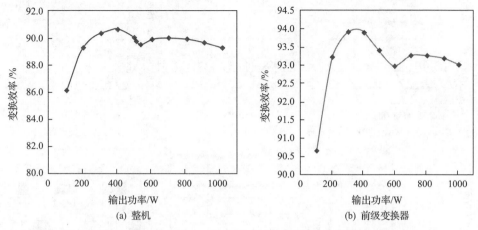

(a) 整机　　　　　　　　　　　　　(b) 前级变换器

图 2-16　1kV·A 两级多输入逆变器独立供电样机和前级变换器在单路和
两路输入源供电时的变换效率

　　新颖的 1kW 双隔离非对称全桥 Boost 直流变换器型两级多输入并网逆变器样机在第 1 路输入源光伏电池最大功率点(600W,40V)、第 2 路输入源风力发电机最大功率点(600W,60V)时的稳态实验波形，如图 2-17 所示。

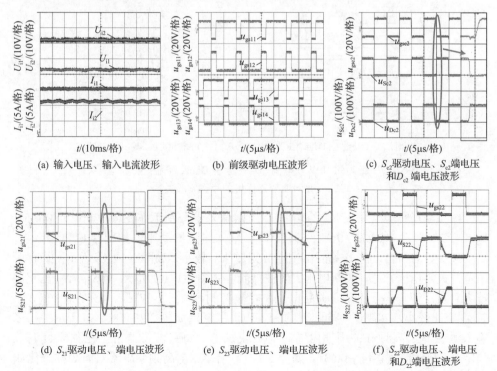

(a) 输入电压、输入电流波形　　　(b) 前级驱动电压波形　　　(c) S_{c2}驱动电压、S_{c2}端电压
和D_{c2}端电压波形

(d) S_{21}驱动电压、端电压波形　　(e) S_{23}驱动电压、端电压波形　　(f) S_{22}驱动电压、端电压
和D_{22}端电压波形

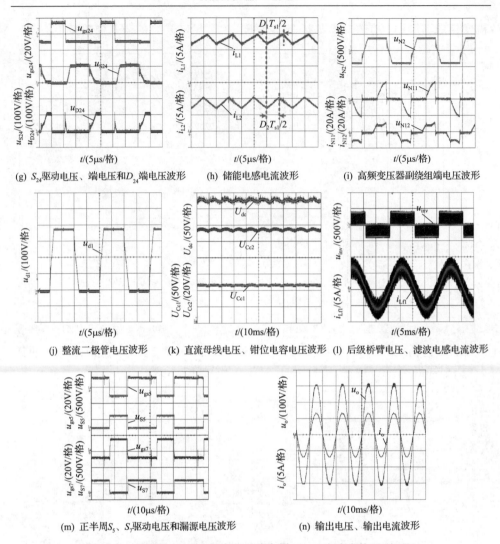

(g) S_{24}驱动电压、端电压和D_{24}端电压波形　　(h) 储能电感电流波形　　(i) 高频变压器副绕组端电压波形

(j) 整流二极管电压波形　　(k) 直流母线电压、钳位电容电压波形　　(l) 后级桥臂电压、滤波电感电流波形

(m) 正半周S_5、S_7驱动电压和漏源电压波形　　(n) 输出电压、输出电流波形

图 2-17　新颖的 1kW 双隔离非对称全桥 Boost 直流变换器型两级
多输入并网逆变器样机的稳态实验波形

　　图 2-17 实验结果表明：①第 1、2 路输入源分别工作在最大功率点(40.5V,
14.5A, 587W)、(59.7V, 9.9A, 591.1W)，输入电压脉动小，如图 2-17(a)所示；
②前级左、右桥臂功率开关的占空比分别较大、较小，如图 2-17(b)所示；③有源
钳位开关零电压开通，关断电压尖峰被抑制，如图 2-17(c)所示；④S_{21}、S_{23}占空比
较大且实现了零电压开通，关断电压尖峰被抑制，如图 2-17(d)、(e)所示；⑤S_{22}、
S_{24}占空比较小，实现了零电压开通和零电流关断，如图 2-17(f)、(g)所示；⑥多
输入源在一个高频开关周期内同时向负载供电，每路变换器占空比独立且调节
范围宽(占空比为 0.44～0.63)，如图 2-17(h)所示；⑦高频变压器双向对称磁化如

图 2-17(i)所示；⑧整流二极管无电压尖峰如图 2-17(j)所示；⑨U_{dc} 的平均值为 380V 且存在 100Hz 低频纹波，如图 2-17(k)所示；⑩输出滤波电感电流纹波频率为后级开关频率的 2 倍，如图 2-17(k)~(m)所示；⑪并网电压为 223.0VAC，50Hz，并网电流为 4.87A，输出功率为 1080.1V·A，功率因数为 0.993，并网电流 THD=1.58%，变换效率为 90.8%，如图 2-17(n)所示。

本章所提出的 1kW 两级多输入并网逆变器样机在光照强度变化时的模态切换实验波形，如图 2-18 所示。图 2-18(a)、(b)中，第 1、2 路输入源额定光照强度下的最大功率点分别为(600W,48V)、(800W,48V)，并网电流限定值为 4.8A、1056W；图 2-18(c)、(d)中，两路输入源最大功率点均为(700W,48V)，最大并网功率为 523W。图 2-18 所示实验结果表明：①阶段 1、阶段 5 期间 $P_{1max}+P_{2max}<P_{omax}$、$U_{dc}$=380V、两路输入源均最大功率输出、并网逆变器工作于模态Ⅰ，阶段 3 期间 $P_{1max}+P_{2max}>P_{omax}$、$U_{dc}$=385V、第 1 路与第 2 路输入源分别以最大功率输出和限功率输出、并网逆变器工作于模态Ⅱ，阶段 2 期间并网逆变器由模态Ⅰ平滑切换为模态Ⅱ，阶段 4 期间并网逆变器由模态Ⅱ平滑切换到模态Ⅰ，如图 2-18(a)所示；②光照强度突变时并网逆变器也能平滑地实现模式Ⅰ~Ⅱ的切换，系统响应较快，如图 2-18(b)所示；③阶段 1、阶段 5 期间 $P_{1max}<P_{omax}$、U_{dc}=385V、第 1 路与第 2 路输入源分别最大功率输出和限功率输出、并网逆变器工作于模态Ⅱ，阶段 3 期间 $P_{1max}>P_{omax}$、U_{dc}=390V、第 1 路输入源限功率输出、第 2 路输入源停止输出、并网逆变器工作于模态Ⅲ，阶段 2 期间并网逆变器由模态Ⅱ平滑切换为模态Ⅲ，阶段 4 期间并网逆变器由模态Ⅲ平滑切换为模态Ⅱ，如图 2-18(c)所示；④光照强度突变时，并网逆变器也能平滑地实现模式Ⅱ~Ⅲ的切换，系统响应较快，如图 2-18(d)所示。

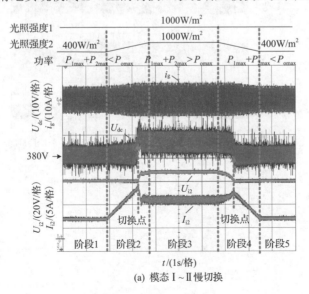

(a) 模态Ⅰ~Ⅱ慢切换

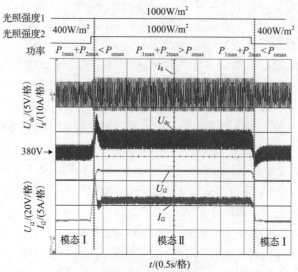

(b) 模态Ⅰ~Ⅱ快切换

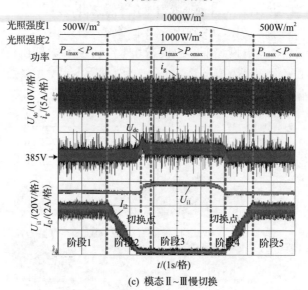

(c) 模态Ⅱ~Ⅲ慢切换

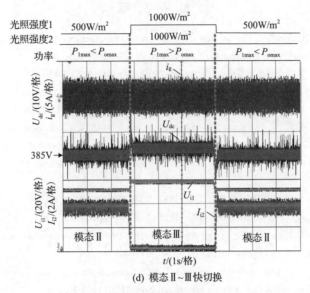

(d) 模态 II～III 快切换

图 2-18　1kW 两级多输入并网逆变器样机在光照强度变化时的模态切换实验波形

1kW 两级多输入并网逆变器样机和前级变换器在第 1、2 路输入源最大功率点（600W,48V）、不同光照强度下的变换效率，如图 2-19 所示。由图 2-19 可知：①整机在负载功率 450W 附近、前级变换器在负载功率 400W 附近的变换效率最高，分别为 92.1%、95.8%；②整机和前级变换器的满载变换效率分别为 90.7%、94.1%，前级变换器效率较高。

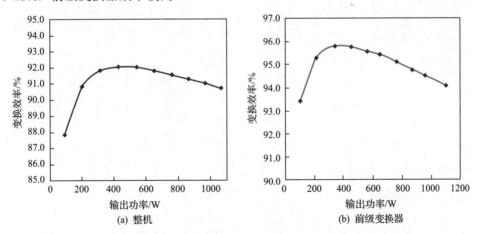

(a) 整机　　　　　　　　　　　　　　　　(b) 前级变换器

图 2-19　1kW 两级多输入并网逆变器样机和前级变换器在两路输入源供电时的变换效率

参 考 文 献

[1] Qiu Y H, Jiang J H, Chen D L. Development and present status of multi-energy distributed power generation system. IEEE 8th International Power Electronics and Motion Control Conference, Hefei, 2016.

[2] 陈道炼, 陈艳慧. 单隔离降压型多输入直流变换器: 中国, 200910111465.3.2011.

[3] 陈道炼, 陈亦文. 双隔离降压型多输入直流变换器: 中国, 200910111442.2.2011.

[4] 陈道炼, 陈亦文, 徐志望. 双隔离升压型多输入直流变换器: 中国, 200910111443.7.2011.

[5] 陈道炼, 陈亦文, 徐志望. 全桥 Boost 型多输入直流变换器. 中国电机工程学报, 2010, 30(27): 42-48.

[6] 邱琰辉, 陈道炼, 江加辉. 多绕组同时供电直流变换器型多输入逆变器. 电工技术学报, 2017, 32(6): 181-190.

[7] 邱琰辉, 陈道炼, 江加辉. 限功率控制 Boost 多输入直流变换器型并网逆变器. 中国电机工程学报, 2017, 37(20): 6027-6036.

[8] 陈道炼, 陈亦文. 单隔离升降压型多输入直流变换器: 中国, 200910111464.9.2011.

[9] 陈道炼, 陈亦文. 双隔离升降压型多输入直流变换器: 中国, 200910111441.8.2012.

[10] Kumar M, Huber L, Jovanovi M M. Startup procedure for DSP-controlled three-phase six-switch boost PFC rectifier. IEEE Transactions on Power Electronics, 2015, 30(8): 4514-4523.

[11] Fan S Q, Xue Z M. VRSPV soft-start strategy and AICS technique for boost converters to improve the start-up performance. IEEE Transactions on Power Electronics, 2016, 31(5): 3663-3672.

[12] Zhu L Z, Wang K R, Lee F C, et al. New start-up schemes for isolated full-bridge boost converters. IEEE Transactions on Power Electronics, 2003, 18(4): 946-951.

第3章　直流变换器型准单级多输入逆变器

3.1　概　　述

新颖的直流变换器型两级多输入逆变器，简化了电路结构，降低了成本，但前后级之间需要中间直流母线大电容以实现功率解耦，直流母线电容的体积大、可靠性低。这类多输入逆变器属于两级功率变换，其变换效率、功率密度和成本等仍不够理想。

如果前级多输入直流变换器的输出波形为一个低频双正弦半波，后级电路就可简化成一个极性反转逆变桥，从而派生出一类直流变换器型准单级多输入逆变器。

本章提出 Buck 型、Buck-Boost 直流变换器型准单级多输入逆变器及其分布式发电系统，并对其电路结构与拓扑族、能量管理 SPWM 控制策略、稳态原理特性、主要电路参数设计准则等关键技术进行深入的理论分析与实验研究，获得重要结论。

3.2　直流变换器型准单级多输入逆变器电路结构与拓扑族

3.2.1　Buck 型电路结构与拓扑族

文献[1]与[2]提出了单隔离 Buck 直流变换器型准单级多输入逆变器电路结构与拓扑族，如图 3-1 所示。该电路结构由一个单隔离单向/双向 Buck 型多输入直流变换器和一个极性反转逆变桥级联构成，单向拓扑、双向拓扑分别适用于并网

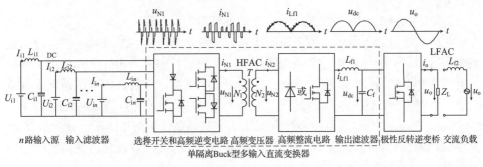

(a) 电路结构

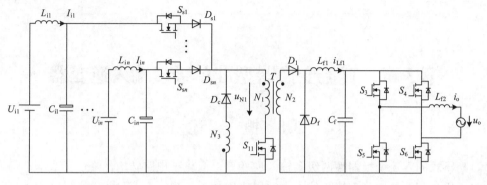

(b) 单管式拓扑实例

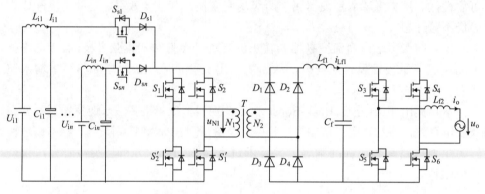

(c) 全桥式拓扑实例

图 3-1　单隔离 Buck 直流变换器型准单级多输入逆变器电路结构与拓扑实例

发电和独立供电场合。多输入单输出高频逆变电路将 n 路输入源电压调制成幅值随输入源电压变化的双极性两态或三态的多电平高频脉冲电压波 u_{N1}，u_{N1} 经高频变压器 T 电气隔离传输电压匹配、高频整流和输出 LC 滤波后获得优质的双正弦半波电压 u_{dc}，u_{dc} 经极性反转逆变桥输出工频正弦电压 u_o 或正弦并网电流 i_o。

文献[3]与[4]提出了双隔离 Buck 直流变换器型准单级多输入逆变器电路结构与拓扑族，如图 3-2 所示。该电路结构由一个双隔离单向/双向 Buck 型多输入直流变换器和一个极性反转逆变桥级联构成，单向拓扑和双向拓扑分别适用于并网发电与独立供电场合。多输入单输出高频逆变电路将 n 路输入源电压调制成幅值随输入源电压变化的双极性两态或三态的多电平高频脉冲电压波 u_{N11}、u_{N12}、$\cdots$、u_{N1n}、u_{N11}、u_{N12}、$\cdots$、u_{N1n} 经高频变压器 T 电气隔离传输电压匹配、高频整流和输出 LC 滤波后获得优质的正弦双半波电压 u_{dc}，u_{dc} 经极性反转逆变桥输出工频正弦电压 u_o 或正弦并网电流 i_o。

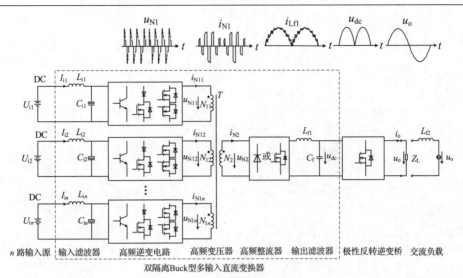

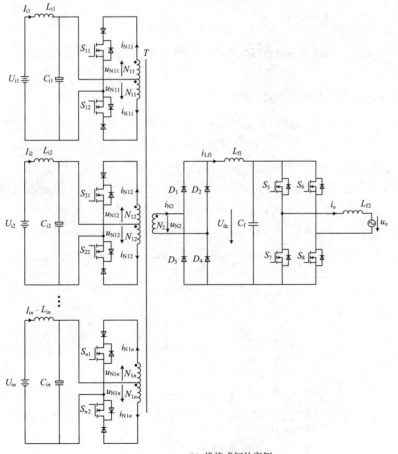

(a) 电路结构

(b) 推挽式拓扑实例

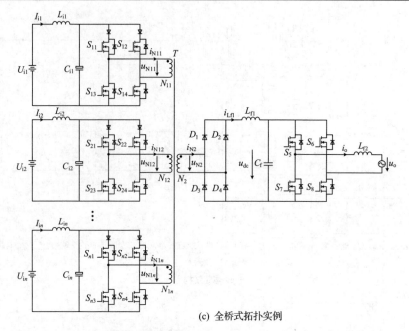

(c) 全桥式拓扑实例

图 3-2　双隔离 Buck 直流变换器型准单级多输入逆变器电路结构与拓扑实例

3.2.2　Buck-Boost 型电路结构与拓扑族

文献[5]～[8]提出了单隔离 Buck-Boost 直流变换器型准单级多输入逆变器电路结构与拓扑族，如图 3-3 所示。该电路结构由一个单隔离单向/双向 Buck-Boost 型多输入直流变换器和一个极性反转逆变桥级联构成，单向拓扑和双向拓扑分别适用于并网发电与独立供电场合。多输入单输出高频逆变电路将 n 路输入源电压调制成具有 n 个不同上升斜率 $(U_{i1}+U_{i2}+\cdots+U_{in})/L_1$、$(U_{i1}+U_{i2}+\cdots+U_{i(n-1)})/L_1$、$\cdots$、

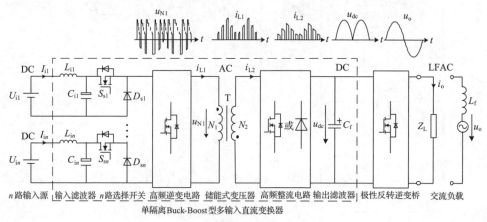

(a) 电路结构

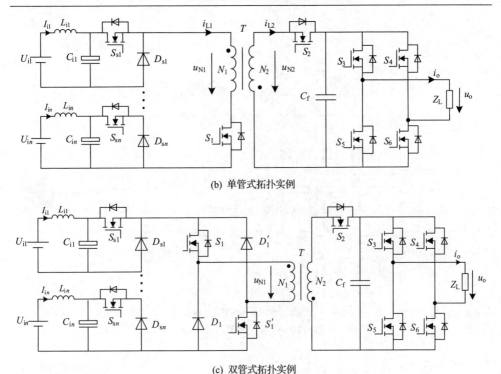

(b) 单管式拓扑实例

(c) 双管式拓扑实例

图 3-3　单隔离 Buck-Boost 直流变换器型准单级多输入逆变器电路结构与拓扑实例

U_{i1}/L_1 的低频双正弦半波包络线的高频 SPWM 脉冲电流 i_{L1}，i_{L1} 经储能式变压器 T 电气隔离传输电流匹配、高频整流和输出电容滤波后获得优质的双正弦半波电压 u_{dc}，u_{dc} 经极性反转逆变桥后输出工频正弦电压 u_o 或正弦并网电流 i_o。

　　文献[4]~[9]提出了双隔离 Buck-Boost 直流变换器型准单级多输入逆变器电路结构与拓扑族，如图 3-4 所示。该电路结构由一个双隔离单向/双向 Buck-Boost 型多输入直流变换器和一个极性反转逆变桥级联构成，单向拓扑和双向拓扑分别适用于并网发电与独立供电场合。多输入单输出高频逆变电路将 n 路输入源调制成 n 个具有不同上升斜率 U_{i1}/L_1、U_{i2}/L_1、$\cdots$、U_{in}/L_1 的低频双正弦半波包络线的高频 SPWM 脉冲电流 i_{N11}、i_{N12}、$\cdots$、i_{N1n}，i_{N11}、i_{N12}、$\cdots$、i_{N1n} 经储能式变压器 T 电气隔离传输电流匹配、高频整流和输出电容滤波后获得优质的双正弦半波电压 u_{dc}，u_{dc} 经极性反转逆变桥后输出工频正弦电压 u_o 或正弦并网电流 i_o。

　　直流变换器型准单级多输入逆变器，具有单隔离/双隔离、准单级功率变换、多输入源共用输出高频变压(储能变压)整流滤波电路和极性反转逆变桥、Buck 型多输入源在一个开关周期内(并联)分时向负载供电且多输入源占空比调节范围小、Buck-Boost 型多输入源在一个开关周期内串联同时(分时)向负载供电且多输入源占空比调节范围大(小)等特点。

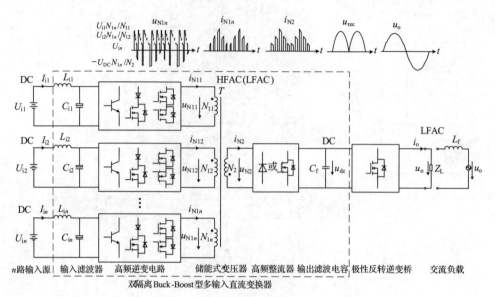

(a) 电路结构

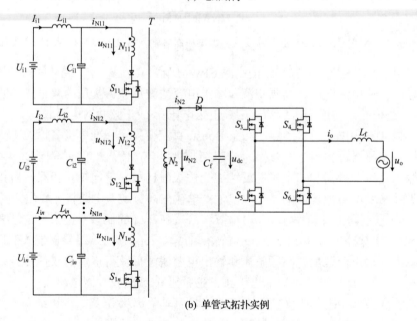

(b) 单管式拓扑实例

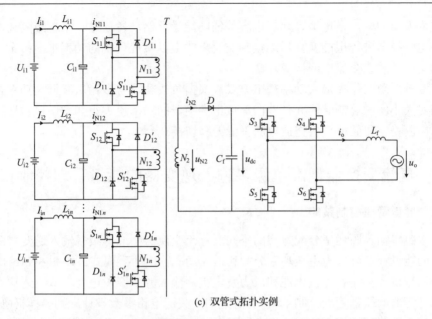

(c) 双管式拓扑实例

图 3-4　双隔离 Buck-Boost 直流变换器型准单级多输入逆变器电路结构与拓扑实例

3.2.3　分布式发电系统构成

多输入直流变换器型准单级分布式发电系统如图 3-5 所示。该系统由三部分构成：第一部分由光伏电池、风力发电机、燃料电池等新能源发电设备和 Buck、Buck-Boost 直流变换器型准单级多输入逆变器构成，多路新能源发电设备通过一个 Buck、Buck-Boost 直流变换器型准单级多输入逆变器进行电能变换后连接到交流母线上；第二部分由蓄电池、超级电容等辅助能量存储设备和单级隔离双向充

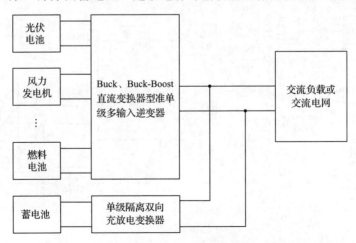

图 3-5　多输入直流变换器型准单级分布式发电系统

放电变换器构成，蓄电池、超级电容等辅助能量存储设备通过一个单级隔离双向充放电变换器进行电能变换后连接到交流母线上以实现系统的功率平衡；第三部分由交流负载或交流电网构成。

多输入源工作在最大功率输出方式，根据负载功率与多输入源最大功率之和的相对大小实时控制储能元件双向充放电变换器的功率流大小和方向，实现系统输出电压稳定和储能设备充放电的平滑无缝切换。

3.3　直流变换器型准单级多输入逆变器的能量管理控制策略

3.3.1　能量管理控制策略

按照多输入源功率分配方式的不同，直流变换器型准单级多输入逆变器多输入源的能量管理可分为主从功率分配和最大功率输出两类模式。以图 3-1(c) 所示单隔离全桥式拓扑、光伏电池和风力发电机两输入源并网发电为例，论述这类多输入逆变器的能量管理控制策略、原理特性、关键电路参数设计准则和样机研制。

单隔离全桥 Buck 直流变换器型准单级光伏、风力两输入并网逆变器，采用图 3-6 所示电压外环并网电流内环的双环最大功率输出能量管理 SPWM 控制策略。两输入源端电压与最大功率点电压 U_{i1}^*、U_{i2}^* 的误差放大信号为 I_1^*、I_2^*，将 I_1^*、I_2^* 与输出电压同步信号 $\sin\omega t$ 的乘积分别作为两路输入源对应的滤波电感电流基准信号 i_{L1}^*、i_{L2}^*，将滤波电感电流反馈信号 $I_1^* i_{Lf1}/(I_1^*+I_2^*)$、$I_2^* i_{Lf1}/(I_1^*+I_2^*)$ 分别与 i_{L1}^*、i_{L2}^* 比较放大并经绝对值电路后输出信号 $|i_{e1}|$、$|i_{e1}+i_{e2}|$，将 $|i_{e1}|$、$|i_{e1}+i_{e2}|$ 分别与锯齿载波 u_c 比较并经适当的逻辑电路输出功率开关 $S_{s1} \sim S_{s2}$、$S_1 \sim S_8$ 的控制信号，选择开关 S_{s1}、S_{s2} 在一个高频开关 T_s 内分时导通的占空比分别为 $d_1=T_{on1}/T_s$，$d_2=T_{on2}/T_s$，$d_1+d_2<1$。

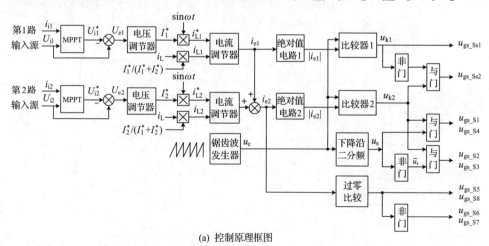

(a) 控制原理框图

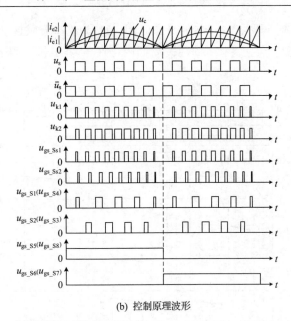

(b) 控制原理波形

图 3-6　光伏、风力两输入并网逆变器的双环最大功率输出能量管理 SPWM 控制策略

3.3.2　动态调节过程分析

当第 1 路输入源光伏电池的光照强度突增时，多输入逆变器的瞬时输出功率小于输入功率，输入电压 U_{i1} 增大，输入电压误差信号 U_{e1} 增大，经电压调节器后输出的滤波电感电流基准信号 i_{L1}^* 随之增大，电流调节器输出的调制信号 i_{e1} 增大，选择开关 S_{s1} 的占空比增大，第 1 路输入源向负载提供的功率增大，并网功率增加，输入滤波电容提供给逆变器的瞬时功率大于光伏输出功率，输入滤波电容电压逐渐下降，光伏电池的工作点逐渐向最大功率点靠近，即光伏电池端电压逐渐减小至新的最大功率点。

同理，当光照强度突减时，多输入逆变器经动态调节后也能实现光伏最大功率点的跟踪。

3.4　直流变换器型准单级多输入逆变器的原理特性

3.4.1　高频开关过程分析

单隔离全桥 Buck 直流变换器型准单级光伏、风力两输入并网逆变器在整流电路续流期间，高频变压器原边漏感会产生电压尖峰，故在第 1 路并联选择开关电路的阻断二极管 D_{s1} 两端宜并联一个缓冲电容 C_s。设 T_s 为高频开关周期，T_{on1}、

T_{on2} 分别为两个选择开关 S_{s1}、S_{s2} 的导通时间，T_{on} 为功率开关 $S_1 \sim S_4$ 的导通时间，该两输入并网逆变器在一个高频开关周期内存在 5 个工作区间 $t_0 \sim t_5$，如图 3-7 所示。

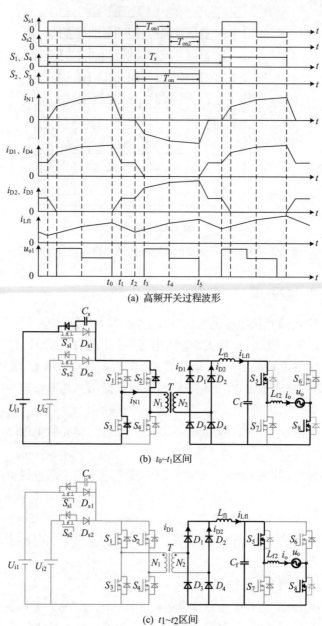

(a) 高频开关过程波形

(b) $t_0 \sim t_1$ 区间

(c) $t_1 \sim t_2$ 区间

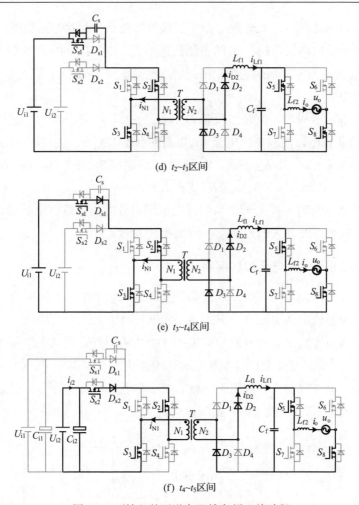

(d) $t_2 \sim t_3$ 区间

(e) $t_3 \sim t_4$ 区间

(f) $t_4 \sim t_5$ 区间

图 3-7   两输入并网逆变器的高频开关过程

$t_0 \sim t_1$ 区间：t_0 时刻，选择开关 S_{s2} 关断，功率开关 S_1、S_4 关断，原边绕组电流经 S_{s1}、S_2 和 S_3 反并联二极管、缓冲电容 C_s、输入源 U_{i1}、原边绕组回路续流，漏感能量向缓冲电容 C_s 转移，缓冲电容 C_s 电压左负右正，阻断二极管 D_{s1} 反偏截止；原边绕组漏感两端电压为输入源电压 U_{i1} 和缓冲电容 C_s 电压之和，原边绕组电流 i_{N1} 快速下降，t_1 时刻原边绕组电流 i_{N1} 下降为零。

$t_1 \sim t_2$ 区间：t_1 时刻，原边绕组漏感电流下降为零，S_2 和 S_3 反并联二极管自然关断，滤波电感电流 i_{Lf1} 通过二极管 $D_1 \sim D_4$ 续流。

$t_2 \sim t_3$ 区间：t_2 时刻，选择开关 S_{s2} 和功率开关 S_2、S_3 导通，缓冲电容 C_s 电压左负右正，阻断二极管 D_{s1} 截止，输入源 U_{i1} 经 S_{s1}、S_2、S_3 和缓冲电容 C_s 加在变

压器原边绕组漏感两端，此时副边四个二极管均处于导通状态而短路，原、副边绕组电流快速反向增大，D_2、D_3 的电流快速增大，D_1、D_4 的电流快速下降，t_3 时刻 i_{D1} 和 i_{D4} 减小为零，输入源 U_{i1} 在此副边绕组短路期间未向负载供电，存在占空比丢失现象。

$t_3 \sim t_4$ 区间：t_3 时刻，流过二极管 D_1、D_4 的电流 $i_{D1}=i_{D4}=0$，U_{i1} 通过 S_2、S_3、D_2、D_3 向负载供电，滤波电感电流 i_{Lf1} 以斜率 $(U_{i1}N_2/N_1-u_o)/L_{f1}$ 线性上升。

$t_4 \sim t_5$ 区间：t_4 时刻，S_{s1} 关断，S_{s2} 导通，U_{i2} 通过 S_2、S_3、D_2、D_3 向负载供电，电感电流 i_{Lf1} 以斜率 $(U_{i2}N_2/N_1-u_o)/L_{f1}$ 线性上升。

由此可见，两输入源在一个高频开关周期内分时向负载供电是通过 S_{s1}、S_{s2} 来控制的，高频逆变开关的开关频率为选择开关的一半。

3.4.2　整流二极管关断电压尖峰抑制

由上述分析可知，在 $t_2 \sim t_3$ 区间高频变压器副边绕组电流快速增大，当副边绕组电流大于滤波电感电流 i_{Lf1} 时，由于没有额外的电流支路将引起副边二极管电压尖峰，需要在输出滤波器前端并接图 3-8 所示的有源钳位支路加以抑制。当输入源 U_{i1} 导通时，变压器副边漏感电流迅速增大，有源钳位开关 S_c 反并联二极管导通为漏感电流提供额外的通路，S_c 实现了零电压开通，如图 3-8(b) 所示；当 S_c 导通时，电容 C_c 向负载放电，维持电容电压稳定，如图 3-8(c) 所示。

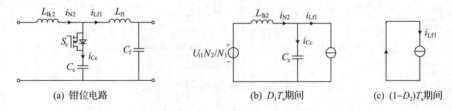

(a) 钳位电路　　　　　　　　(b) D_1T_s 期间　　　　(c) $(1-D_2)T_s$ 期间

图 3-8　输出滤波器前端并接的有源钳位支路及其等效电路

3.5　直流变换器型准单级多输入逆变器的关键电路参数设计

3.5.1　控制环路设计

两输入源在一个高频开关周期内分时向负载供电，输出滤波电感 L_{f2} 可等效成 L_{f21}、L_{f22} 两个电感的并联，输出滤波电感电流可分解成第 1、2 路输入源功率 P_1、P_2 对应的电感电流分量 i_{Lf21}、i_{Lf22}，$i_{Lf2}=i_{Lf21}+i_{Lf22}$。$i_{Lf21}$、$i_{Lf22}$ 与两输入源功率的给定值 I_{1r}、I_{2r} 同步变化，且等效电感 L_{f21}、L_{f22} 满足

$$\begin{cases} L_{f21} = \dfrac{I_{1r}+I_{2r}}{I_{1r}} L_{f2} \\[3mm] L_{f22} = \dfrac{I_{1r}+I_{2r}}{I_{2r}} L_{f2} \end{cases} \tag{3-1}$$

当选择开关 S_{s1} 导通、S_{s2} 截止时，由式 (3-1) 可知 $I_{2r}=0$，$L_{f21}=L_{f2}$，$L_{f22}=\infty$，L_{f12} 支路相当于开路；当 S_{s2} 导通、S_{s1} 截止时，$I_{1r}=0$，$L_{f22}=L_{f2}$，$L_{f21}=\infty$，L_{f11} 支路相当于开路。以电网电压正半周为例，双输入并网逆变器在一个高频开关周期 T_s 内的开关状态等效电路，如图 3-9 所示。图 3-9 中，r_{21}、r_{22} 和 r_1 分别为等效滤波电感 L_{f21}、L_{f22} 和滤波电感 L_{f1} 的等效电阻，$u_1=U_{i1}N_2/N_1$，$u_2=U_{i2}N_2/N_1$。

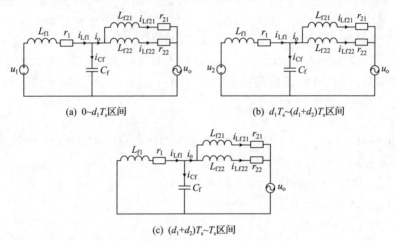

(a) $0\sim d_1T_s$ 区间　　　　　　　　(b) $d_1T_s\sim(d_1+d_2)T_s$ 区间

(c) $(d_1+d_2)T_s\sim T_s$ 区间

图 3-9　双输入并网逆变器在一个高频开关周期 T_s 内的开关状态等效电路

以 i_{Lf21}、i_{Lf22}、i_{Lf1}、u_{Cf} 为状态变量，图 3-9 三种开关状态等效电路的状态方程和输出状态方程分别为

$$\begin{bmatrix} L_{f1} & 0 & 0 & 0 \\ 0 & L_{f21} & 0 & 0 \\ 0 & 0 & L_{f22} & 0 \\ 0 & 0 & 0 & C_f \end{bmatrix} \frac{d}{dt} \begin{bmatrix} i_{Lf1}(t) \\ i_{Lf21}(t) \\ i_{Lf22}(t) \\ u_{Cf}(t) \end{bmatrix} = \begin{bmatrix} -r_1 & 0 & 0 & -1 \\ 0 & -r_{21} & 0 & 1 \\ 0 & 0 & -r_{22} & 1 \\ 1 & -1 & -1 & 0 \end{bmatrix} \begin{bmatrix} i_{Lf1}(t) \\ i_{Lf21}(t) \\ i_{Lf22}(t) \\ u_{Cf}(t) \end{bmatrix} + \begin{bmatrix} n & 0 & 0 \\ 0 & 0 & -1 \\ 0 & 0 & -1 \\ 0 & 0 & 0 \end{bmatrix} \begin{bmatrix} U_{i1} \\ U_{i2} \\ u_o(t) \end{bmatrix} \tag{3-2}$$

$$\begin{bmatrix} L_{f1} & 0 & 0 & 0 \\ 0 & L_{f21} & 0 & 0 \\ 0 & 0 & L_{f22} & 0 \\ 0 & 0 & 0 & C_f \end{bmatrix} \frac{d}{dt} \begin{bmatrix} i_{Lf1}(t) \\ i_{Lf21}(t) \\ i_{Lf22}(t) \\ u_{Cf}(t) \end{bmatrix} = \begin{bmatrix} -r_1 & 0 & 0 & -1 \\ 0 & -r_{21} & 0 & 1 \\ 0 & 0 & -r_{22} & 1 \\ 1 & -1 & -1 & 0 \end{bmatrix} \begin{bmatrix} i_{Lf1}(t) \\ i_{Lf21}(t) \\ i_{Lf22}(t) \\ u_{Cf}(t) \end{bmatrix} + \begin{bmatrix} 0 & n & 0 \\ 0 & 0 & -1 \\ 0 & 0 & -1 \\ 0 & 0 & 0 \end{bmatrix} \begin{bmatrix} U_{i1} \\ U_{i2} \\ u_o(t) \end{bmatrix} \tag{3-3}$$

$$\begin{bmatrix} L_{f1} & 0 & 0 & 0 \\ 0 & L_{f21} & 0 & 0 \\ 0 & 0 & L_{f22} & 0 \\ 0 & 0 & 0 & C_f \end{bmatrix} \frac{d}{dt} \begin{bmatrix} i_{Lf1}(t) \\ i_{Lf21}(t) \\ i_{Lf22}(t) \\ u_{Cf}(t) \end{bmatrix} = \begin{bmatrix} -r_1 & 0 & 0 & -1 \\ 0 & -r_{21} & 0 & 1 \\ 0 & 0 & -r_{22} & 1 \\ 1 & -1 & -1 & 0 \end{bmatrix} \begin{bmatrix} i_{Lf1}(t) \\ i_{Lf21}(t) \\ i_{Lf22}(t) \\ u_{Cf}(t) \end{bmatrix} + \begin{bmatrix} 0 & 0 & 0 \\ 0 & 0 & -1 \\ 0 & 0 & -1 \\ 0 & 0 & 0 \end{bmatrix} \begin{bmatrix} U_{i1} \\ U_{i2} \\ u_o(t) \end{bmatrix}$$

$$(3\text{-}4)$$

$$\begin{bmatrix} i_o(t) \end{bmatrix} = \begin{bmatrix} 0 & 1 & 1 & 0 \end{bmatrix} \begin{bmatrix} i_{Lf1}(t) \\ i_{Lf21}(t) \\ i_{Lf22}(t) \\ u_{Cf}(t) \end{bmatrix} + \begin{bmatrix} 0 & 0 & 0 \end{bmatrix} \begin{bmatrix} U_{i1} \\ U_{i2} \\ u_o(t) \end{bmatrix} \qquad (3\text{-}5)$$

将式(3-2)乘以 $d_1(t)$ 加上式(3-3)乘以 $d_2(t)$ 再加上式(3-4)乘以 $[1-d_1(t)-d_2(t)]$，将静态工作点方程 $0=AX+BU$、$Y=CX+EU$ 代入并忽略二阶交流小项，对交流小信号模型时域方程式取拉普拉斯变换、令 $\hat{i}_{Lf2}(s) = \hat{i}_g(s)$，可得输出侧交流小信号模型为

$$\begin{cases} sL_{f1}\hat{i}_{Lf1}(s) = -r_1\hat{i}_{Lf1}(s) - \hat{u}_{Cf}(s) + nD_1\hat{u}_{i1}(s) + nD_2\hat{u}_{i2}(s) + nU_{i2}\hat{d}_2(s) + nU_{i1}\hat{d}_1(s) \\ sL_{f21}\hat{i}_{Lf21}(s) = -r_{21}\hat{i}_{Lf21}(s) + \hat{u}_{Cf}(s) - \hat{u}_o(s) \\ sL_{f22}\hat{i}_{Lf22}(s) = -r_{22}\hat{i}_{Lf21}(s) + \hat{u}_{Cf}(s) - \hat{u}_o(s) \\ sC_f\hat{u}_{Cf}(s) = \hat{i}_{Lf1}(s) - \hat{i}_{Lf21}(s) - \hat{i}_{Lf22}(s) \\ \hat{i}_o(s) = \hat{i}_{Lf21}(s) + \hat{i}_{Lf22}(s) \end{cases}$$

$$(3\text{-}6)$$

再结合输入侧交流小信号模型和等效电路，双输入并网逆变器小信号等效电路如图 3-10 所示。

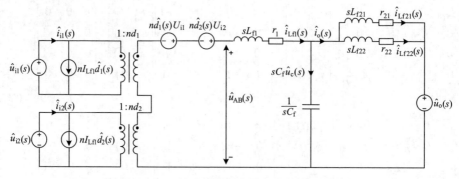

图 3-10　双输入并网逆变器小信号等效电路

当两输入源输出功率 P_1、P_2 确定时，可得 P_1、P_2 分别对应的滤波电感电流 i_{Lf21}、i_{Lf22} 的基准值 i_{1r}、i_{2r}，获得两路电感电流瞬时值闭环控制框图如图 3-11 所示。图 3-11 中，$G_{cri}(s)=K_p+K_i/s$ $(i=1,2)$ 为两路电流环的补偿函数，$G_{PWM}(s)$ 为逆变桥传递函数，$G_1(s)$ 为逆变侧电压到滤波电容电压的传递函数。

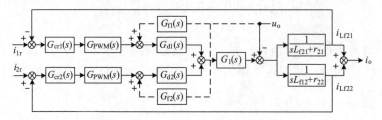

图 3-11　两路电感电流瞬时值闭环控制框图

考虑计算延时和调制延时，$G_{PWM}(s)$ 可表示为

$$G_{PWM}(s) = \frac{U_i}{U_{cm}(1.5T_s+1)} \tag{3-7}$$

构建两路电流瞬时值闭环系统传递函数时可忽略电压前馈部分的传递函数 $G_{f1}(s)$、$G_{f2}(s)$，由逆变器小信号等效电路可得

$$\begin{cases} \hat{i}_{Lf21}(s)=\left[K_1\hat{u}_{AB}(s)-K_2\hat{u}_g(s)\right]\dfrac{1}{L_{f21}s+r_{21}} \\[2mm] \hat{i}_{Lf22}(s)=\left[K_1\hat{u}_{AB}(s)-K_2\hat{u}_g(s)\right]\dfrac{1}{L_{f22}s+r_{22}} \\[2mm] \hat{u}_{AB}(s)=n\left[\hat{d}_1(s)U_{i1}+\hat{d}_2(s)U_{i2}+d_1\hat{u}_{i1}(s)+d_2\hat{u}_{i2}(s)\right] \end{cases} \tag{3-8}$$

式中

$$K_1 = \frac{L_{f2}s+r_2}{L_{f1}L_{f2}C_f s^3+C_f(L_{f1}r_2+L_{f2}r_1)s^2+(r_1r_2C_f+L_{f1}+L_{f2})s+r_1+r_2}$$

$$K_2 = \frac{L_{f1}L_{f2}C_f s^3+C_f(L_{f1}r_2+L_{f2}r_1)s^2+(r_1r_2C_f+L_{f2})s+r_2}{L_{f1}L_{f2}C_f s^3+C_f(L_{f1}r_2+L_{f2}r_1)s^2+(r_1r_2C_f+L_{f1}+L_{f2})s+r_1+r_2}$$

当两输入源联合向负载供电时，控制变量 d_1、d_2 到输出变量 i_{Lf11}、i_{Lf12} 的表达式为

$$\begin{pmatrix} \hat{i}_{Lf21}(s) \\ \hat{i}_{Lf22}(s) \end{pmatrix} = \begin{pmatrix} G_{11}(s) & G_{12}(s) \\ G_{21}(s) & G_{22}(s) \end{pmatrix} \begin{pmatrix} \hat{d}_1(s) \\ \hat{d}_2(s) \end{pmatrix} \tag{3-9}$$

式中，$\hat{d}_1(s)$、$\hat{d}_2(s)$ 和 $\hat{i}_{Lf21}(s)$、$\hat{i}_{Lf22}(s)$ 分别为两路选择开关占空比和所对应的电感电流小信号扰动。忽略输入电压 U_{i1} 和 U_{i2} 和电网电压 u_o 的扰动，由式(3-8)、式(3-9)可得

$$\begin{cases} G_{11}(s) = \dfrac{\hat{i}_{Lf21}(s)}{\hat{d}_1(s)}\bigg|_{\hat{d}_2(s)=0} = K_1 \cdot \dfrac{nU_{i1}}{sL_{f21}+r_{21}} \\[3mm] G_{12}(s) = \dfrac{\hat{i}_{Lf21}(s)}{\hat{d}_2(s)}\bigg|_{\hat{d}_1(s)=0} = K_1 \cdot \dfrac{nU_{i2}}{sL_{f21}+r_{21}} \\[3mm] G_{21}(s) = \dfrac{\hat{i}_{Lf22}(s)}{\hat{d}_1(s)}\bigg|_{\hat{d}_2(s)=0} = K_1 \cdot \dfrac{nU_{i1}}{sL_{f22}+r_{22}} \\[3mm] G_{22}(s) = \dfrac{\hat{i}_{Lf22}(s)}{\hat{d}_2(s)}\bigg|_{\hat{d}_1(s)=0} = K_1 \cdot \dfrac{nU_{i2}}{sL_{f22}+r_{22}} \end{cases} \tag{3-10}$$

现在讨论环路频率特性。由式(3-10)推导出的双输入逆变器小信号数学模型，如图 3-12 所示。由于系统的输出变量 $\hat{i}_{Lf21}(s)$、$\hat{i}_{Lf22}(s)$ 同时受到控制量 $\hat{d}_1(s)$、$\hat{d}_2(s)$ 的影响，故该双输入逆变器属于强耦合的多输入-多输出控制系统，求解系统传递函数和设计控制环路的调节器较为复杂，需通过分析两路电流环的环路增益函数特性和了解系统的稳态、动态性能来设计控制环路的调节器。以第 1 路电流环为例，令 $\hat{i}_{2r}(s)=0$，则第 1 路电流环的等效小信号数学模型如图 3-13 所示。

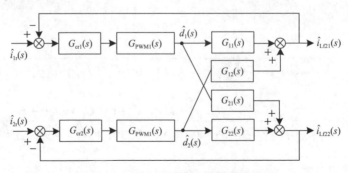

图 3-12　双输入逆变器小信号数学模型

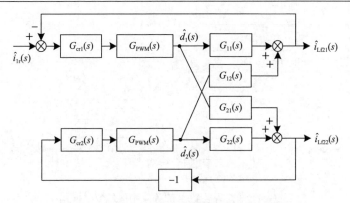

图 3-13　第 1 路电流环的等效小信号数学模型

由图 3-13 所示等效小信号数学模型可得基准电流 $\hat{i}_{1r}(s)$ 到电感电流 $\hat{i}_{Lf21}(s)$ 的环路增益函数为

$$H_{i1\_1}(s)=G_{cr1}(s) \cdot G_{PWM}(s) \cdot \left[G_{11}(s) - \frac{G_{21}(s) \cdot G_{cr2}(s) \cdot G_{PWM}(s) \cdot G_{12}(s)}{1+G_{cr2}(s) \cdot G_{PWM}(s) \cdot G_{22}(s)} \right] \quad (3\text{-}11)$$

基准电流 $\hat{i}_{1r}(s)$ 到电感电流 $\hat{i}_{Lf22}(s)$ 的环路增益函数为

$$H_{i1\_2}(s)=G_{cr1}(s) \cdot G_{PWM}(s) \cdot \left[G_{11}(s) + \frac{G_{cr2}(s) \cdot G_{22}(s)}{G_{cr1}(s)} + \frac{G_{cr2}(s) \cdot G_{12}(s) \cdot G_{21}(s)}{G_{cr1}(s) \cdot G_{11}(s)} \right]$$

$$(3\text{-}12)$$

则第 1 路电流环的环路增益为

$$H_{i1}(s) = H_{i1\_1}(s) + H_{i1\_2}(s)$$

$$=G_{cr1}(s) \cdot G_{PWM}(s) \cdot \left[G_{11}(s) - \frac{G_{21}(s) \cdot G_{cr2}(s) \cdot G_{PWM}(s) \cdot G_{12}(s)}{1+G_{cr2}(s) \cdot G_{PWM}(s) \cdot G_{22}(s)} \right]$$

$$+ G_{cr1}(s) \cdot G_{PWM}(s) \cdot \left[G_{11}(s) + \frac{G_{cr2}(s) \cdot G_{22}(s)}{G_{cr1}(s)} + \frac{G_{cr2}(s) \cdot G_{12}(s) \cdot G_{21}(s)}{G_{cr1}(s) \cdot G_{11}(s)} \right]$$

$$(3\text{-}13)$$

同理可得，第 2 路电流环的等效小信号数学模型如图 3-14 所示。

基准电流 $\hat{i}_{2r}(s)$ 与 $\hat{i}_{Lf21}(s)$ 的环路增益函数 $H_{i2\_1}(s)$、$\hat{i}_{2r}(s)$ 与 $\hat{i}_{Lf22}(s)$ 的环路增益函数 $H_{i2\_2}(s)$、第 2 路电流环的环路增益 $H_{i2}(s)$ 分别为

$$H_{i2\_1}(s)=G_{cr2}(s) \cdot G_{PWM}(s) \cdot \left[G_{22}(s) + \frac{G_{cr1}(s) \cdot G_{11}(s)}{G_{cr2}(s)} + \frac{G_{cr1}(s) \cdot G_{21}(s) \cdot G_{12}(s)}{G_{cr2}(s) \cdot G_{22}(s)} \right]$$

$$(3\text{-}14)$$

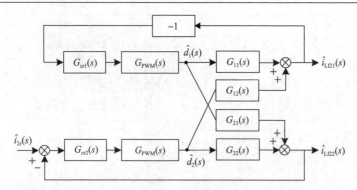

图 3-14　第 2 路电流环的等效小信号数学模型

$$H_{i2\_2}(s)=G_{cr2}(s)\cdot G_{PWM}(s)\cdot\left[G_{22}(s)-\frac{G_{12}(s)\cdot G_{cr1}(s)\cdot G_{PWM}(s)\cdot G_{21}(s)}{1+G_{cr1}(s)\cdot G_{PWM}(s)\cdot G_{11}(s)}\right] \quad (3\text{-}15)$$

$$H_{i2}(s)=H_{i2\_2}(s)+H_{i2\_1}(s)$$

$$=G_{cr2}(s)\cdot G_{PWM}(s)\cdot\left[G_{22}(s)-\frac{G_{12}(s)\cdot G_{cr1}(s)\cdot G_{PWM}(s)\cdot G_{21}(s)}{1+G_{cr1}(s)\cdot G_{PWM}(s)\cdot G_{11}(s)}\right]$$

$$+G_{cr2}(s)\cdot G_{PWM}(s)\cdot\left[G_{22}(s)+\frac{G_{cr1}(s)\cdot G_{11}(s)}{G_{cr2}(s)}+\frac{G_{cr1}(s)\cdot G_{21}(s)\cdot G_{12}(s)}{G_{cr2}(s)\cdot G_{22}(s)}\right]$$

$$(3\text{-}16)$$

由式 (3-13)、式 (3-16) 分别可得两路电流环的环路增益函数伯德图。以第 1 路电流环为例，输入源电压 U_{i1}=288V，U_{i2}=250V，选择开关频率 f_{s1}=60kHz，滤波电感 L_{f1}=1.2mH，L_{f2}=0.6mH，内阻 $r_1=r_2$=0.01Ω，滤波电容 C_f=2.2μF，载波幅值 U_{cm}=1250mV，两路输入源功率比为 1.4∶1，补偿函数 $G_{cr1}(s)$=70+5/s，$G_{cr2}(s)$=60+5/s 时，第 1 路电流环校正前后频率特性如图 3-15 所示。由图 3-15 可知，系统未加补偿函数时截止频率 ω_c 较低，动态性能较差且低频段增益小，需加入补偿函数以提高系统截止频率和低频段增益，提高系统稳定性；校正后的频率特性得到提高，动态响应较快且低频段增益高，但 LCL 滤波器在谐振点存在谐振尖峰且相位发生–180°跳变，导致系统不稳定，需采用有源阻尼法、无源阻尼法降低该谐振尖峰。

采用分裂电容无源阻尼法的滤波器结构和加无源阻尼后的电流开环频率特性分别如图 3-16、图 3-17 所示。加入阻尼有效地抑制了 LCL 滤波器的谐振尖峰且低频段特性不变，在谐振频率点相频曲线未出现–180°跳变，截止频率 f_c 为 3.6kHz，相角裕度接近 90°，满足设计要求。

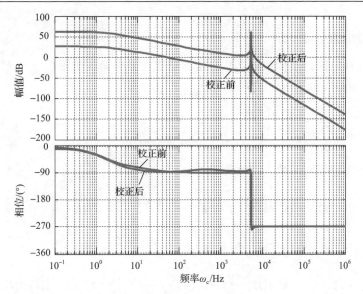

图 3-15　第 1 路电流环校正前后频率特性

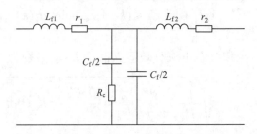

图 3-16　采用分裂电容无源阻尼法的滤波器结构

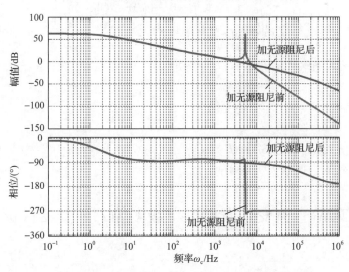

图 3-17　加无源阻尼后的电流开环频率特性

3.5.2　关键电路参数设计

由于存在单路供电情形，高频变压器匝比按最小输入电压 U_{imin}、最大输出电压 $\sqrt{2}U_o$ 对应最大的选择开关占空比 d_{max} 选取，即

$$\frac{N_2}{N_1} \geqslant \frac{\sqrt{2}U_o}{2d_{max}U_{imin}} \tag{3-17}$$

副边绕组电流瞬时值 $i_{N2}(t)$ 为

$$i_{N2}(t) = \begin{cases} i_{Lf1}(t), & (k-1)T_s < t \leqslant (k-1)T_s + \left[d_1(k)+d_2(k)\right]\dfrac{T_s}{2} \\ 0, & (k-1)T_s + \left[d_1(k)+d_2(k)\right]\dfrac{T_s}{2} < t \leqslant (k-1)T_s + \dfrac{T_s}{2} \\ 0, & (k-1)T_s + \left[1+d_1(k)+d_2(k)\right]\dfrac{T_s}{2} < t \leqslant (k-1)T_s + T_s \\ -i_{Lf1}(t), & (k-1)T_s + \dfrac{T_s}{2} < t \leqslant (k-1)T_s + \left[1+d_1(k)+d_2(k)\right]\dfrac{T_s}{2} \end{cases} \tag{3-18}$$

高频变压器原、副边绕组电流有效值 I_{N1rms}、I_{N2rms} 分别为

$$I_{N1rms} = \sqrt{\frac{1}{mT_s}\sum_{k=1}^{m}\int_{(k-1)\frac{T_s}{2}}^{(k-1)\frac{T_s}{2}+\left[d_1(k)+d_2(k)\right]\frac{T_s}{2}} i_{N1}^2(t)dt} \tag{3-19}$$

$$I_{N2rms} = \sqrt{\frac{1}{mT_s/2}\sum_{k=1}^{m}\int_{(k-1)\frac{T_s}{2}}^{(k-1)\frac{T_s}{2}+\left[d_1(k)+d_2(k)\right]\frac{T_s}{2}} i_{N2}^2(t)dt} \tag{3-20}$$

第 j 路输入源输入滤波电容 C_j 应满足

$$C_j \geqslant \frac{P_j}{\omega_o U_j \Delta U_{ij}} \tag{3-21}$$

式中，P_j、U_j、ΔU_{ij} 和 ω_o 分别为第 j 路输入源功率、输入电压、输入电压纹波和交流电网角频率，通常 ΔU_{ij} 取 $10\%U_{ij}$。

3.6　3kW 直流变换器型准单级多输入逆变器样机实验

3.6.1　样机实例

样机实例：采用图 3-1(c) 所示单隔离全桥式拓扑，输入电压外环并网电流瞬

时值内环双环最大功率输出能量管理 SPWM 控制策略，额定功率 P=3kW，第 1 路光伏电池电压 U_{i1}=240～360VDC，第 2 路风力发电机整流滤波电压 U_{i2}=240～360VDC，光伏电池和风力发电机整流滤波电压均用 TC.P.16.800.400.PV.HMI 可编程直流源模拟，交流电网电压 u_o=220VAC50Hz，开关频率 f_s=30kHz，并联分时选择开关频率 $2f_s$=60kHz，高频变压器磁芯选用 Mn-Zn R2KBD 型铁氧体磁芯 PM74/59，匝比 $n=N_2：N_1$=24：17，输入滤波电容 $C_{i1}=C_{i2}$=1880μF，输出 LCL 滤波器 L_{f1}=1.2mH，L_{f2}=0.6mH，C_f=2.2μF。

3.6.2　样机实验

3kW 单隔离全桥 Buck 直流变换器型准单级双输入并网逆变器样机在光伏输入源 U_{i1}=288V、P_{mpp1}=2000W 和风力输入源 U_{i2}=250V、P_{mpp2}=1450W 时的稳态实验波形，如图 3-18 所示。

图 3-18 实验结果表明：①选择开关 S_{s1}、S_{s2} 在一个高频开关周期内分时导通、开关频率为 60kHz、漏源两端电压应力小，高频逆变开关 S_1～S_4 在一个高频开关周期各导通一次、开关频率为 30kHz、电压应力为输入电压最大值，如图 3-18(a)、

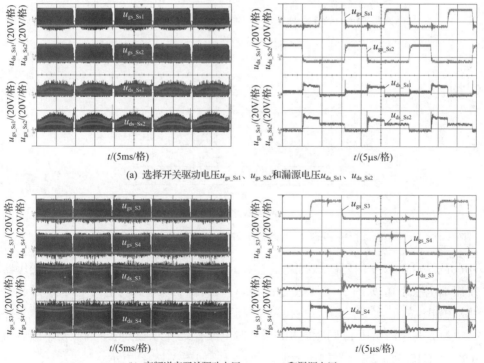

(a) 选择开关驱动电压 u_{gs_Ss1}、u_{gs_Ss2} 和漏源电压 u_{ds_Ss1}、u_{ds_Ss2}

(b) 高频逆变开关驱动电压 u_{gs_S3}、u_{gs_S4} 和漏源电压 u_{ds_S3}、u_{ds_S4}

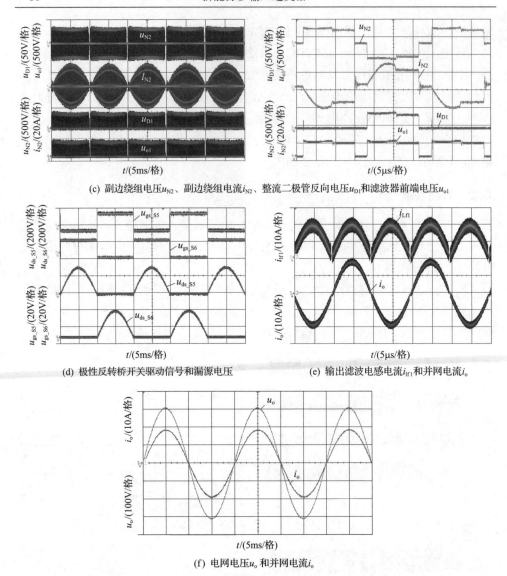

(c) 副边绕组电压u_{N2}、副边绕组电流i_{N2}、整流二极管反向电压u_{D1}和滤波器前端电压u_{o1}

(d) 极性反转桥开关驱动信号和漏源电压

(e) 输出滤波电感电流i_{Lf1}和并网电流i_o

(f) 电网电压u_o和并网电流i_o

图 3-18　3kW 单隔离全桥 Buck 直流变换器型准单级双输入并网逆变器样机稳态实验波形

(b) 所示；②高频变压器副边绕组端电压 u_{N2} 正负半周对称，S_{s1}、S_{s2} 截止时变压器绕组端电压为 0，如图 3-18(c) 所示；③极性反转桥驱动电压与电网电压同频同相，将电感电流的正弦双半波电流变换为并网正弦电流，如图 3-18(d)、(e) 所示；④并网电流 i_o 与电网电压 u_o 同频同相，满载时电流有效值为 13.64A，网侧功率因数为 0.998，THD 为 1.2%，并网电流波形质量高，如图 3-18(f) 所示。

3kW 单隔离全桥 Buck 直流变换器型准单级双输入并网逆变器样机在第 1 路

输入源电压 u_{i1} 在 280～250V 之间突变、并网电流幅值在 9.64～19.28A 之间突变时的动态实验波形，如图 3-19 所示。

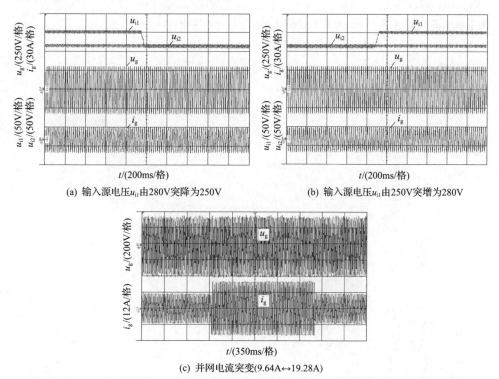

(a) 输入源电压u_{i1}由280V突降为250V   (b) 输入源电压u_{i1}由250V突增为280V

(c) 并网电流突变(9.64A↔19.28A)

图 3-19   3kW 单隔离全桥 Buck 直流变换器型准单级双输入并网逆变器样机动态实验波形

图 3-19 所示动态实验结果表明：①逆变器工作在额定并网功率，当输入电压突变时，并网电流幅值不变，并网逆变器能根据输入电压变化快速响应，使并网电流维持在满载状态；②当并网电流指令发生突变时，并网逆变器能快速跟踪基准，具有良好的动态性能和抗输入电压扰动能力。

参 考 文 献

[1] 陈道炼, 陈艳慧. 单隔离降压型多输入直流变换器: 中国, 200910111465.3. 2011.

[2] 徐志鹏. 分时供电全桥 Buck 双输入直流变换器型分布式发电系统. 福州: 福州大学, 2018.

[3] 陈道炼, 陈亦文. 双隔离降压型多输入直流变换器: 中国, 200910111442.2, 2011.

[4] Qiu Y H, Jiang J H, Chen D L. Development and present status of multi-energy distributed power generation system. IEEE 8th International Power Electronics and Motion Control Conference, Hefei, 2016: 2886-2892.

[5] 陈道炼, 陈亦文. 单隔离升降压型多输入直流变换器: 中国, 200910111464.9, 2012.

[6] 江加辉, 陈道炼. 总线并行 CPU 分时复用能量管理控制准单级分布式光伏逆变器. 中国电机工程学报, 2018, 38(10): 3068-3076.

[7] 江加辉, 陈道炼, 佘敏. 准单级隔离 Buck-Boost 型多输入逆变器. 电工技术学报, 2018, 33(18): 4323-4334.

[8] Jiang J H, Qiu Y H, Chen D L. A distributed maximum power point tracking flyback type PV grid-connected inverter. The 43rd Annual Conference of the IEEE Industrial Electronics Society, Beijing, 2017.

[9] 陈道炼, 陈亦文. 双隔离升降压型多输入直流变换器: 中国, 200910111441.8, 2012.

第4章　外置并联分时选择开关供电型单级多输入逆变器

4.1　概　述

第 3 章论述的直流变换器型准单级多输入逆变器是在第 2 章论述的直流变换器型两级多输入逆变器的基础上将前级调整为 SPWM 控制、后级简化为工频极性反转逆变桥派生而来的，其变换效率、功率密度和成本有了一定程度的改善。

为了进一步简化电路结构和减少功率变换级数，以提高多输入逆变器的性能，有必要将多输入逆变器的前后两级集成一体化，探索和寻求新型的具有单级电路结构的多输入逆变器及其新能源分布式发电系统。

本章提出外置并联分时选择开关供电型单级多输入逆变器及其分布式发电系统，并对其电路结构与拓扑族、能量管理控制策略、原理特性、可变虚拟电感等效法、输入二倍频电流纹波和输出电压直流偏置的抑制、主要电路参数设计准则等关键技术进行深入的理论分析与实验研究，获得重要结论。

4.2　外置并联分时选择开关供电型单级多输入逆变器电路结构与拓扑族

4.2.1　Buck 型电路结构与拓扑族

文献[1]提出了外置并联分时选择开关非隔离 Buck 型单级多输入逆变器及其分布式发电系统电路结构与拓扑族，如图 4-1 所示。该电路结构由一个外置并联分时选择开关非隔离 Buck 型单级多输入逆变器与一个储能元件单级隔离充放电变换器在交流输出侧并接构成，该电路拓扑族包括半桥式与全桥式等 2 个电路。其中，外置并联分时选择开关非隔离 Buck 型单级多输入逆变器由输入滤波器、外置并联分时选择四象限功率开关的多输入单输出高频逆变电路和输出滤波器依序级联构成；储能元件单级隔离充放电变换器由并联谐振电路、输入滤波电容 C_b、高频逆变桥、高频变压器 T、周波变换器、输出滤波器依序级联构成，L_r-C_r 并联谐振电路用来抑制蓄电池侧的输入二倍频电流纹波。

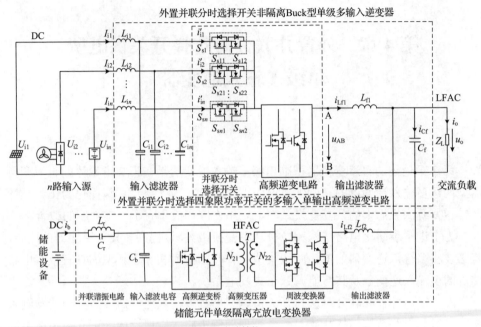

(a) 电路结构

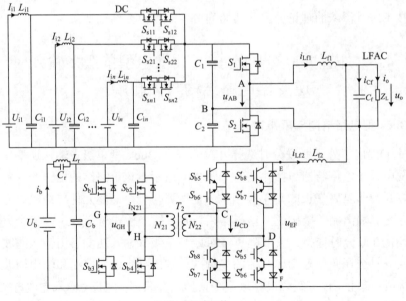

(b) 半桥式拓扑

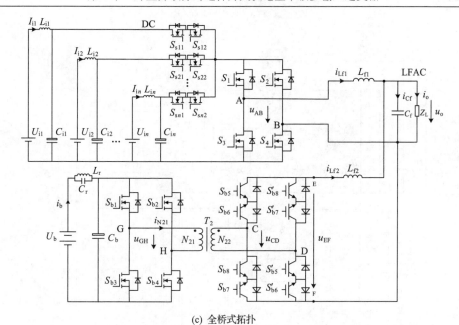

(c) 全桥式拓扑

图 4-1　外置并联分时选择开关非隔离 Buck 型单级多输入逆变器及其
分布式发电系统电路结构与拓扑族

　　文献[2]与[3]提出了外置并联分时选择开关 Buck 型单级多输入低频环节逆变器及其分布式发电系统电路结构与拓扑族，如图 4-2 所示。该电路结构由一个外

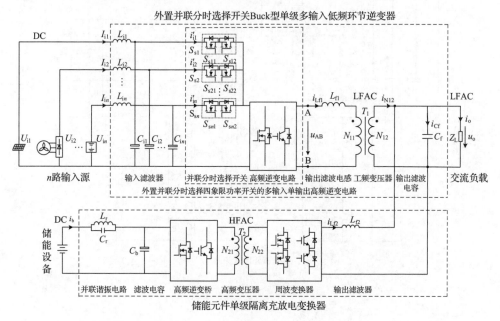

(a) 电路结构

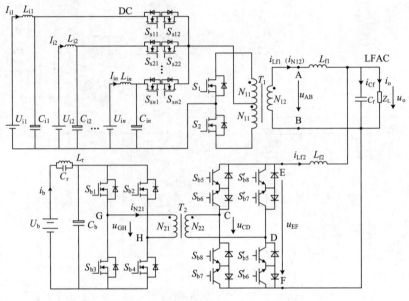

(b) 推挽式拓扑

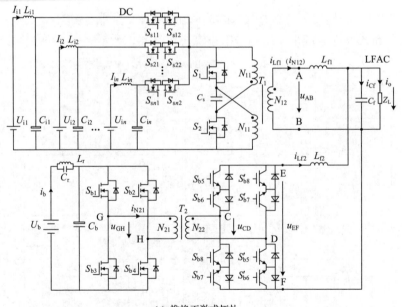

(c) 推挽正激式拓扑

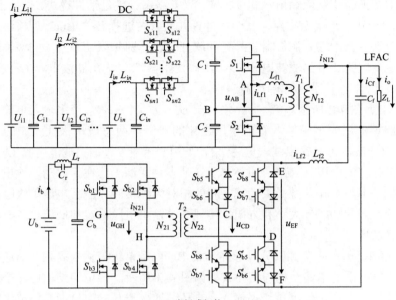

(d) 半桥式拓扑

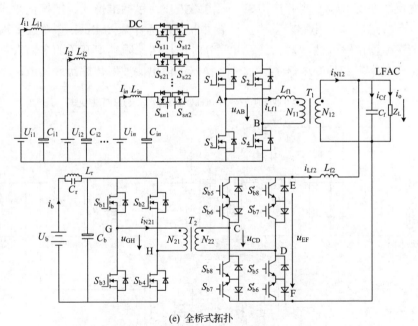

(e) 全桥式拓扑

图 4-2　外置并联分时选择开关 Buck 型单级多输入低频环节逆变器及其
分布式发电系统电路结构与拓扑族

置并联分时选择开关 Buck 型单级多输入低频环节逆变器与一个储能元件单级隔离充放电变换器在交流输出侧并接构成，该电路拓扑族包括推挽式、推挽正激式、半桥式、全桥式等 4 个电路。其中，外置并联分时选择开关 Buck 型单级多输入低频环节逆变器由输入滤波器、外置并联分时选择四象限功率开关的多输入单输出高频逆变电路、输出滤波电感 L_{f1}、工频变压器 T_1、输出滤波电容 C_f 依序级联构成，L_{f1} 包含了工频变压器 T_1 的漏感。

图 4-1、图 4-2 所示系统，n 路输入源 U_{i1}、U_{i2}、$\cdots$、U_{in} 经多输入单输出高频逆变电路调制成幅值随输入直流电压变化的双极性两态或单极性三态的多电平 SPWM 电压波，再经输出滤波电感 L_{f1}、工频变压器 T、输出滤波电容 C_f 后获得优质的正弦交流电压 u_o 或正弦并网电流 i_o。多输入源工作在最大功率输出方式，根据负载功率与多输入源最大功率之和的相对大小实时控制蓄电池单级隔离双向充放电变换器的功率流大小和方向，实现系统输出电压稳定和储能设备充放电的平滑无缝切换。

文献[4]提出了外置并联分时选择开关 Buck 型单级多输入高频环节逆变器及其分布式发电系统电路结构与拓扑族，如图 4-3 所示。该电路结构由一个外置并联分时选择开关 Buck 型单级多输入高频环节逆变器与一个储能元件单级隔离充放电变换器在交流输出侧并接构成，该电路拓扑族包括推挽式、推挽正激式、半桥式、全桥式等 4 个电路。其中，外置并联分时选择开关 Buck 型单级多输入高频环节逆变器由输入滤波器、外置并联分时选择四象限功率开关的多输入单输出高频逆变电路、高频变压器 T_1、周波变换器、输出滤波器依序级联构成。

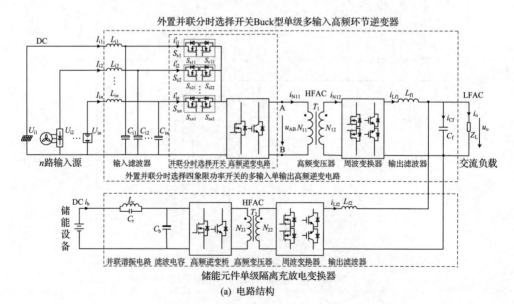

(a) 电路结构

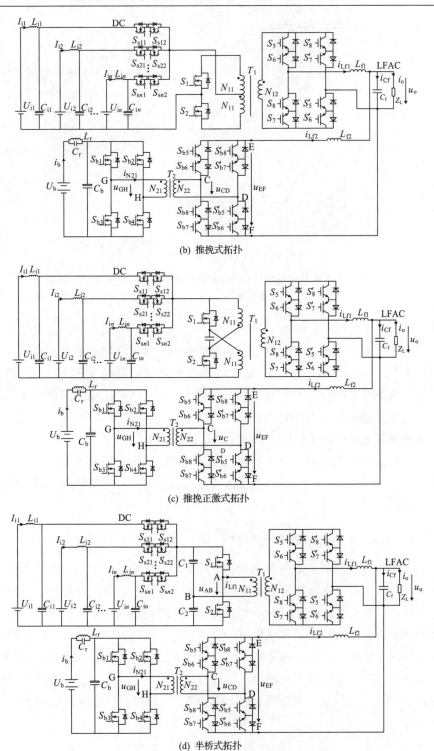

(b) 推挽式拓扑

(c) 推挽正激式拓扑

(d) 半桥式拓扑

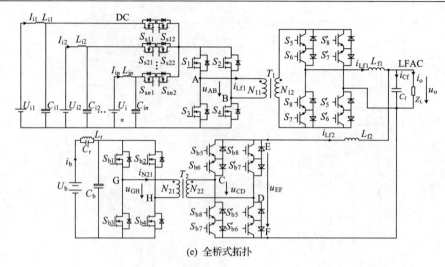

(e) 全桥式拓扑

图 4-3 外置并联分时选择开关 Buck 型单级多输入高频环节逆变器及其
分布式发电系统电路结构与拓扑族

图 4-3 所示系统，n 路输入源 U_{i1}、U_{i2}、…、U_{in} 经多输入单输出高频逆变电路调制成幅值取决于输入直流电压的双极性两态多电平高频电压方波或双极性三态多电平 SPWM 电压波 u_{AB} 或 $u_{A'B'}$，经高频变压器 T 隔离变压和周波变换器解调成双极性两态或单极性三态多电平 SPWM 电压波，再经输出滤波后获得优质的正弦交流电压 u_o 或正弦并网电流 i_o。

需要说明的是，图 4-1(b)、图 4-2(c)、图 4-2(d)、图 4-3(c)、图 4-3(d) 所示半桥式、推挽正激式电路，由于多输入源在一个高频开关周期内分时作用在桥臂电容 C_1、C_2 或钳位电容 C_s 上，故要求各输入源的电压应近似相等，其实用性受到很大限制。

4.2.2 Buck-Boost 型电路结构与拓扑族

文献[5]提出了外置并联分时选择开关隔离 Buck-Boost 型单级多输入逆变器及其分布式发电系统电路结构与拓扑族，如图 4-4 所示。该电路结构由一个外置并联分时选择开关隔离 Buck-Boost 型单级多输入逆变器与一个储能元件单级隔离充放电变换器在交流输出侧并接构成；该电路拓扑族包括推挽式、钳位电容推挽式、半桥式、全桥式等 4 个电路。其中，外置并联分时选择开关隔离 Buck-Boost 型单级多输入逆变器由输入滤波器、外置并联分时选择四象限功率开关的多输入单输出高频逆变电路、储能式变压器 T_1、周波变换器、输出滤波电容依序级联构成。

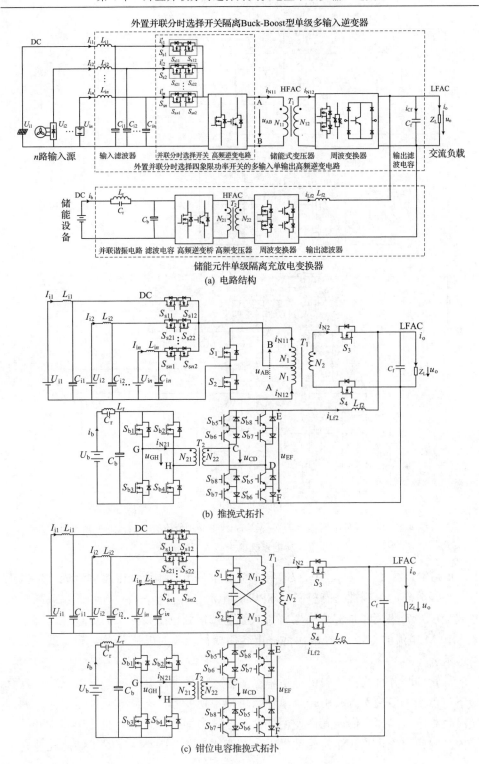

外置并联分时选择开关隔离Buck-Boost型单级多输入逆变器

(a) 电路结构

(b) 推挽式拓扑

(c) 钳位电容推挽式拓扑

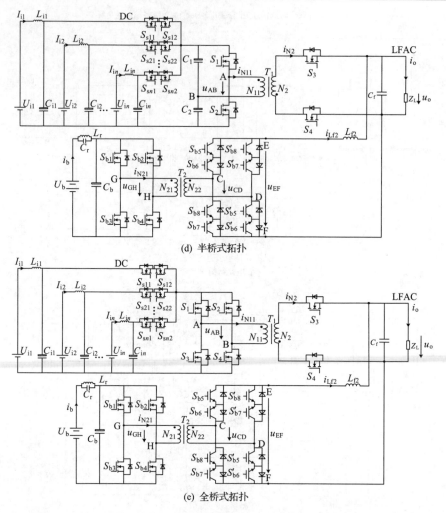

(d) 半桥式拓扑

(e) 全桥式拓扑

图 4-4　外置并联分时选择开关隔离 Buck-Boost 型单级多输入逆变器及其
分布式发电系统电路结构与拓扑族

n 路输入源 U_{i1}、U_{i2}、$\cdots$、U_{in} 经多输入单输出高频逆变电路调制成幅值按正弦包络线分布的单极性三态多斜率 SPWM 电流波 i_{N1}($i_{N11}+i_{N12}$)，经低频或高频储能式变压器 T_1 隔离和周波变换器解调成幅值按正弦包络线分布的单极性三态单斜率 SPWM 电流波 i_{N2}，再经输出滤波电容后获得优质的正弦交流电压 u_o 或正弦并网电流 i_o。

外置并联分时选择开关供电型单级多输入逆变器及其分布式发电系统，具有如下特点：①多输入源共用一个单输入单输出逆变器；②储能元件与多输入源、交流负载电气隔离，储能元件使用寿命长；③多输入源共地且在一个高频开关周期内分时向交流负载和储能元件供电，占空比调节范围小；④除了储能元件充电外属于单级功率变换，变换效率高；⑤功率开关电压应力低，仅取决于最高一路输入源电压；⑥蓄电池侧低频电流纹波小。

4.3　外置并联分时选择开关供电型单级多输入分布式发电系统能量管理控制策略

4.3.1　能量管理控制策略

按照多输入源功率分配方式的不同，外置并联分时选择开关供电型单级多输入逆变器及其分布式发电系统的能量管理分为主从功率分配和最大功率输出。

两种模式以图 4-2(e) 所示全桥式 Buck 型低频环节拓扑、光伏电池和风力发电机两输入源为例，论述这类分布式发电系统的能量管理控制策略。该能量管理控制策略包括外置并联分时选择开关 Buck 型单级多输入低频环节逆变器的最大功率输出能量管理 SPWM 控制策略和储能元件单级隔离双向充放电变换器的类整流单极性移相控制策略，如图 4-5 所示。

图 4-5 所示最大功率输出能量管理 SPWM 控制策略由光伏电池 MPPT 控制电路、风力发电机 MPPT 控制电路和 SPWM 控制电路三部分组成。光伏电池、风力发电机 MPPT 控制电路分别由光伏电池 MPPT 电压、风力发电机 MPPT 电流外环和输出滤波电感电流内环构成。两输入源输出电压、输出电流的采样信号经 MPPT 控制算法得到最大功率点电压 $U_{i1}{}^*$ 和电流 $I_{i2}{}^*$；$U_{i1}{}^*$ 与 U_{i1}、$I_{i2}{}^*$ 与 I_{i2} 的误差放大信号 I_{1r}、I_{2r} 与输出电压正弦同步信号 $\sin\omega t$ 的乘积分别作为各自对应的滤波电感电流基准信号 i_{1r}、i_{2r}，相应的滤波电感电流反馈信号分别为 $I_{1r}i_{Lf1}/(I_{1r}+I_{2r})$、$I_{2r}i_{Lf1}/(I_{1r}+I_{2r})$；$i_{1r}$ 与 $I_{1r}i_{Lf1}/(I_{1r}+I_{2r})$、$i_{2r}$ 与 $I_{2r}i_{Lf1}/(I_{1r}+I_{2r})$ 的误差放大信号与输出电压前馈量 $u_oU_{c1m}N_{11}/[N_{12}U_{i1}(1+I_{2r}/I_{1r})]$、$u_oU_{c1m}N_{11}/[N_{12}U_{i2}(1+I_{1r}/I_{2r})]$ 之和经加法器与绝对值电路后得到载波信号 $|i_{e1}|$、$|i_{e1}+i_{e2}|$，两者分别与锯齿波 u_{c1} 比较并经适当的逻辑电路输出功率开关 $S_{s1}\sim S_{s2}$、$S_1\sim S_4$ 的控制信号，各路并联分时选择开关电流 i'_{i1}、i'_{i2}、$\cdots$、i'_{in} 对应的斜率分别为 $(U_{i1}-u_oN_{11}/N_{12})/L_{f1}$、$(U_{i2}-u_oN_{11}/N_{12})/L_{f1}$、$\cdots$、$(U_{in}-u_oN_{11}/N_{12})/L_{f1}$。可见，在一个 T_s 内，选择开关 S_{s1}、S_{s2} 分时导通，对应的占空比分别为 $d_1=T_{on1}/T_s$、$d_2=T_{on2}/T_s$，两路的占空比之和 $d_1+d_2<1$。实际电路中，为防止两输入源发生短路，S_{s1}、S_{s2} 的驱动信号应设置死区。

图 4-5 所示类整流单极性移相控制策略是将输出电压反馈信号 u_o 与基准电压信号 u_{oref} 的误差放大信号 u_e 及其反向信号 $-u_e$ 与锯齿波比较并经适当的逻辑电路输出功率开关 $S_{b1}\sim S_{b4}$、$S_{b5}(S'_{b5})\sim S_{b8}(S'_{b8})$ 的控制信号。该控制策略包含两层含义：①单极性移相控制是指高频逆变桥右桥臂相对左桥臂存在移相角 δ，且输出滤波

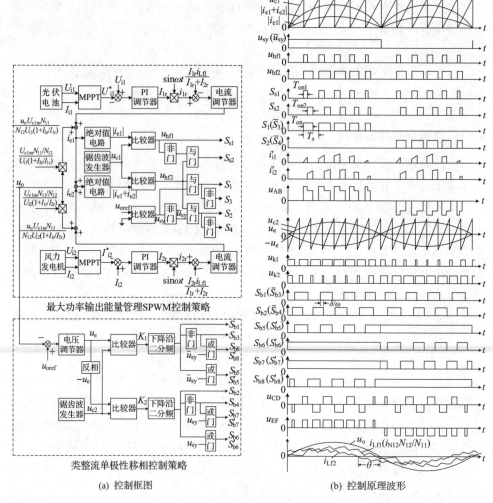

(a) 控制框图　　　　　　　　　(b) 控制原理波形

图 4-5　外置并联分时选择开关 Buck 型单级多输入低频环节分布式
发电系统的能量管理控制策略

器前端电压 u_{EF} 为单极性 SPWM 波；②类整流控制是指输出电压正半周时 $S_{b6}(S'_{b6})$
和 $S_{b7}(S'_{b7})$ 常通、$S_{b5}(S'_{b5})$ 和 $S_{b8}(S'_{b8})$ 构成的整流电路将高频变压器二次侧的正弦脉
宽脉位调制波（SPWPM）u_{CD} 整流成输出正半周 SPWM 波，输出电压负半周时
$S_{b5}(S'_{b5})$ 和 $S_{b8}(S'_{b8})$ 常通、$S_{b6}(S'_{b6})$ 和 $S_{b7}(S'_{b7})$ 构成的整流电路将 u_{CD} 整流成输出负
半周 SPWM 波。对相应整流电路的开关管施加具有重叠时间的控制信号，可使能
量反向传递至蓄电池侧，即无论能量是正向流动（DC-AC）或反向流动（AC-DC），
整流电路都将 u_{CD} 整流成输出正半周或负半周 SPWM 波。需要说明的是，SPWM
波不仅对脉冲宽度按照正弦规律进行调制，而且对脉冲位置也进行调制，使调制

后的波形不含有直流和低频分量,如图 4-5(b)中的 u_{CD} 波形。在输出电压正半周,S_{b1}、S_{b3} 为超前桥臂,S_{b2}、S_{b4} 为滞后桥臂;在输出电压负半周,S_{b2}、S_{b4} 为超前桥臂,S_{b1}、S_{b3} 为滞后桥臂。充放电变换器的占空比 $d_b=(\pi-\delta)/\pi$,通过调节移相角 δ 可实现输出电压的稳定。

可见,与传统的最大功率输出能量管理 SPWM 控制策略和单极性移相控制策略相比,本节所提出的最大功率输出能量管理 SPWM 控制策略和类整流单极性移相控制策略具有如下特点:①通过对滤波电感电流 i_{Lf1} 的分解,实现了 i_{Lf1} 的直接控制,在光照强度或风速突变时通过滤波电感电流的快速响应来解决功率瞬时失衡和电感电流畸变现象,确保了电感电流波形质量和各输入源的最大功率输出;②周波变换器开关管在一个低频输出周期内有半周工作在低频状态,减小了开关损耗;③无须判断滤波电感电流 i_{Lf2} 的极性,即可实现漏感能量和电感电流的软换流。

4.3.2　三种供电模式

设光伏电池、风力发电机的最大输出功率分别为 P_{1max}、P_{2max},交流负载功率为 P_o,根据 P_o 与 $P_{1max}+P_{2max}$ 的相对大小,分布式发电系统存在三种供电模式如表 4-1 所示,对应的功率流向如图 4-6 所示。供电模式 I:$P_{1max}+P_{2max}>P_o$,光伏电池、风力发电机的最大输出功率超过负载所需功率,剩余功率对蓄电池充电,即两输入源对负载和蓄电池同时供电,系统等效于单级多输入逆变器和单级 Boost 型高频环节整流器,蓄电池输出功率 $P_o-(P_{1max}+P_{2max})<0$,如图 4-6(a)所示。供电模式 II:$P_{1max}+P_{2max}<P_o$,光伏电池、风力发电机的最大输出功率不足以提供负载所需功率,蓄电池放电,即两输入源和蓄电池同时对负载供电,系统等效于单级多输入逆变器和单级 Buck 型高频环节逆变器在输出端并联,蓄电池输出功率 $P_o-(P_{1max}+P_{2max})>0$,如图 4-6(b)所示。供电模式 III:$P_{1max}+P_{2max}=P_o$,此时光伏电池、风力发电机的最大输出功率等于负载所需功率,多输入源仅对负载供电,蓄电池输出功率等于 0(相当于空载),如图 4-6(c)所示。极限情况下,当 $P_{1max}+P_{2max}=0$,即光伏电池、风力发电机都不输出功率时,负载所需功率全部由蓄电池提供,该情况属于模式 I 的特例,故需要根据实际的负载来配置蓄电池的容量。

表 4-1　外置并联分时选择开关供电型单级多输入分布式发电系统的三种供电模式

各输入源输出功率	供电模式		
	模式 I:$P_{1max}+P_{2max}>P_o$	模式 II:$P_{1max}+P_{2max}<P_o$	模式 III:$P_{1max}+P_{2max}=P_o$
光伏电池输出功率	P_{1max}	P_{1max}	P_{1max}
风力发电机输出功率	P_{2max}	P_{2max}	P_{2max}
蓄电池输出功率	$P_o-(P_{1max}+P_{2max})$	$P_o-(P_{1max}+P_{2max})$	0

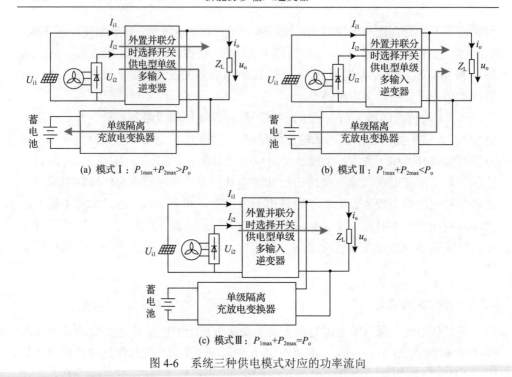

(a) 模式 I : $P_{1\max}+P_{2\max}>P_o$　　　　　　(b) 模式 II : $P_{1\max}+P_{2\max}<P_o$

(c) 模式 III : $P_{1\max}+P_{2\max}=P_o$

图 4-6　系统三种供电模式对应的功率流向

4.3.3　输出电压的稳定和不同供电模式的平滑切换

对于输出滤波电容 C_f 和交流负载 Z_L 来说，单级多输入逆变器和单级隔离充放电变换器的输出端并接相当于两个电流源的并联叠加。忽略工频变压器 T_1 的励磁电流，单级多输入逆变器的滤波电感电流 i_{Lf1}（即 $i_{N12}N_{12}/N_{11}$）与输出电压 u_o 同频同相，输出有功功率；单级隔离充放电变换器的滤波电感电流 i_{Lf2} 与 u_o 之间存在相位差 θ，不同 θ 角意味着输出不同大小和方向的有功功率。据此可得该发电系统在三种供电模式和不同性质负载下交流输出侧的基波分量相量图，如表 4-2 所示，其中，φ 为负载功率因数角。

当 $P_{1\max}+P_{2\max}=P_o$，即 $I_{N12}=I_o\cos\varphi$ 时，相位差 $|\theta|=90°$，充放电变换器输出的有功功率为 0，即蓄电池输出功率 $P_b=0$（空载状态），系统工作在模式 III；当 $P_{1\max}+P_{2\max}<P_o$，即 $I_{N12}<I_o\cos\varphi$ 时，u_o 减小，充放电变换器的移相角 δ 减小，i_{Lf2} 与 u_o 的相位差为 $0°<|\theta|<90°$，充放电变换器输出有功功率，蓄电池补足负载所需功率，$P_b=P_o-(P_{1\max}+P_{2\max})>0$，系统工作在模式 II；当 $P_{1\max}+P_{2\max}>P_o$，即 $I_{N12}>I_o\cos\varphi$ 时，u_o 增大，移相角 δ 增大，相位差为 $90°<|\theta|<180°$，充放电变换器吸收有功功率，光伏电池、风力发电机输出的剩余功率对蓄电池充电，蓄电池输出功率 $P_b=P_o-(P_{1\max}+P_{2\max})<0$，系统工作在模式 I。可见，该能量管理控制策略能根据负载功率 P_o 与多输入源功率之和 $P_{1\max}+P_{2\max}$ 的相对大小实时控制充放电变

换器的功率流大小和方向，实现了系统输出电压的稳定和三种不同供电模式下的平滑切换。

表 4-2　所提出的发电系统在三种供电模式和不同性质负载下交流输出侧的基波分量相量图

负载性质	供电模式		
	模式Ⅰ：$P_{1max}+P_{2max}>P_o$	模式Ⅱ：$P_{1max}+P_{2max}<P_o$	模式Ⅲ：$P_{1max}+P_{2max}=P_o$
阻性			
阻感性			
阻容性			

4.4　外置并联分时选择开关供电型多输入分布式发电系统原理特性

4.4.1　高频开关过程分析

$u_o>0$，$i_{Lf1}>0$ 时单级多输入逆变器的高频开关过程。当 $u_o>0$，$i_{Lf1}>0$ 时，多输入逆变器正向传递能量，在一个 T_s 内（$t_0\sim t_6$）存在 6 个工作区间，如图 4-7 所示。图 4-7 中，d_1、d_2 分别为第 1、2 路输入源的占空比，d 为两路占空比之和（$d=d_1+d_2$），t_{d1}、t_{d2} 分别为选择开关 S_{s1} 和 S_{s2}、S_1 和 S_3 的死区时间，滤波电感和变压器 T_1 用 L_{f1}（含 T_1 漏感）、励磁电感 L_m 和一个匝比为 N_{11}/N_{12} 的理想变压器表示。

$t_0\sim t_1$ 区间，S_{s1}、S_1、S_4 导通，第 1 路输入源 U_{i1} 经 S_{s1}、S_1、L_{f1}、N_{11}、S_4 向负载供电，$u_{AB}=U_{i1}$，i_{Lf1} 以 $(U_{i1}-U_oN_{11}/N_{12})/L_{f1}$ 的斜率增大且满足 $i_{Lf1}=i_{Lm}+i_{N12}N_{12}/N_{11}$，$i_{N12}+i_{Lf2}=i_{Cf}+i_o$；$t_1\sim t_2$ 区间，t_1 时刻，S_{s1} 关断，i_{Lf1} 迅速对 S_{s1} 的结电容充电，S_2、S_3 的结电容放电，$u_{Ss1}=U_{i1}-u_{s3}$；$t_2\sim t_3$ 区间，t_2 时刻，S_{s2} 开通，第 2 路输入源 U_{i2} 对 S_2、S_3 的结电容充电并经 S_{s2}、S_1、L_{f1}、N_{11}、S_4 向负载供电，$u_{AB}=U_{i2}$，i_{Lf1} 以 $(U_{i2}-U_oN_{11}/N_{12})/L_{f1}$ 的斜率增大；$t_3\sim t_4\sim t_5$ 区间，t_3 时刻，S_{s2}、S_1 关断，i_{Lf1} 迅速对 S_{s2}、S_1 的结电容充电和对 S_3 的结电容放电，S_3 的结电容电压下降到 0 时 D_{s3} 导通，$u_{AB}=0$，i_{Lf1} 经 L_{f1}、N_{11}、S_4、D_{s3} 续流并以 $U_oN_{11}/N_{12}/L_{f1}$ 的斜率减小；t_4 时刻，S_3 零电压开通；$t_5\sim t_6$ 区间，t_5 时刻，S_3 零电压关断，区间等效电路与图 4-7 (e) 类似，此时 i_{Lf1} 仅通

过 L_{f1}、N_{11}、S_4、D_{s3} 续流；t_6 时刻，S_{s1}、S_1 开通，逆变器进入下一个开关周期工作。

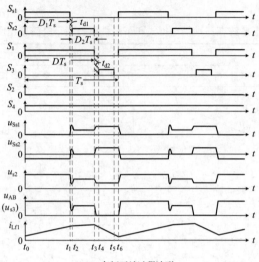

(a) 高频开关过程波形

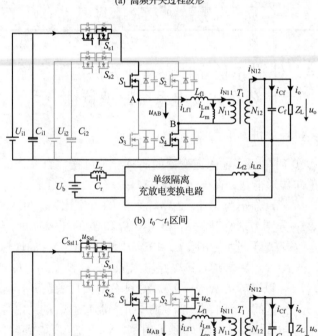

(b) $t_0 \sim t_1$ 区间

(c) $t_1 \sim t_2$ 区间

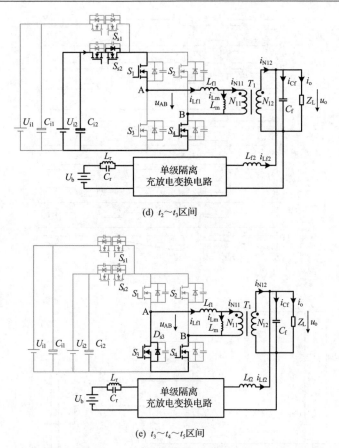

(d) $t_2 \sim t_3$ 区间

(e) $t_3 \sim t_4 \sim t_5$ 区间

图 4-7　当 $u_o > 0$，$i_{Lf1} > 0$ 时单级多输入逆变器的高频开关过程和区间等效电路

当 $u_o > 0$，$i_{Lf1} < 0$ 时单级多输入逆变器的高频开关过程。当 $u_o > 0$，$i_{Lf1} < 0$ 时，多输入逆变器反向回馈能量，在一个高频开关周期 T_s 内（$t_0 \sim t_6$）存在 6 个工作区间，如图 4-8 所示。

$t_0 \sim t_1$ 区间，S_{s1}、S_1、S_4 导通，交流负载经 $S_1(D_{s1})$、S_{s1}、$S_4(D_{s4})$、N_{11} 向第 1 路输入源 U_{i1} 回馈能量，$u_{AB} = U_{i1}$，滤波电感电流 i_{Lf1} 以 $(U_{i1} - U_o N_{11}/N_{12})/L_{f1}$ 的斜率减小且满足 $i_{Lf1} = i_{Lm} - i_{N12} N_{12}/N_{11}$，$i_{N12} + i_{Lf2} = i_{Cf} + i_o$；$t_1 \sim t_2$ 区间，t_1 时刻，S_{s1} 关断，i_{Lf1} 的回馈路径被切断，i_{Lf1} 迅速对 S_{s1}、S_{s2}、S_2、S_3 的结电容充电，S_{s1} 上存在关断电压尖峰；$t_2 \sim t_3$ 区间，t_2 时刻，S_{s2} 开通，交流负载经 $S_1(D_{s1})$、S_{s2}、$S_4(D_{s4})$、N_{11} 向第 2 路输入源 U_{i2} 回馈能量，$u_{AB} = U_{i2}$，i_{Lf1} 以 $(U_{i2} - U_o N_{11}/N_{12})/L_{f1}$ 的斜率减小；$t_3 \sim t_4$ 区间，t_3 时刻，S_{s2}、S_1 关断，i_{Lf1} 的回馈路径被切断，该区间工况及等效电路与 $t_1 \sim t_2$ 区间类似；$t_4 \sim t_5$ 区间，t_4 时刻，S_3 全电压开通，i_{Lf1} 经 S_3、$S_4(D_{s4})$、N_{11} 流通并以 $U_o N_{11}/N_{12}/L_{f1}$ 的斜率增大；$t_5 \sim t_6$ 区间，t_5 时刻，S_3 关断，i_{Lf1} 的流通路径被切断，该区间工况及等效电路与 $t_3 \sim t_4$ 区间相同。t_6 时刻，S_{s1}、S_1 开通，逆变器进入下一个开关周期工作。

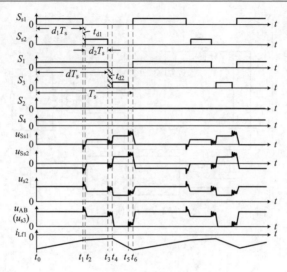

(a) 高频开关过程波形

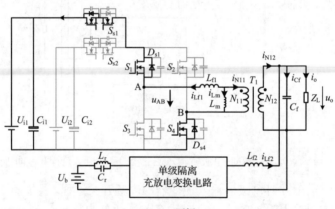

(b) $t_0 \sim t_1$ 区间

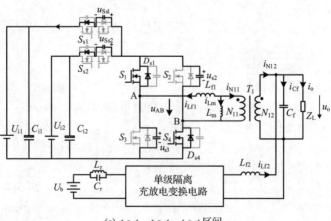

(c) $t_1 \sim t_2$、$t_3 \sim t_4$、$t_5 \sim t_6$ 区间

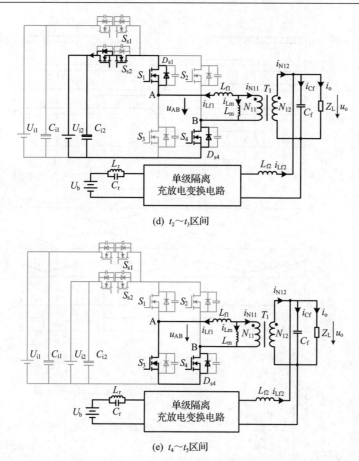

(d) $t_2 \sim t_3$区间

(e) $t_4 \sim t_5$区间

图 4-8　当 $u_o > 0$，$i_{Lf1} < 0$ 时单级多输入逆变器的高频开关过程和区间等效电路

　　按照同样的分析方法可得单级多输入逆变器在 $u_o < 0$，$i_{Lf1} > 0$ 和 $u_o < 0$，$i_{Lf1} < 0$ 时的高频开关过程，这里不再赘述。

　　单级双向充放电变换器放电时的高频开关过程。当 $u_o i_{Lf2} > 0$ 时，蓄电池处于放电状态，此时充放电变换器相当于一个单级 Buck 型高频环节逆变器；当 $u_o i_{Lf2} < 0$ 时，蓄电池处于充电状态，此时充放电变换器相当于一个单级 Boost 型高频环节整流器[6,7]。当 $u_o > 0$ 时，S_{b1}、S_{b3} 为超前桥臂，S_{b2}、S_{b4} 为滞后桥臂；当 $u_o < 0$ 时，S_{b2}、S_{b4} 为超前桥臂，S_{b1}、S_{b3} 为滞后桥臂。以 $u_o > 0$，$i_{Lf2} > 0$ 为例，充放电变换器在一个高频开关周期 T_s 内 ($t_1 \sim t_{13}$) 存在 12 个工作区间，如图 4-9 所示。

　　$t_1 \sim t_2$ 区间，S_{b1}、S_{b4} 导通，高频变压器 T_2 原边电流 i_{N21} 在 t_1 时刻增大至滤波电感电流 i_{Lf2}，i_{N21} 经 S_{b1}、原边漏感 L_{lk1}、原边绕组 N_{21}、S_{b4} 流通，i_{Lf2} 经 S'_{b6}、D'_{sb5}、副边绕组 N_{22}、S_{b6}、D_{sb5} 流通，并以 $(U_b N_{22}/N_{21} - U_o)/L_{f2}$ 的斜率增大，蓄电池输出功率，C_b 放电；$t_2 \sim t_3 \sim t_4$ 区间，t_2 时刻，S_{b1} 关断、$S_{b8}(S'_{b8})$ 开通，i_{N21} 迅速对 C_{sb1}

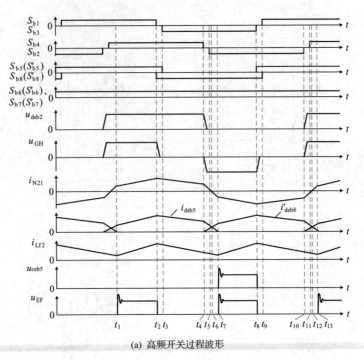

(a) 高频开关过程波形

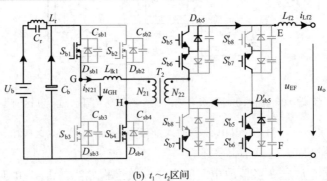

(b) $t_1 \sim t_2$ 区间

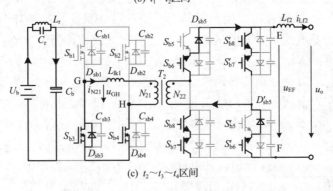

(c) $t_2 \sim t_3 \sim t_4$ 区间

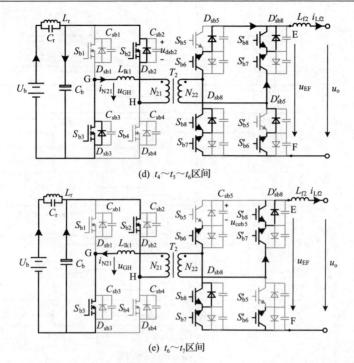

(d) $t_4 \sim t_5 \sim t_6$ 区间

(e) $t_6 \sim t_7$ 区间

图 4-9 单级双向充放电变换器放电时的高频开关过程和区间等效电路

充电、C_{sb3} 放电，C_{sb3} 电压放电到 0 时 D_{sb3} 导通；t_3 时刻，S_{b3} 零电压开通，$S_{b5}(S'_{b5})$ 零电压关断，i_{N21} 经 L_{lk1}、N_{21}、S_{b4}、S_{b3}、D_{sb3} 续流，$u_{GH}=0$，i_{Lf2} 经 S'_{b6}、D'_{sb5}、N_{22}、S_{b6}、D_{sb5} 流通，并以 U_o/L_{f2} 的斜率减小，蓄电池对 C_b 充电；$t_4 \sim t_5 \sim t_6$ 区间，t_4 时刻，S_{b4} 关断，i_{N21} 迅速对 C_{sb2} 放电、C_{sb4} 充电，C_{sb2} 放电到 0 时 D_{sb2} 导通，u_{dsb2} 下降到 0，由于高频变压器二次绕组被短路，故输入电压反向加在 L_{lk1} 上，i_{N21} 迅速减小，漏感能量通过 N_{21}、D_{sb2}、S_{b3}、D_{sb3} 回馈到 C_b，D_{sb8}、D'_{sb8} 导通，i_{dsb5} 迅速减小，i'_{dsb8} 迅速增大，t_5 时刻 S_{b2} 零电压开通；$t_6 \sim t_7$ 区间，t_6 时刻，$i_{dsb5}=i'_{dsb8}$，i_{N21} 过零反向后 i_{dsb5} 继续减小，i'_{dsb8} 继续增大，t_7 时刻 i_{dsb5} 减小到零，i'_{dsb8} 增大到 i_{Lf2}，D_{sb5} 断开，高频变压器二次侧等效漏感与 C_{sb5} 发生谐振，u_{ceb5} 存在谐振电压尖峰，i_{N21} 经 S_{b2}、N_{21}、L_{lk1}、S_{b3} 流通，i_{Lf2} 经 S_{b7}、D_{sb8}、N_{22}、S'_{b7}、D'_{sb8} 流通，并以 $(U_b N_{22}/N_{21}-U_o)/L_{f2}$ 的斜率增大，蓄电池输出功率，C_b 放电；$t_7 \sim t_{13}$ 区间，高频变压器反向磁化，其高频开关过程与 $t_1 \sim t_7$ 区间类似，高频变压器 T_2 在一个高频开关周期内双向对称磁化。高频逆变桥超前桥臂和滞后桥臂开关管均实现了 ZVS 开通，周波变换器开关管实现了 ZVS 关断。

单级双向充放电变换器充电时的高频开关过程。以 $u_o>0$，$i_{Lf2}<0$ 为例，充放电变换器在一个高频开关周期 T_s 内（$t_1 \sim t_{11}$）存在 10 个工作区间，如图 4-10 所示。

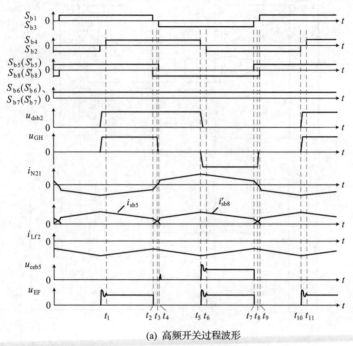

(a) 高频开关过程波形

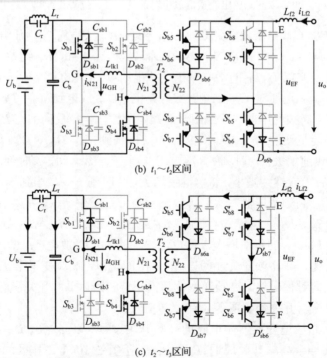

(b) $t_1 \sim t_2$ 区间

(c) $t_2 \sim t_3$ 区间

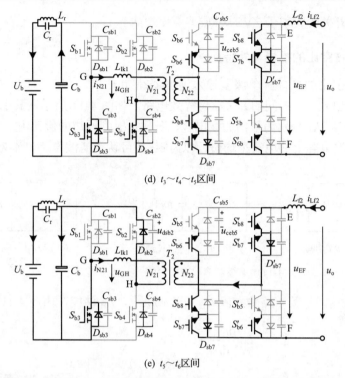

(d) $t_3 \sim t_4 \sim t_5$ 区间

(e) $t_5 \sim t_6$ 区间

图 4-10　单级双向充电变换器充电时的高频开关过程和区间等效电路

$t_1 \sim t_2$ 区间，t_1 时刻，S_{b4} 零电压开通，高频变压器 T_2 一次侧电流 i_{N21} 经 S_{b4}、D_{sb4}、N_{21}、L_{lk1}、S_{b1}、D_{sb1} 给蓄电池和 C_b 充电，i_{Lf2} 经 S_{b5}、D_{sb6}、N_{22}、S'_{b5}、D'_{sb6} 流通，并以 $(U_b N_{22}/N_{21}-U_o)/L_{f2}$ 的斜率减小，蓄电池吸收功率；$t_2 \sim t_3$ 区间，t_2 时刻，S_{b1} 零电压关断，$S_{b8}(S'_{b8})$ 开通，此时二次绕组 N_{22} 被短路，输入电压正向加在 L_{lk1} 上，i_{N21} 迅速减小，漏感能量经 S_{b4}、D_{sb4}、N_{21}、L_{lk1}、D_{sb1} 传递至蓄电池和 C_b，D_{sb7}、D'_{sb7} 导通，i_{sb5} 迅速减小，i'_{sb8} 迅速增大，该区间确保了输出电感电流 i_{Lf2} 的连续；$t_3 \sim t_4 \sim t_5$ 区间，t_3 时刻，$i_{sb5}=i'_{sb8}$，$i_{N21}=0$，D_{sb1} 断开，i_{sb5} 继续减小，i'_{sb8} 继续增大，i_{N21} 过零反向，D_{sb3} 导通，i_{N21} 通过 S_{b4}、D_{sb3}、L_{lk1} 流通；t_4 时刻，S_{b3} 零电压开通，$S_{b5}(S'_{b5})$ 零电压关断，i_{sb5} 迅速减小到 0，i'_{sb8} 迅速增大到 i_{Lf2}，i_{Lf2} 经 S'_{b8}、D'_{sb7}、N_{22}、S_{b8}、D_{sb7} 流通，并以 U_o/L_{f2} 的斜率增大，C_b 对蓄电池放电；$t_5 \sim t_6$ 区间，t_5 时刻，S_{b4} 关断，i_{N21} 迅速对 C_{sb2}、C_{sb4} 充放电，C_{sb2} 电压放电到 0 时 D_{sb2} 导通，u_{dsb2} 下降到 0，此时 i_{N21} 通过 L_{lk1}、N_{21}、D_{sb2}、S_{b3}、D_{sb3} 给蓄电池和 C_b 充电，i_{Lf2} 经 S'_{b8}、D'_{sb7}、N_{22}、S_{b8}、D_{sb7} 流通，并以 $(U_b N_{22}/N_{21}-U_o)/L_{f2}$ 的斜率减小，蓄电池吸收功率，t_6 时刻 S_{b2} 零电压开通；$t_6 \sim t_{11}$ 区间，高频变压器反向磁化，其高频开关过程与 $t_1 \sim t_6$ 区间类似，高频变压器 T_2 在一个高频开关周期内双向对称磁化。高频逆变桥超前桥臂开关管实现了 ZVS 开关，滞后桥臂开关管实现了 ZVS 开通，

周波变换器开关管实现了 ZVS 关断。

4.4.2　多路占空比的推导与外特性

多路占空比的推导。单级多输入逆变器在 $0\sim d_1T_s$、$d_1T_s\sim(d_1+d_2)T_s$、…、$(d_1+d_2+\cdots+d_n)T_s\sim T_s$ 期间的开关状态等效电路，如图 4-11 所示。其中，r 为逆变器的内阻，C'_f、R'_L 分别为输出滤波电容、负载折射到原边的值。由于一个高频开关周期内滤波电容上的电流平均值近似为零，故可认为滤波电感电流为输出电流。

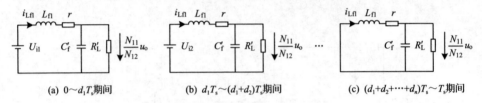

(a) $0\sim d_1T_s$ 期间　　　(b) $d_1T_s\sim(d_1+d_2)T_s$ 期间　　　(c) $(d_1+d_2+\cdots+d_n)T_s\sim T_s$ 期间

图 4-11　单级多输入逆变器的开关状态等效电路

$0\sim d_1T_s$ 期间，第 1 路输入源 U_{i1} 向负载供电，L_{f1} 储能，由图 4-11(a)可得

$$L_{f1}\frac{di_{Lf1}}{dt}=U_{i1}-ri_{Lf1}-\frac{N_{11}}{N_{12}}u_o \tag{4-1}$$

$d_1T_s\sim(d_1+d_2)T_s$ 期间，第 2 路输入源 U_{i2} 向负载供电，L_{f1} 储能，由图 4-11(b)可得

$$L_{f1}\frac{di_{Lf1}}{dt}=U_{i2}-ri_{Lf1}-\frac{N_{11}}{N_{12}}u_o \tag{4-2}$$

$$\vdots$$

$(d_1+d_2+\cdots+d_{n-1})T_s\sim(d_1+d_2+\cdots+d_n)T_s$ 期间，第 n 路输入源 U_{in} 向负载供电，L_{f1} 储能，则

$$L_{f1}\frac{di_{Lf1}}{dt}=U_{in}-ri_{Lf1}-\frac{N_{11}}{N_{12}}u_o \tag{4-3}$$

$(d_1+d_2+\cdots+d_n)T_s\sim T_s$ 期间，L_{f1} 释能，由图 4-11(c)可得

$$L_{f1}\frac{di_{Lf1}}{dt}=-ri_{Lf1}-\frac{N_{11}}{N_{12}}u_o \tag{4-4}$$

将式(4-1)乘以 d_1 加上式(4-2)乘以 d_2 加上…加上式(4-3)乘以 d_n 再加上式(4-4)乘以 $(1-d_1-d_2-\cdots-d_n)$，并令 $L_{f1}\frac{di_{Lf1}}{dt}=0$，可得单级多输入逆变器的输出输入关系为

$$u_o = \frac{N_{12}}{N_{11}}\left(d_1 U_{i1} + d_2 U_{i2} + \cdots + d_n U_{in}\right)\frac{1}{1 + r/R'_L} \tag{4-5}$$

忽略逆变器的内阻 $(r=0)$，则理想情形、电感电流连续时多输入逆变器的外特性为

$$u_o = \frac{N_{12}}{N_{11}}\left(d_1 U_{i1} + d_2 U_{i2} + \cdots + d_n U_{in}\right) \tag{4-6}$$

设输出滤波电感 L_{f1} 足够大，则可忽略 i_{Lf1} 上的电流脉动。一个高频开关周期内，电感电流 i_{Lf1} 的平均值为 I_{Lf1avg}，n 路输入源各自电流内环的基准电流平均值分别为 I_{1ravg}、I_{2ravg}、$\cdots$、I_{nravg}。由于开关频率 f_s 远大于输出电压频率 f_o，在一个高频开关周期内输出电压 u_o 可视为恒值 U_{oavg}。不考虑逆变器损耗，n 路输入源、T_1 原边绕组端口在一个高频开关周期内的平均功率 P_{1avg}、P_{2avg}、$\cdots$、P_{navg}、P_{oavg} 分别为

$$P_{1avg} = \frac{N_{11}U_{oavg}}{N_{12}}I_{1ravg} \approx d_1 U_{i1} I_{Lf1avg} \tag{4-7}$$

$$P_{2avg} = \frac{N_{11}U_{oavg}}{N_{12}}I_{2ravg} \approx d_2 U_{i2} I_{Lf1avg} \tag{4-8}$$

$$\vdots$$

$$P_{navg} = \frac{N_{11}U_{oavg}}{N_{12}}I_{nravg} \approx d_n U_{in} I_{Lf1avg} \tag{4-9}$$

$$P_{oavg} = \frac{N_{11}U_{oavg}}{N_{12}}I_{Lf1avg} \tag{4-10}$$

由式 (4-7)～式 (4-10) 可知，

$$I_{Lf1avg} = I_{1ravg} + I_{2ravg} + \cdots + I_{nravg} \tag{4-11}$$

联立式 (4-6)～式 (4-9) 可得多路输入源的占空比表达式为

$$\begin{cases} d_1 \approx \dfrac{N_{11}}{N_{12}} U_{oavg} P_{1avg} \Big/ \left[U_{i1}\left(P_{1avg} + P_{2avg} + \cdots + P_{navg}\right)\right] \\[3mm] d_2 \approx \dfrac{N_{11}}{N_{12}} U_{oavg} P_{2avg} \Big/ \left[U_{i2}\left(P_{1avg} + P_{2avg} + \cdots + P_{navg}\right)\right] \\[2mm] \qquad\qquad\qquad \vdots \\[1mm] d_n \approx \dfrac{N_{11}}{N_{12}} U_{oavg} P_{navg} \Big/ \left[U_{in}\left(P_{1avg} + P_{2avg} + \cdots + P_{navg}\right)\right] \end{cases} \tag{4-12}$$

则在一个输出低频周期内，式(4-11)、式(4-12)可改写为

$$I_{Lf1} = I_{1r}/\sqrt{2} + I_{2r}/\sqrt{2} + \cdots + I_{nr}/\sqrt{2} \tag{4-13}$$

$$\begin{cases} d_1 \approx \dfrac{N_{11}}{N_{12}} u_o P_1 \Big/ \big[U_{i1}(P_1 + P_2 + \cdots + P_n) \big] \\[2ex] d_2 \approx \dfrac{N_{11}}{N_{12}} u_o P_2 \Big/ \big[U_{i2}(P_1 + P_2 + \cdots + P_n) \big] \\[1ex] \qquad\qquad\vdots \\[1ex] d_n \approx \dfrac{N_{11}}{N_{12}} u_o P_n \Big/ \big[U_{in}(P_1 + P_2 + \cdots + P_n) \big] \end{cases} \tag{4-14}$$

式中，P_1、P_2、$\cdots$、P_n 分别为第 1、2、$\cdots$、n 路输入源在一个低频输出周期内的平均功率。当 $n=2$ 时，式(4-14)中的 d_1 和 d_2 可分别作为各自滤波电感电流环的前馈量，如图 4-5 所示，确保了 $I_{1r}/I_{2r}=P_1/P_2$。

同样以 $n=2$ 为例，推导外置并联分时开关 Buck 型单级多输入低频环节逆变器的外特性曲线。设 $U_{i2}=K_1 U_{i1}$，由式(4-14)可知 $d_2=P_2 U_{i1} d_1/(P_1 U_{i2})=K_2 d_1$。因此，滤波电感电流临界连续时的负载电流

$$I_G = I_{omin} = \frac{U_{i1} T_s}{2 L_{f1}} d_1 \Big[(1+K_1 K_2) - (1+2K_1 K_2 + K_1 K_2^2) d_1 \Big] \tag{4-15}$$

其最大值

$$I_{Gmax} = I_G \Big|_{d_1 = \frac{1+K_1 K_2}{2(1+2K_1 K_2 + K_1 K_2^2)}} = \frac{U_{i1} T_s}{8 L_{f1}} (1+K_1 K_2)^2 \Big/ (1+2K_1 K_2 + K_1 K_2^2) \tag{4-16}$$

由式(4-15)、式(4-16)可知，理想情形且临界连续时逆变器的外特性为

$$I_G = 4 I_{Gmax} \frac{1+2K_1 K_2 + K_1 K_2^2}{(1+K_1 K_2)^2} d_1 \Big[(1+K_1 K_2) - (1+2K_1 K_2 + K_1 K_2^2) d_1 \Big] \tag{4-17}$$

滤波电感电流断续时的负载电流：

$$I_G = 4 I_{Gmax} \frac{1+2K_1 K_2 + K_1 K_2^2}{(1+K_1 K_2)^2} d_1^2 \frac{N_{12}(1+K_1 K_2)^2 U_{i1}/N_{11} - (1+2K_1 K_2 + K_1 K_2^2) u_o}{u_o}$$

$$\tag{4-18}$$

因此，理想情形且电感电流断续时逆变器的外特性为

$$\frac{u_{\mathrm{o}}}{(1+K_1K_2)U_{\mathrm{i}1}N_{12}/N_{11}}=\frac{4d_1^{2}\left(1+K_1K_2\right)}{4d_1^{2}\left(1+2K_1K_2+K_1K_2^{2}\right)+\dfrac{I_{\mathrm{G}}}{I_{\mathrm{G\,max}}}} \tag{4-19}$$

　　由以上分析可得，单级多输入逆变器的外特性曲线如图 4-12 所示。由于光伏电池、风力发电机等新能源发电设备不允许能量回馈，故单级多输入逆变器应以单位功率因数运行，即逆变器工作在Ⅰ、Ⅲ象限。曲线 A、B 为滤波电感电流临界连续时的外特性曲线，由式(4-17)决定；曲线 A 右侧、B 左侧为电感电流连续时的外特性曲线，其中实线为理想情形时的曲线，由式(4-6)决定，虚线为考虑内阻时的曲线，由式(4-5)决定，可见输出电压随负载增加而下降；曲线 A 左侧、B 右侧为电感电流断续时的外特性曲线，由式(4-19)决定。

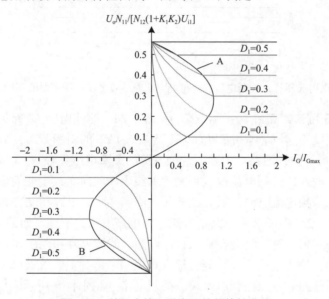

图 4-12　单级多输入逆变器的外特性曲线

4.4.3　关键问题讨论

　　选择开关关断电压尖峰抑制。由单级多输入逆变器的高频开关过程分析可知，当 $u_{\mathrm{o}}i_{Lf1}<0$ 时，即能量回馈期间，在 $S_{\mathrm{s}1}$、$S_{\mathrm{s}2}$ 和逆变桥臂的死区时间 $t_{\mathrm{d}1}$、$t_{\mathrm{d}2}$ 内由于输入源与高频逆变桥的连接断开，i_{Lf1} 无回馈通路，导致选择开关存在关断电压尖峰，如图 4-8(a)所示。通过调整选择开关的控制信号，将 $S_{\mathrm{s}12}$、$S_{\mathrm{s}22}$ 的控制信号由分别与 $S_{\mathrm{s}11}$、$S_{\mathrm{s}21}$ 相同调整为分别与 $S_{\mathrm{s}21}$、$S_{\mathrm{s}11}$ 互为反向，$S_{\mathrm{s}11}$ 与 $S_{\mathrm{s}21}$ 存在死区，故 $S_{\mathrm{s}12}$ 与 $S_{\mathrm{s}22}$ 存在重叠区，使得 i_{Lf1} 在能量回馈期间仍然存在回馈通路，从而消除了其关断电压尖峰，如图 4-13 所示。

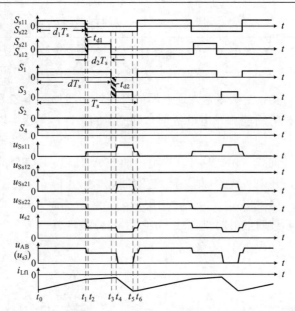

图 4-13　采用选择开关关断电压尖峰抑制方法时单级多输入逆变器的高频开关过程

由图 4-13 可知，在 $t_1 \sim t_2$、$t_3 \sim t_4$、$t_5 \sim t_6$ 区间，滤波电感 L_{f1} 向第 2 路输入源 U_{i2} 回馈能量（设 $U_{i1} > U_{i2}$），i_{Lf1} 以 $(U_{i2} - U_o N_{11} / N_{12}) / L_{f1}$ 的斜率减小；S_{s12}、S_{s22} 的重叠区为 i_{Lf1} 提供了回馈通路，消除了选择开关的关断电压尖峰。

蓄电池侧输入二倍频电流纹波抑制。单级隔离双向充放电变换器输入直流侧存在较大的二倍频电流纹波，需要在输入直流侧并联大电容和 LC 串联谐振电路对其进行抑制，LC 串联谐振电路中未流过主电路电流。不过，如果 LC 串联谐振电路的参数严重失配时，将会在输入直流电源、滤波电容和 LC 串联谐振回路之间产生较大的二倍频纹波环流，导致输入直流侧二倍频电流纹波抑制效果差。本节提出一种简洁的输入二倍频电流纹波抑制电路，如图 4-14 所示[6,7]。图 4-14 中，i_{DC} 为高频脉冲电流，i_{Cb} 为含二倍频纹波电流分量的滤波电容电流，I_b 为蓄电池平均电流。合理设计 LC 并联谐振电路和输入滤波电容 C_b 能显著地抑制蓄电池的二倍频电流纹波，且无环流问题，延长了蓄电池的寿命。

由图 4-14 可知，通过 L_r 的电流为蓄电池的平均电流 I_b 与并联谐振电容电流 i_r 之和，C_b 两端的电压脉动主要由二倍频纹波电流 i_{DC2} 引起。设输出电压 u_o、滤波电感电流 i_{Lf2} 的有效值分别为 U_o、I_{Lf2}，角频率为 ω，则输出电压、滤波电感电流瞬时值分别为

$$u_o = \sqrt{2} U_o \sin \omega t \tag{4-20}$$

$$i_{Lf2} = \sqrt{2} I_{Lf2} \sin \omega t \tag{4-21}$$

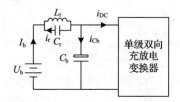

图 4-14　输入二倍频电流纹波抑制电路

充放电变换器输出功率瞬时表达式为

$$p_o = u_o i_{Lf2} = U_o I_{Lf2} - U_o I_{Lf2} \cos 2\omega t \tag{4-22}$$

忽略蓄电池内阻上的压降及损耗，根据瞬时功率平衡原理，无 L_r-C_r 并联谐振电路时的蓄电池电流为

$$i_b = \frac{p_o}{U_b} = \frac{U_o I_{Lf2}}{U_b} - \frac{U_o I_{Lf2}}{U_b} \cos 2\omega t \tag{4-23}$$

由式(4-23)可知，i_b 仅包含一个直流分量 $U_o I_{Lf2}/U_b$ 和一个幅值与其相等的二倍频分量 I_{DC2}。设 C_b 两端电压 u_{Cb} 的平均值为 U_{Cb}，串入 L_r-C_r 并联谐振电路后，由于一个输出低频周期内 L_r 两端电压的平均值为 0，则 $U_{Cb}=U_b$。串入 L_r-C_r 并联谐振电路后的高频脉冲电流 i_{DC} 为

$$i_{DC} = \frac{p_o}{u_{Cb}} \approx \frac{U_o I_{Lf2}}{U_b} - \frac{U_o I_{Lf2}}{U_b} \cos 2\omega t \tag{4-24}$$

由于并联谐振电路对二倍频电流纹波的阻抗为无穷大，故蓄电池电流为

$$I_b = \frac{U_o I_{Lf2}}{U_b} \tag{4-25}$$

由式(4-23)、式(4-25)可知，L_r-C_r 并联谐振电路有效地抑制了蓄电池侧输入二倍频电流纹波。

输出电压的直流偏置抑制。输出电压存在直流偏置时将导致工频变压器 T_1 的铁心饱和，故需要对输出电压的直流偏置进行抑制[8]。通过在输出电压环外加入一直流偏置修正环，对每个低频输出周期的 u_o 进行偏置修正，达到抑制 u_o 直流偏置的效果，从而避免了工频变压器的磁饱和。带直流偏置修正环的输出电压控制框图如图 4-15 所示。

利用输出电压的直流偏置会导致工频变压器励磁电流畸变，进而导致滤波电感电流 i_{Lf2} 严重不对称的特点，计算出 i_{Lf2} 在一个低频输出周期内的平均值 S_{iLf2}，S_{iLf2} 与给定信号 "0" 的误差放大信号 C_c 作为输出电压的直流偏置修正系数，与

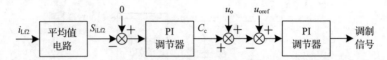

图 4-15　带直流偏置修正环的输出电压控制框图

输出电压反馈值 u_o 叠加后跟 u_{oref} 一起送入输出电压调节器，实时抑制 u_o 的直流偏置。当 $S_{iLf2}=0$ 时，说明 u_o 无直流偏置；当 $S_{iLf2}>0$ 时，说明 u_o 正偏，此时 C_c 为负值，抵消了 u_o 的正向直流偏置；当 $S_{iLf2}<0$ 时，说明 u_o 负偏，此时 C_c 为正值，抵消了 u_o 的负向直流偏置。可见，该方案通过检测滤波电感电流 i_{Lf2} 来反映工频变压器铁心的工作状况，消除了传感器偏置电压采样的影响，有效地抑制了输出电压的直流偏置，且控制算法简单。

4.5　外置并联分时选择开关供电型单级多输入 分布式发电系统关键电路参数设计

4.5.1　控制环路设计

单级双向充放电变换器对系统的输出电压进行稳定，将此输出电压看作并网电压，单级多输入逆变器相当于并网运行。因此，系统的控制环路设计包括单级多输入逆变器的电流环设计和单级双向充放电变换器的电压环设计。限于篇幅，这里仅给出单级多输入逆变器的电流环设计。

由于两输入源共用一个输出滤波电感 L_{f1}，故可将 L_{f1} 等效成两个虚拟电感 L_{f11} 和 L_{f12} 的并联，滤波电感电流 i_{Lf1} 为第 1 路输入源功率 P_1 对应的电感电流 i_{Lf11} 和第 2 路输入源功率 P_2 对应的电感电流 i_{Lf12} 之和，如图 4-16 所示。

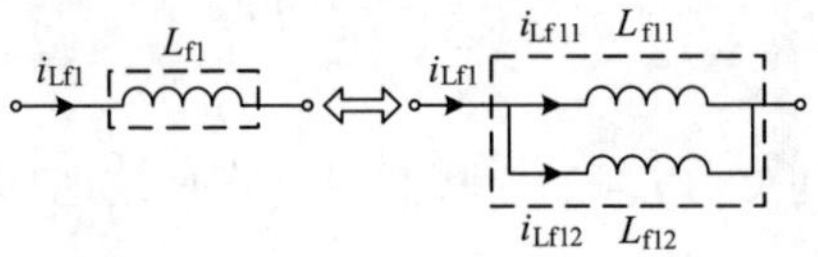

图 4-16　可变虚拟电感等效法

由图 4-5(a) 可知两输入源 MPPT 外环输出信号 I_{1r}、I_{2r} 随着各自输出功率 P_1、P_2 的变化而变化。虚拟电感 L_{f11} 和 L_{f12} 满足

$$\begin{cases} \dfrac{L_{f11}\cdot L_{f12}}{L_{f11}+L_{f12}}=L_{f1} \\ \dfrac{I_{1r}\cdot L_{f11}}{I_{2r}\cdot L_{f12}}=1 \end{cases} \tag{4-26}$$

由式(4-26)可得

$$
\begin{cases}
L_{f11} = \dfrac{I_{1r}+I_{2r}}{I_{1r}} L_{f1} \\[2mm]
L_{f12} = \dfrac{I_{1r}+I_{2r}}{I_{2r}} L_{f1}
\end{cases}
\tag{4-27}
$$

可见，L_{f11}、L_{f12} 随 I_{1r}、I_{2r} 的变化而变化，故将此方法称为可变虚拟电感等效法。

当仅有第 1 路输入源供电时，$I_{2r}=0$，此时 $L_{f11}=L_{f1}$，$L_{f12}=\infty$，L_{f12} 支路相当于断路；当仅有第 2 路输入源供电时，$I_{1r}=0$，此时 $L_{f12}=L_{f1}$，$L_{f11}=\infty$，L_{f11} 支路相当于断路。采用可变虚拟电感等效法将 i_{Lf1} 分解成与两输入源功率对应的电感电流 i_{Lf11}、i_{Lf12}，便于建立单级多输入逆变器的小信号模型。据此可得滤波电感电流 i_{Lf1} 控制框图，如图 4-17 所示。

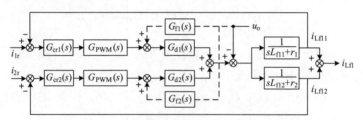

图 4-17　滤波电感电流 i_{Lf1} 控制框图

图 4-17 中，i_{1r}、i_{2r} 为两输入源 MPPT 外环输出信号 I_{1r}、I_{2r} 与正弦信号 $\sin\omega t$ 的乘积；$G_{cr1}(s)$、$G_{cr2}(s)$ 分别为两个电流环的补偿函数；$G_{PWM}(s)$ 为 PWM 比较器的传递函数；$G_{d1}(s)$、$G_{d2}(s)$ 分别为两输入源电压；$G_{f1}(s)$、$G_{f2}(s)$ 分别为输出电压对两个电流环的前馈传递函数；r_1、r_2 分别为虚拟电感 L_{f11}、L_{f12} 的等效串联电阻。

采用状态空间平均法，可得图 4-18 所示的两输入源供电时逆变器的小信号电路模型。

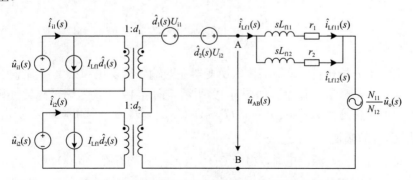

图 4-18　两输入源供电时逆变器的小信号电路模型

根据逆变器小信号电路模型，可得 AB 间电压、两路虚拟电感电流的表达式为

$$
\begin{cases}
\hat{u}_{AB}(s)=\hat{d}_1(s)U_{i1}+\hat{d}_2(s)U_{i2}+d_1\hat{u}_{i1}(s)+d_2\hat{u}_{i2}(s) \\
\hat{i}_{Lf11}(s)=\left(\hat{u}_{AB}(s)-\dfrac{N_{11}}{N_{12}}\hat{u}_o(s)\right)\dfrac{1}{sL_{f11}+r_1} \\
\hat{i}_{Lf12}(s)=\left(\hat{u}_{AB}(s)-\dfrac{N_{11}}{N_{12}}\hat{u}_o(s)\right)\dfrac{1}{sL_{f12}+r_2}
\end{cases}
\tag{4-28}
$$

采用本节所提出的可变虚拟电感等效法，当两输入源供电时，控制变量为两路选择开关的占空比，输出变量为两输入源对应的电感电流，其控制-输出的表达式为

$$
\begin{pmatrix}\hat{i}_{Lf11}(s) \\ \hat{i}_{Lf12}(s)\end{pmatrix}=\begin{pmatrix}G_{11}(s) & G_{12}(s) \\ G_{21}(s) & G_{22}(s)\end{pmatrix}\begin{pmatrix}\hat{d}_1(s) \\ \hat{d}_2(s)\end{pmatrix}
\tag{4-29}
$$

式中，$\hat{d}_1(s)$、$\hat{d}_2(s)$、$\hat{i}_{Lf11}(s)$、$\hat{i}_{Lf12}(s)$ 分别为第 1、2 路输入源选择开关占空比及所对应电感电流的小信号扰动；$G_{11}(s)$、$G_{12}(s)$、$G_{21}(s)$、$G_{22}(s)$ 为控制-输出的传递函数。忽略输入电压 U_{i1}、U_{i2} 及输出电压 u_o 的扰动，控制-输出的传递函数为

$$
G_{11}(s)=\dfrac{\hat{i}_{Lf11}(s)}{\hat{d}_1(s)}\bigg|_{\hat{d}_2(s)=0}=U_{i1}\cdot\dfrac{1}{sL_{f11}+r_1}
\tag{4-30}
$$

$$
G_{12}(s)=\dfrac{\hat{i}_{Lf11}(s)}{\hat{d}_2(s)}\bigg|_{\hat{d}_1(s)=0}=U_{i2}\cdot\dfrac{1}{sL_{f11}+r_1}
\tag{4-31}
$$

$$
G_{21}(s)=\dfrac{\hat{i}_{Lf12}(s)}{\hat{d}_1(s)}\bigg|_{\hat{d}_2(s)=0}=U_{i1}\cdot\dfrac{1}{sL_{f12}+r_2}
\tag{4-32}
$$

$$
G_{22}(s)=\dfrac{\hat{i}_{Lf12}(s)}{\hat{d}_2(s)}\bigg|_{\hat{d}_1(s)=0}=U_{i2}\cdot\dfrac{1}{sL_{f12}+r_2}
\tag{4-33}
$$

由上述上分析可得，单级多输入逆变器在两输入源供电和第 1、2 路输入源单独供电时的小信号数学模型，如图 4-19 所示。图 4-19 中，考虑采样延时和控制延时的逆变桥传递函数 $G_{PWM}(s)=1/[(T_s s+1)\cdot U_{c1m}]$，$T_s$ 为一个高频开关周期，U_{c1m} 为锯齿波 u_{c1} 的幅值。

可见，当两输入源供电时，由于 $G_{12}(s)$、$G_{21}(s)$ 的存在，$\hat{d}_1(s)$ 或 $\hat{d}_2(s)$ 的变化会同时引起输出变量 $\hat{i}_{Lf11}(s)$、$\hat{i}_{Lf12}(s)$ 的变化。因此，单级多输入逆变器是一个强

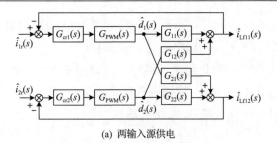

(a) 两输入源供电

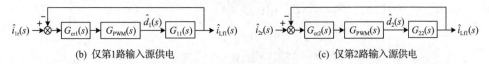

(b) 仅第1路输入源供电　　　　　　　　　　(c) 仅第2路输入源供电

图 4-19　两输入源供电和第 1、2 路输入源单独供电时的小信号数学模型

耦合的多输入-多输出控制系统，其控制环路电流调节器设计复杂；而当仅有第 1
路或第 2 路输入源供电时，逆变器均只存在一个电流环，此时 $L_{fl1}=L_{fl2}=L_{fl}$。在控
制系统中，从误差信号到反馈信号环路的各环节传递函数的乘积称为环路增益函
数，包含了所有闭环极点的信息，故可通过分析环路增益函数的特性把握逆变器
的稳定性和快速性。

由图 4-19(b) 所示的小信号数学模型可推导出，仅有第 1 路输入源供电时的
环路增益为

$$H_{i1}(s)=G_{cr1}(s)\cdot G_{PWM}(s)\cdot G_{d1}(s)\cdot G_{11}(s) \tag{4-34}$$

由图 4-19(c) 所示的小信号数学模型可推导出，仅有第 2 路输入源供电时的环路
增益为

$$H_{i2}(s)=G_{cr2}(s)\cdot G_{PWM}(s)\cdot G_{d2}(s)\cdot G_{22}(s) \tag{4-35}$$

当两输入源供电时，推导第 1 路电流环的环路增益需将除自身输入信号 $\hat{i}_{1r}(s)$ 外的
其他输入信号置 0，即图 4-19(a) 中的第 2 路电流基准 $\hat{i}_{2r}(s)=0$，其等效小信号数
学模型如图 4-20 所示。

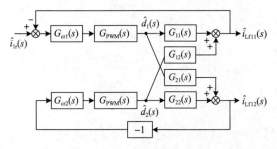

图 4-20　两输入源供电时第 1 路电流环等效小信号数学模型

由于 $i_{Lf1}=i_{Lf11}+i_{Lf12}$，故在计算第 1 路电流基准 $\hat{i}_{1r}(s)$ 到电感电流 $\hat{i}_{Lf1}(s)$ 的环路增益时，应先分别计算出第 1 路电流基准 $\hat{i}_{1r}(s)$ 到两个虚拟电感电流 $\hat{i}_{Lf11}(s)$、$\hat{i}_{Lf12}(s)$ 的环路增益函数，再将两个环路增益函数相加得到两输入源供电时第 1 路电流环的环路增益。由图 4-20 的等效小信号数学模型，可得第 1 路电流基准值 $\hat{i}_{1r}(s)$ 到虚拟电感电流 $\hat{i}_{Lf11}(s)$ 的环路增益函数为

$$H_{i1\_1}(s)=G_{cr1}(s)\cdot G_{PWM}(s)\cdot\left[G_{11}(s)-\frac{G_{21}(s)\cdot G_{cr2}(s)\cdot G_{PWM}(s)\cdot G_{12}(s)}{1+G_{cr2}(s)\cdot G_{PWM}(s)\cdot G_{22}(s)}\right] \quad (4\text{-}36)$$

第 1 路电流基准值 $\hat{i}_{1r}(s)$ 到虚拟电感电流 $\hat{i}_{Lf12}(s)$ 的环路增益函数为

$$H_{i1\_2}(s)=G_{cr1}(s)\cdot G_{PWM}(s)\cdot\left[G_{11}(s)+\frac{G_{cr2}(s)\cdot G_{22}(s)}{G_{cr1}(s)}+\frac{G_{cr2}(s)\cdot G_{12}(s)\cdot G_{21}(s)}{G_{cr1}(s)\cdot G_{11}(s)}\right]$$
$$(4\text{-}37)$$

则第 1 路电流环的环路增益 $H_{i3}(s)$ 为

$$\begin{aligned}
H_{i3}(s) &= H_{i1\_1}(s)+H_{i1\_2}(s)\\
&=G_{cr1}(s)\cdot G_{PWM}(s)\cdot\left[G_{11}(s)-\frac{G_{21}(s)\cdot G_{cr2}(s)\cdot G_{PWM}(s)\cdot G_{12}(s)}{1+G_{cr2}(s)\cdot G_{PWM}(s)\cdot G_{22}(s)}\right]\\
&\quad +G_{cr1}(s)\cdot G_{PWM}(s)\cdot\left[G_{11}(s)+\frac{G_{cr2}(s)\cdot G_{22}(s)}{G_{cr1}(s)}+\frac{G_{cr2}(s)\cdot G_{12}(s)\cdot G_{21}(s)}{G_{cr1}(s)\cdot G_{11}(s)}\right]
\end{aligned}$$
$$(4\text{-}38)$$

当两输入源供电时，推导第 2 路电流环环路增益需将除自身输入信号 $\hat{i}_{2r}(s)$ 外的其他输入信号置 0，即图 4-9(a) 中第 1 路电流基准 $\hat{i}_{1r}(s)=0$。第 2 路电流环的环路增益 $H_{i4}(s)$ 为

$$\begin{aligned}
H_{i4}(s) &= H_{i2\_2}(s)+H_{i2\_1}(s)\\
&=G_{cr2}(s)\cdot G_{PWM}(s)\cdot\left[G_{22}(s)-\frac{G_{12}(s)\cdot G_{cr1}(s)\cdot G_{PWM}(s)\cdot G_{21}(s)}{1+G_{cr1}(s)\cdot G_{PWM}(s)\cdot G_{11}(s)}\right]\\
&\quad +G_{cr2}(s)\cdot G_{PWM}(s)\cdot\left[G_{22}(s)+\frac{G_{cr1}(s)\cdot G_{11}(s)}{G_{cr2}(s)}+\frac{G_{cr1}(s)\cdot G_{21}(s)\cdot G_{12}(s)}{G_{cr2}(s)\cdot G_{22}(s)}\right]
\end{aligned}$$
$$(4\text{-}39)$$

采用 PI 调节器对电流环路进行补偿，其表达式 $G_{crj}(s)=k_{pj}+k_{ij}/s\,(j=1,\ 2)$。当环路相位裕度大于 45° 且截止频率 f_c 满足 $f_s/20<f_c<f_s/5$ 时，系统的稳定性和快速

性满足要求。

单级多输入逆变器的开关频率 f_s=30kHz，取 f_{c1}=3kHz 作为电流环的截止频率。其余参数如下：U_{i1}=288V，U_{i2}=250V，U_{c1m}=2499，L_{f1}=1.0mH，$r=r_1=r_2$=0.01Ω，两输入源提供功率 P_1：P_2≈1.4：1，故 L_{f11}=1.714mH，L_{f12}=2.4mH。

令式(4-34)、式(4-35)中的 $G_{cr1}(s)$=1，$G_{cr2}(s)$=1，可得单级多输入逆变器在补偿前的电流环环路增益。单路输入源供电、补偿前后电流环环路增益的频率特性如图 4-21 所示。由图 4-21(a)可以看出，电流环 1 在补偿后的截止频率为 2.2kHz，在 50Hz 处的幅值为 49.8dB，相位裕度为 57.1°，满足逆变器稳定性和快速性要求；由图 4-21(b)可以看出，电流环 2 在补偿后的截止频率为 2.16kHz，在 50Hz 处的幅值为 48.5dB，相位裕度为 58.3°，满足逆变器稳定性和快速性要

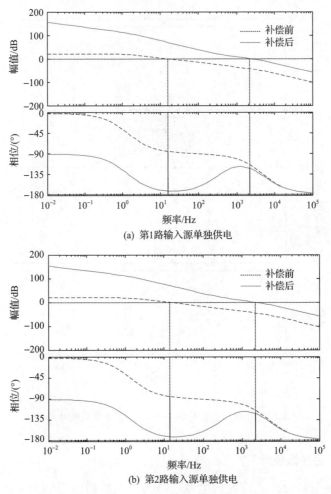

(a) 第1路输入源单独供电

(b) 第2路输入源单独供电

图 4-21 单输入源供电、补偿前后电流环环路增益的频率特性

求。相应的电流调节器参数为 k_{p1}=150，k_{i1}=3×10^5，k_{p2}=170，k_{i2}=×10^5。

　　将以上两个电流调节器的参数分别代入式(4-38)和式(4-39)中，可得图 4-22 所示补偿后两输入源供电、两路电流环环路增益的频率特性。由图 4-22 可以看出，补偿后第 1 路电流环的截止频率为 3.85kHz，50Hz 处幅值为 52.3dB，相位裕度为 49.7°；第 2 路电流环的截止频率为 3.85kHz，50Hz 处幅值为 53.4dB，相位裕度为 50.1°，均满足逆变器稳定性和快速性要求。

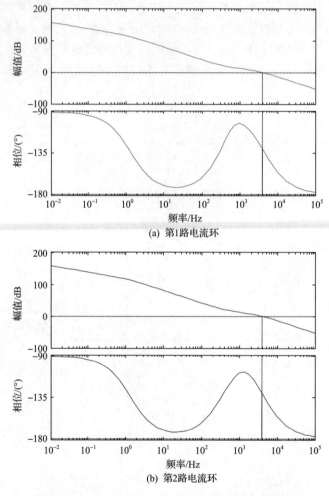

图 4-22　补偿后两路电流环环路增益函数的频率特性

4.5.2　关键电路参数设计

　　输入滤波电容设计。设光伏电池、风力发电机所能提供的最大功率分别为 P_{1max}、P_{2max}，输入滤波电容 C_{i1}、C_{i2} 可滤除输入电流的高频纹波，缓冲输入侧的

二次功率。输入滤波电容的电压脉动

$$\Delta U_{i1} = \frac{1}{C_{i1}} \int_{\frac{3\pi}{4}}^{\frac{5\pi}{4}} \frac{P_{1\max}}{U_{i1}} \cos 2\omega t \mathrm{d}t \tag{4-40}$$

$$\Delta U_{i2} = \frac{1}{C_{i2}} \int_{\frac{3\pi}{4}}^{\frac{5\pi}{4}} \frac{P_{2\max}}{U_{i2}} \cos 2\omega t \mathrm{d}t \tag{4-41}$$

输入滤波电容为

$$C_{i1} = \frac{P_{1\max}}{\omega U_{i1} \Delta U_{i1}} \tag{4-42}$$

$$C_{i2} = \frac{P_{2\max}}{\omega U_{i2} \Delta U_{i2}} \tag{4-43}$$

光伏电池、风力发电机最大功率点跟踪是按照两倍输出频率对应的时间来跟踪其平均功率的，为了尽可能地提高光伏电池、风力发电机的利用率，各输入源输入电压纹波幅值 ΔU_{i1}、ΔU_{i2} 应尽量小，这里取不超过各自输入电压的 4%。充放电变换器输入滤波电容 C_b 两端的电压脉动主要由二倍频纹波电流 i_{DC2} 引起，故 C_b 两端的电压脉动量 ΔU_{C_b} 为

$$\Delta U_{C_b} = 2 \cdot I_{DC2} \cdot \frac{1}{2\omega C_b} \tag{4-44}$$

设充放电变换器的效率为 η，由式(4-23)、式(4-44)可得

$$\Delta U_{C_b} = \frac{U_o I_{Lf2}}{\eta U_b} \cdot \frac{1}{\omega C_b} \tag{4-45}$$

由式(4-45)可得，输入滤波电容 C_b 为

$$C_b = \frac{U_o I_{Lf2}}{\eta \omega U_b \Delta U_{C_b}} \tag{4-46}$$

取电压脉动量 $\Delta U_{C_b} = 10\% U_b$。

输出滤波器设计。两输入源同时以最大功率输出时 i_{Lf1} 最大，在此基础上来设计 L_{f1} 的值。设逆变器开关频率为 f_s，则输出滤波电感 L_{f1} 的工作频率也为 f_s。当输出电压 $u_o = 0.5 U_{i\max} N_2/N_1$ 时，L_{f1} 的高频电流纹波最大，则

$$\Delta i_{\text{Lf1max}} = \frac{U_{\text{imax}}}{4L_{\text{f1}}f_{\text{s}}} \tag{4-47}$$

Δi_{Lf1max} 取滤波电感电流 i_{Lf1} 峰值的 10%，可得输出滤波电感 L_{f1}：

$$L_{\text{f1}} \geqslant \frac{U_{\text{imax}}}{4\Delta i_{\text{Lf1max}}f_{\text{s}}} = \frac{N_{11}U_{\text{imax}}U_{\text{o}}}{4\sqrt{2} \times 10\% N_{12}f_{\text{s}}(P_{1\text{max}} + P_{2\text{max}})} \tag{4-48}$$

单级隔离充放电变换器采用类整流单极性移相 SPWM 控制策略，当开关频率为 f_{s} 时，其输出滤波电感 L_{f2} 的工作频率为 $2f_{\text{s}}$。同理，可得输出滤波电感 L_{f2}：

$$L_{\text{f2}} \geqslant \frac{N_{22}U_{\text{b}}}{8N_{21}\Delta i_{\text{Lf2max}}f_{\text{s}}} = \frac{N_{22}U_{\text{b}}U_{\text{o}}}{8\sqrt{2} \times 10\% N_{21}f_{\text{s}}P_{\text{o}}} \tag{4-49}$$

取 LC 滤波器的谐振频率 $f_{\text{r1}} = f_{\text{s}}/10$，由此可得输出滤波电容 C_{f} 为

$$C_{\text{f}} = \frac{25}{\pi^2 f_{\text{s}}^2 L_{\text{f2}}} \tag{4-50}$$

工频和高频变压器匝比设计。设光伏电池、风力发电机的最小输入电压为 U_{imin}，D_{max} 为逆变器的最大占空比，单级多输入逆变器的工频变压器匝比设计应考虑只有 U_{imin} 作用时仍确保逆变器的正常工作，由式(4-5)可得工频变压器 T_1 匝比：

$$\frac{N_{12}}{N_{11}} = \frac{\sqrt{2}U_{\text{L}}}{U_{\text{imin}}D_{\text{max}}}\left(1 + \frac{r}{R'_{\text{L}}}\right) \tag{4-51}$$

当蓄电池工作在放电状态时，由 4.4.1 节的高频开关过程分析可知，周波变换器开关管换流重叠期间输出滤波电感 L_{f1} 的前端电压 u_{EF} 为 0，致使占空比丢失。因此，高频变压器 T_2 匝比的设计需考虑占空比的丢失问题。设高频变压器原、副边漏感分别为 L_{lk1}、L_{lk2}，t_{co} 为周波变换器开关管换流重叠时间，D_{b} 为变换器占空比，Δi_{N21}、Δi_{N22} 为原、副边绕组电流在一个高频开关周期 T_{s} 内的变化量，则在换流重叠期间有

$$\left(U_{\text{b}} - L_{\text{lk1}}\frac{\Delta i_{\text{N21}}}{t_{\text{co}}}\right) \cdot \frac{N_{22}}{N_{21}} = L_{\text{lk2}}\frac{\Delta i_{\text{N22}}}{t_{\text{co}}} \tag{4-52}$$

$$\Delta i_{\text{N21}} = \Delta i_{\text{N22}}N_{22} / N_{21} \tag{4-53}$$

$$\Delta i_{\text{N22}} = 2\sqrt{2}I_{\text{Lf2}} \tag{4-54}$$

考虑 t_{co} 时的输出电压表达式为

$$U_o = \frac{N_{22}}{N_{21}}\left(D_b - \frac{2t_{co}}{T_s}\right)U_b \left/ \left(1 + \frac{rI_{Lf2}}{U_o}\right)\right. \tag{4-55}$$

由式(4-52)～式(4-55)可得高频变压器 T_2 的匝比为

$$\frac{N_{22}}{N_{21}} = \frac{D_bU_b - \sqrt{\left(D_bU_b\right)^2 - 16\cdot\dfrac{\sqrt{2}L_{lk1}I_{Lf2}}{T_s}\left(\dfrac{4\sqrt{2}L_{lk2}I_{Lf2}}{T_s} + rI_{Lf2} + U_o\right)}}{8\sqrt{2}L_{lk1}I_{Lf2}\left/T_s\right.} \tag{4-56}$$

L_r-C_r 并联谐振电路设计。流过 L_r 的电流为蓄电池的平均电流 I_b 与并联谐振电容电流 i_r 之和，C_b 两端的电压脉动主要由二倍频纹波电流 i_{DC2} 引起，据此来设计 L_r-C_r 并联谐振电路参数。C_r 的端电压为

$$U_{Cr} = \frac{U_oI_o}{\eta U_b}\cdot\frac{1}{2\omega C_b} = 5\%U_b \tag{4-57}$$

则流过 L_r 的电流为

$$I_{Lr} = I_b + U_{Cr}\cdot 2\omega C_r = \frac{U_oI_o}{\eta U_b} + \frac{U_oI_o}{\eta U_b}\frac{2\omega C_r}{2\omega C_b} = \frac{U_oI_o}{\eta U_b}\left(1 + \frac{C_r}{C_b}\right) \tag{4-58}$$

此外，L_r、C_r 还应满足

$$f_{r2} = \frac{1}{2\pi\sqrt{L_rC_r}} = \frac{2\omega}{2\pi} = 100\text{Hz} \tag{4-59}$$

功率开关电压应力。外置并联分时选择开关单级多输入逆变器(分布式发电系统)的功率开关电压应力如表 4-3～表 4-6 所示。表 4-3～表 4-6 中，$U_{imax}=\max(U_{i1}, U_{i2}, \cdots, U_{in})$，$N=1, 2, \cdots, n$，$U_o$ 为输出正弦电压 u_o 的有效值。

表 4-3　外置并联分时选择开关非隔离 Buck 型单级多输入逆变器的功率开关电压应力

电路拓扑		功率开关		
		S_{s1}、S_{s2}、$\cdots$、S_{sn}	S_1、S_2	S_3、S_4
半桥式电路		$\max|U_{iN}-U_{i1}|$、$\max|U_{iN}-U_{i2}|$、$\cdots$、$\max|U_{iN}-U_{in}|$	U_{imax}	—
全桥式电路	双极性 SPWM		U_{imax}	
	单极性 SPWM	$U_{i1}-(U_{i1}+U_{i2}+\cdots+U_{in})/2n$、$U_{i2}-(U_{i1}+U_{i2}+\cdots+U_{in})/2n$、$\cdots$、$U_{in}-(U_{i1}+U_{i2}+\cdots+U_{in})/2n$		

表 4-4　外置并联分时选择开关 Buck 型单级多输入低频环节分布式
发电系统的功率开关电压应力

电路拓扑		功率开关				
		S_{s1}、S_{s2}、…、S_{sn}	S_1、S_2	S_3、S_4	$S_{b1}\sim S_{b4}$	$S_{b5}(S'_{b5})\sim S_{b8}(S'_{b8})$
推挽式		max{$|U_{i1}-U_{i1}|$, …, $|U_{in}-U_{i1}|$}、 max{$|U_{i1}-U_{i2}|$, …, $|U_{in}-U_{i2}|$}、 …、 max{$|U_{i1}-U_{in}|$, …, $|U_{in}-U_{in}|$}	$2U_{imax}$	—	U_b	U_bN_{22}/N_{21}
推挽正激式			$2U_{imax}$	—		
半桥式			U_{imax}	—		
全桥式	双极性 SPWM		U_{imax}	U_{imax}		
	单极性 SPWM	$U_{i1}-(U_{i1}+U_{i2}+\cdots+U_{in})/2n$、 $U_{i2}-(U_{i1}+U_{i2}+\cdots+U_{in})/2n$、 …、 $U_{in}-(U_{i1}+U_{i2}+\cdots+U_{in})/2n$	U_{imax}			

表 4-5　外置并联分时选择开关 Buck 型单级多输入高频环节逆变器的功率开关电压应力

电路拓扑		功率开关			
		S_{s1}、S_{s2}、…、S_{sn}	S_1、S_2	S_3、S_4	S_5、S_6、S_7、S_8 S'_5、S'_6、S'_7、S'_8
推挽式电路		max$|U_{iN}-U_{i1}|$、max$|U_{iN}-U_{i2}|$、…、 max$|U_{iN}-U_{in}|$	$2U_{imax}$	—	$U_{imax}N_2/N_1$
推挽正激式电路			$2U_{imax}$	—	$U_{imax}N_2/N_1$
半桥式电路			U_{imax}	—	$U_{imax}N_2/(2N_1)$
全桥式电路	双极性	$U_{i1}-(U_{i1}+U_{i2}+\cdots+U_{in})/2n$、 $U_{i2}-(U_{i1}+U_{i2}+\cdots+U_{in})/2n$、…、 $U_{in}-(U_{i1}+U_{i2}+\cdots+U_{in})/2n$	U_{imax}		$U_{imax}N_2/N_1$
	单极性				$U_{imax}N_2/N_1$

表 4-6　外置并联分时选择开关隔离 Buck-Boost 型单级多输入逆变器的功率开关电压应力

电路拓扑	功率开关			
	S_{s1}、S_{s2}、…、S_{sn}	S_1、S_2	S'_1、S'_2	S_3、S_4
推挽式电路	max($|U_{iN}-U_{i1}|$、$U_{i1}-\sqrt{2}\,U_oN_1/N_2$)、 max($|U_{iN}-U_{i2}|$、$U_{i2}-\sqrt{2}\,U_oN_1/N_2$)、…、 max($|U_{iN}-U_{in}|$、$U_{in}-\sqrt{2}\,U_oN_1/N_2$)	$2U_{imax}$	—	$\sqrt{2}\,U_o+U_{imax}N_2/N_1$
推挽正激式电路		$2U_{imax}$		$\sqrt{2}\,U_o+U_{imax}N_2/N_1$
半桥式电路		U_{imax}		$\sqrt{2}\,U_o+U_{imax}N_2/(2N_1)$
全桥式电路		U_{imax}		$\sqrt{2}\,U_o+U_{imax}N_2/N_1$

参 考 文 献

[1] Chen D L, Zeng H C. Single-stage multi-input buck type low-frequency link's inverter with an external parallel-timesharing select switch. US 1105D359B2. 2021-06-29.

[2] Chen D L, Zeng H C. A buck type multi-input distributed generation system with parallel-timesharing power supply. IEEE Access, 2020, 8: 79958-79968.

[3] 陈道炼. 外置并联分时选择开关电压型单级多输入高频环节逆变器: 中国, 201810020155.X, 2020.

[4] 陈道炼. 外置并联分时选择开关隔离反激周波型单级多输入逆变器: 中国, 201810020144.1, 2020.

[5] Zeng H C, Chen D L. A single-stage isolated charging/discharging DC-AC converter with second harmonic current suppression in distributed generation systems. 43rd Annual Conference of the IEEE Industrial Electronics Society, Beijing, 2017: 4427-4432.

[6] 曾汉超, 许俊阳, 陈道炼. 带低频纹波抑制的单级充放电高频环节 DC-AC 变换器. 电工技术学报, 2018, 33(8): 1783-1792.

[7] 曾汉超, 陈道炼. 光伏并网逆变器中工频变压器的磁饱和抑制. 电力电子技术, 2018, 52(9): 89-91.

[8] 陈道炼. DC-AC 逆变技术及其应用. 北京: 机械工业出版社, 2003.

第5章 内置并联分时选择开关供电型
单级多输入逆变器

5.1 概　述

与直流变换器型两级、准单级多输入逆变器相比，外置并联分时选择开关供电型单级多输入逆变器减少了功率变换级数、简化了电路结构和降低了成本，但其在传递功率时至少有四个功率开关同时导通，因而变换效率仍不够理想。

为了进一步提高变换效率，有必要将单级多输入逆变器中的外置并联分时选择开关和高频逆变电路开关二者集成一体化，探索和寻求具有更高变换效率的内置并联分时选择开关供电型单级多输入逆变器及其分布式发电系统。

本章提出内置并联分时选择开关 Buck 型、Buck-Boost 型单级多输入逆变器及其分布式发电系统，并对其电路结构与拓扑族、能量管理控制策略、原理特性、主要电路参数设计准则等关键技术进行深入的理论分析与仿真研究，获得重要结论。

5.2 内置并联分时选择开关供电型单级多输入
逆变器电路结构与拓扑族

5.2.1 Buck 型电路结构与拓扑族

文献[1]提出了内置并联分时选择开关非隔离 Buck 型单级多输入逆变器电路结构与拓扑族，如图 5-1 所示。该电路结构由输入滤波器、内置并联分时选择四象限功率开关的多输入单输出高频逆变电路和输出滤波器依序级联构成，该拓扑族包括半桥式、全桥式等 2 个电路。n 路输入源 U_{i1}、U_{i2}、$\cdots$、U_{in} 经多输入单输出高频逆变电路调制成幅值随输入直流电压变化的双极性两态或单极性三态的多电平 SPWM 电压波，再经输出滤波器滤波后获得优质正弦交流电压 u_o 或正弦并网电流 i_o。

文献[2]提出了内置并联分时选择开关 Buck 型单级多输入低频环节逆变器电路结构与拓扑族，如图 5-2 所示。该电路结构由输入滤波器、内置并联分时选择四象限功率开关的多输入单输出高频逆变电路、输出滤波电感 L_f、工频变压器 T、输出滤波电容 C_f 依序级联构成，L_f 包含了工频变压器 T 的漏感；该拓扑族包括推挽式、推挽正激式、半桥式、全桥式等 4 个电路。n 路输入源 U_{i1}、U_{i2}、$\cdots$、U_{in} 经多输入单输出高频逆变电路调制成幅值随输入直流电压变化的双极性两态或单

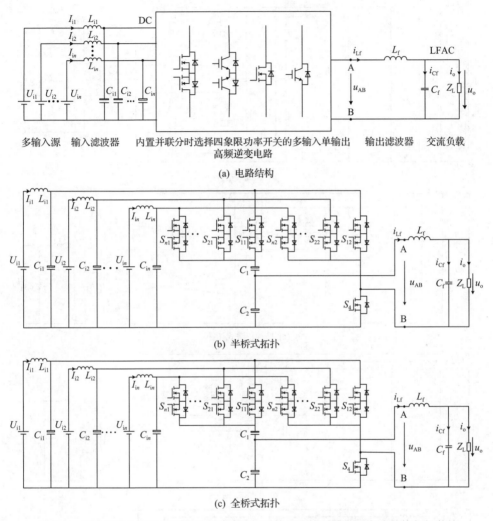

(a) 电路结构

(b) 半桥式拓扑

(c) 全桥式拓扑

图 5-1　内置并联分时选择开关非隔离 Buck 型单级多输入逆变器电路结构与拓扑族

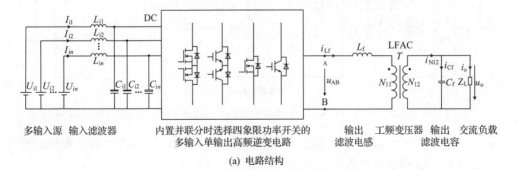

(a) 电路结构

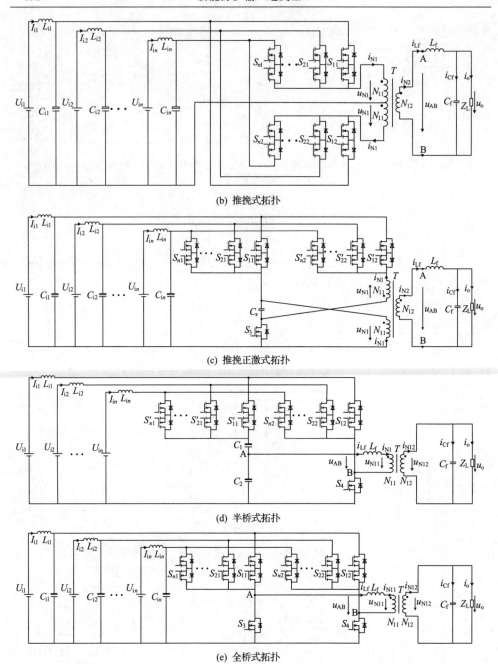

图 5-2　内置并联分时选择开关 Buck 型单级多输入低频环节逆变器电路结构与拓扑族

极性三态的多电平 SPWM 电压波，再经输出滤波电感 L_f、工频变压器 T 和输出滤波电容 C_f 后获得优质的正弦交流电压 u_o 或正弦并网电流 i_o。

文献[3]提出了内置并联分时选择开关 Buck 型单级多输入高频环节逆变器电

路结构与拓扑族，如图 5-3 所示。该电路结构由输入滤波器、内置并联分时选择四象限功率开关的多输入单输出高频逆变电路、高频变压器 T、周波变换器、输出滤波器依序级联构成，该拓扑族包括推挽式、推挽正激式、半桥式、全桥式等 4 个电路。n 路输入源 U_{i1}、U_{i2}、…、U_{in} 经多输入单输出高频逆变电路调制成幅值取决于输入直流电压的双极性两态多电平高频电压方波或双极性三态多电平 SPWM 电压波 $u_{AB}(u_{A'B'})$，经高频变压器 T 隔离变压和周波变换器解调成双极性两态或单极性三态多电平 SPWM 电压波 u_{CD}，再经输出滤波器滤波后获得优质的正弦交流电压 u_o 或正弦并网电流 i_o。

需要说明的是，图 5-1(b)、图 5-2(c)、图 5-2(d)、图 5-3(c)、图 5-3(d) 所示半桥式、推挽正激式电路，由于多输入源在一个高频开关周期内分时作用在桥臂电容 C_1、C_2 或钳位电容 C_s 上，故要求各输入源的电压应近似相等，其实用性受到很大限制。

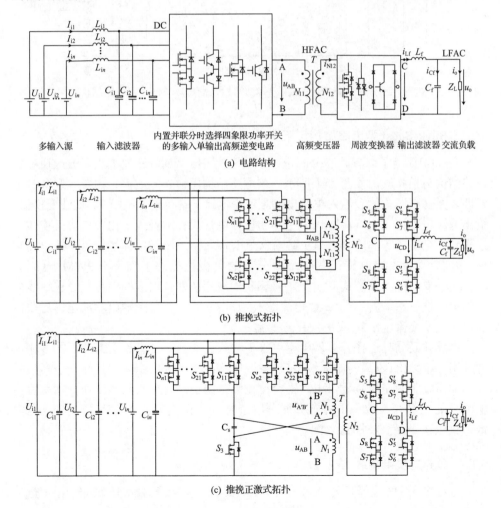

(a) 电路结构

(b) 推挽式拓扑

(c) 推挽正激式拓扑

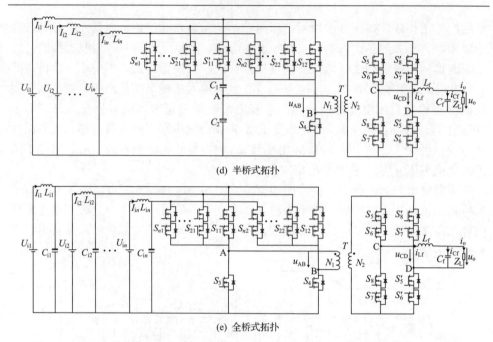

(d) 半桥式拓扑

(e) 全桥式拓扑

图 5-3　内置并联分时选择开关 Buck 型单级多输入高频环节逆变器电路结构与拓扑族

5.2.2　Buck-Boost 型电路结构与拓扑族

文献[4]提出了内置并联分时选择开关隔离 Buck-Boost 型单级多输入逆变器电路结构与拓扑族，如图 5-4 所示。该电路结构由输入滤波器、内置并联分时选择四象限功率开关的多输入单输出高频逆变电路、储能式变压器 T、周波变换器、输出滤波电容依序级联构成，该拓扑族包括单管式、推挽式、钳位电容推挽式、半桥式、全桥式等 5 个电路。n 路输入源 U_{i1}、U_{i2}、$\cdots$、U_{in} 经多输入单输出高频逆变电路调制成幅值按正弦包络线分布的单极性三态多斜率 SPWM 电流波 $i_{N11}(i_{N11+}+i_{N11-})$，经储能式变压器 T 隔离和周波变换器解调成幅值按正弦包络线分布的单极性三态单斜率 SPWM 电流波 $i_{N12}(i_{N12+}+i_{N12-})$，再经输出滤波电容后获得优质的正弦交流电压 u_o 或正弦并网电流 i_o。

内置并联分时选择开关供电型单级多输入逆变器，具有如下特点：①多输入源共用一个输出(隔离变压周波变换)滤波电路；②多输入源共地且在一个高频开关周期内分时向交流负载供电，占空比调节范围小；③单级功率变换，功率流传输流经的功率开关数少于外置并联分时选择开关供电型；④功率开关电压应力低，仅取决于最高一路输入源电压。

5.2.3　分布式发电系统构成

内置并联分时选择开关 Buck 型、Buck-Boost 型单级多输入分布式发电系统[1-4]

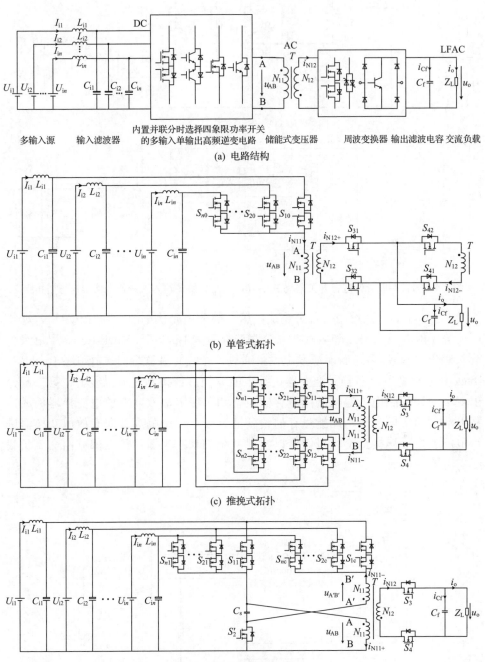

多输入源　　　输入滤波器　　　　内置并联分时选择四象限功率开关　　　　储能式变压器　　　　周波变换器 输出滤波电容 交流负载

的多输入单输出高频逆变电路

(a) 电路结构

(b) 单管式拓扑

(c) 推挽式拓扑

(d) 钳位电容推挽式拓扑

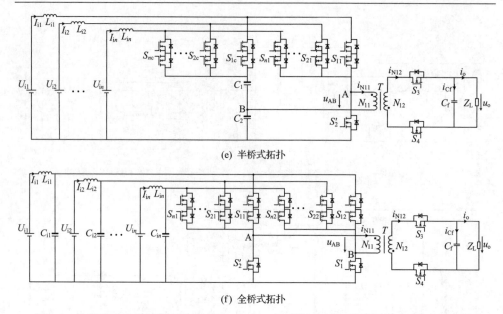

(e) 半桥式拓扑

(f) 全桥式拓扑

图 5-4　内置并联分时选择开关隔离 Buck-Boost 型单级多输入逆变器电路结构与拓扑族

如图 5-5 所示。该系统由三部分构成：第一部分由光伏电池、风力发电机、燃料电池等新能源发电设备和内置并联分时选择开关 Buck 型、Buck-Boost 型单级多输入逆变器构成，多路新能源发电设备通过一个内置并联分时选择开关 Buck 型、Buck-Boost 型单级多输入逆变器进行电能变换后连接到交流母线上；第二部分由蓄电池、超级电容等辅助能量存储设备和单级隔离双向充放电变换器构成，蓄电池、超级电容等辅助能量存储设备通过一个单级隔离双向充放电变换器进行电能变换后连接到交流母线上以实现系统的功率平衡；第三部分由交流负载或交流电网构成。

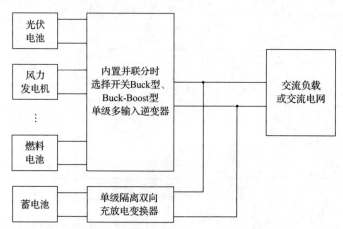

图 5-5　内置并联分时选择开关 Buck 型、Buck-Boost 型单级多输入分布式发电系统

多输入源工作在最大功率输出方式，根据负载功率与多输入源最大功率之和的相对大小实时控制储能元件单级隔离双向充放电变换器的功率流大小和方向，实现系统输出电压稳定和储能设备充放电的平滑无缝切换。

5.3　内置并联分时选择开关供电型单级多输入逆变器能量管理控制策略

5.3.1　两种能量管理模式

按照多输入源功率分配方式的不同，内置并联分时选择开关 Buck 型单级多输入逆变器及其分布式发电系统的能量管理模式分为主从功率分配和最大功率输出。

本章以图 5-2(e) 所示全桥式 Buck 型低频环节拓扑、光伏电池和风力发电机两输入源并网发电为例，论述这类多输入逆变器的能量管理控制策略、原理特性和关键电路参数设计准则。

5.3.2　最大功率输出能量管理 SPWM 控制策略

内置并联分时选择开关 Buck 型单级多输入并网逆变器的最大功率输出能量管理 SPWM 控制策略如图 5-6 所示[5]。

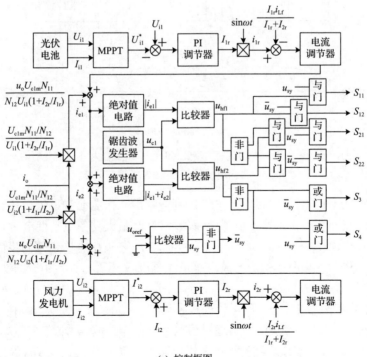

(a) 控制框图

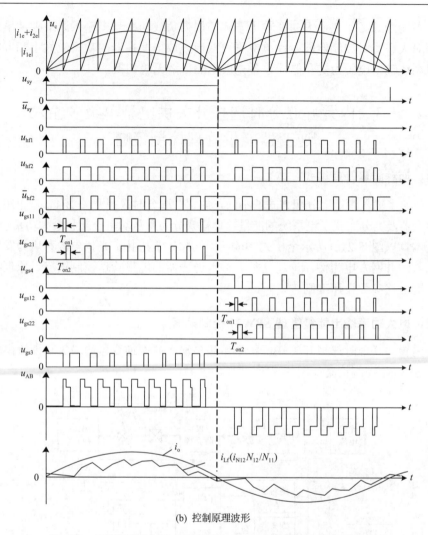

(b) 控制原理波形

图 5-6　内置并联分时选择开关 Buck 型单级多输入并网逆变器的
最大功率输出能量管理 SPWM 控制策略

　　该最大功率输出能量管理 SPWM 控制策略由光伏电池 MPPT 电压、风力发电机 MPPT 电流外环和输出滤波电感电流内环构成。最大功率点基准电压 U_{i1}^* 与 U_{i1}、最大功率点电流 I_{i2}^* 与 I_{i2} 的误差放大信号 I_{1r}、I_{2r} 与输出电压正弦同步信号 $\sin\omega t$ 的乘积分别作为各自所提供的滤波电感电流基准信号 i_{1r}、i_{2r}，相应的滤波电感电流反馈信号分别为 $I_{1r}i_{Lf}/(I_{1r}+I_{2r})$、$I_{2r}i_{Lf}/(I_{1r}+I_{2r})$；$i_{1r}$ 与 $I_{1r}i_{Lf}/(I_{1r}+I_{2r})$、$i_{2r}$ 与 $I_{2r}i_{Lf}/(I_{1r}+I_{2r})$ 的误差放大信号与并网电流前馈量 $i_oU_{c1m}N_{11}/[N_{12}U_{i1}(1+I_{2r}/I_{1r})]$、$i_oU_{c1m}N_{11}/[N_{12}U_{i2}(1+I_{1r}/I_{2r})]$ 之和经加法器与绝对值电路后得到载波信号 $|i_{e1}|$、$|i_{e1}+i_{e2}|$，两者分别与锯齿波 u_{c1} 比较并经适当的组合逻辑电路得到功率开关 S_{11}、S_{21}、S_{12}、S_{22}、S_3、

S_4 的控制信号。具体的实施过程如下：载波信号 $|i_{e1}|$ 与锯齿波 u_{c1} 交截生成的脉冲 u_{hf1} 与极性选通信号 u_{sy} 及其反相信号经与门得到功率开关 S_{11}、S_{12} 的驱动信号；u_{hf1} 取反后和 $|i_{e1}+i_{e2}|$ 与锯齿波 u_{c1} 交截生成的脉冲 u_{hf2} 经与门电路后再与极性选通信号 u_{sy} 及其反相信号经与门得到功率开关 S_{21}、S_{22} 的驱动信号；u_{hf2} 取反后与极性选通信号 u_{sy} 及其反相信号经或门电路得到功率开关 S_3、S_4 的驱动信号。可见，在一个 T_s 内，选择开关 S_{11}、S_{21}、S_{12}、S_{22} 分时导通，两输入源分时供电，实际电路中，为防止两输入源发生短路需要设置适当的死区时间。

可见，与传统的最大功率输出能量管理 SPWM 控制策略相比，本节所提出的最大功率输出能量管理 SPWM 控制策略通过对滤波电感电流 i_{Lf} 的分解，实现了 i_{Lf} 的直接控制，确保其波形质量和各输入源的最大功率输出。

5.4　内置并联分时选择开关供电型单级多输入逆变器原理特性

5.4.1　高频开关过程分析

以光伏电池和风力发电机两输入全桥式电路拓扑、单极性 SPWM 控制、$u_o >0$ 为例，分析单级多输入逆变器的高频开关过程。实际中为了防止两输入源短路，S_{s1}、S_{s2} 须设有死区。电流调节器引起的滞后，使得 i_{Lf} 和 u_o 存在很小的相位差，故存在 $u_o i_{Lf} >0$ 和 $u_o i_{Lf} <0$ 两种情形[5]。

当 $u_o >0$、$i_{Lf} >0$ 时，逆变器正向传递能量，在一个高频开关周期 T_s 内（$t_0 \sim t_6$）存在 6 个工作区间，如图 5-7 所示。d_1、d_2 分别为第 1、2 路输入源的占空比，d 为两路占空比之和（$d=d_1+d_2$），t_{d1}、t_{d2} 分别为选择开关 S_{11} 和 S_{21}、S_{21} 和 S_3 的死区时间，L_{f1} 为含 T_1 漏感的滤波电感。$t_0 \sim t_1$ 区间，t_0 时刻，S_{11} 开通，S_4 导通，第一路输入源通过 U_{i1}-S_{11}-L_{f1}-N_{11}-S_4 回路流通，滤波电感前端电压 $u_{AB}=U_{i1}$，滤波电感电流 i_{Lf} 以 $(U_{i1}-U_o N_{11}/N_{12})/L_f$ 的斜率上升；$t_1 \sim t_2$ 区间，t_1 时刻 S_{11} 关断，i_{Lf} 迅速对 S_{11} 的结电容 C_{S11_1} 进行充电，C_{S3} 放电，S_{11} 两端电压降 $u_{S11}=U_{i1}-u_{S3}$；$t_2 \sim t_3$ 区间，t_2 时刻 S_{21} 开通，第 2 路输入源通过 U_{i2}-S_{21}-L_{f1}-N_{11}-S_4 回路流通，并对 C_{S3} 充电，$u_{AB}=U_{i2}$，i_{Lf} 以 $(U_{i2}-U_o N_{11}/N_{12})/L_f$ 的斜率增大；$t_3 \sim t_4$ 区间，t_3 时刻 S_{21} 关断，i_{Lf} 迅速对结电容 C_{S21_1} 充电，C_{S3} 放电，C_{S3} 放电到电压为零时，D_{S3} 导通，$u_{AB}=0$，i_{Lf} 经 L_f、N_{11}、S_4、D_{S3} 续流并以 $U_o N_{11}/N_{12}/L_f$ 的斜率减小；$t_4 \sim t_5$ 区间，t_4 时刻 S_3 零电压开通，i_{Lf} 通过 L_f-N_{11}-S_4-S_3(D_{s3}) 回路续流；$t_5 \sim t_6$ 区间，t_5 时刻 S_3 关断，i_{Lf} 经 L_f-N_{11}-S_4-D_{S3} 续流并以 $(U_o N_{11}/N_{12})/L_f$ 斜率下降，t_6 时刻 S_{11} 再次开通，一个高频开关周期结束，逆变器转入下一个开关周期运行。可见，逆变器正向传递能量（$u_o i_{Lf} >0$）时，$t_0 \sim t_1$、$t_2 \sim t_3$ 区间内两输入源分时供电，$t_1 \sim t_2$、$t_3 \sim t_4 \sim t_5 \sim t_6$ 区间内 i_{Lf}

通过 D_{S3} 或 S_3 续流，各功率开关电压应力不超过 U_{i1}。

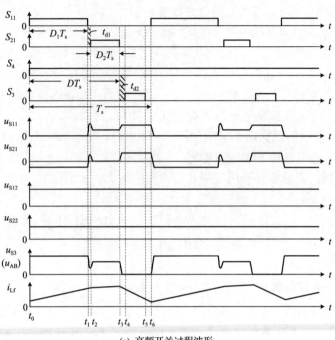

(a) 高频开关过程波形

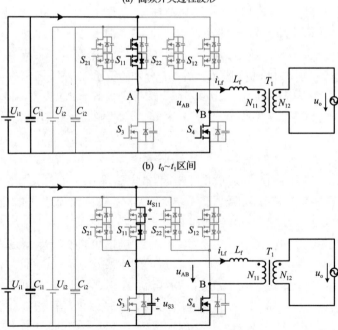

(b) $t_0 \sim t_1$ 区间

(c) $t_1 \sim t_2$ 区间

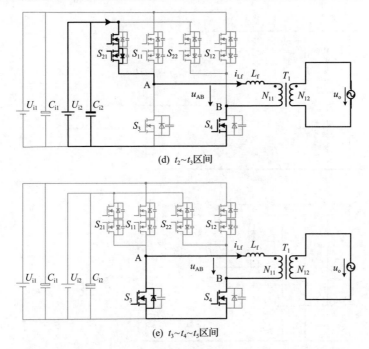

(d) $t_2 \sim t_3$ 区间

(e) $t_3 \sim t_4 \sim t_5$ 区间

图 5-7　$u_o > 0$，$i_{Lf} > 0$ 时逆变器的高频开关过程和区间等效电路

当 $u_o > 0$，$i_{Lf} < 0$ 时，逆变器反向回馈能量，在一个高频开关周期 T_s 内（$t_0 \sim t_6$）存在 6 个工作区间，如图 5-8 所示。$t_0 \sim t_1$ 区间，S_{11}、S_4 导通，交流负载经 S_{11}、S_4、N_{11} 向第 1 路输入源 U_{i1} 回馈能量，$u_{AB} = U_{i1}$，滤波电感电流 i_{Lf} 以（$U_{i1} - U_o N_{11}/N_{12}$）/$L_f$ 的斜率减小；$t_1 \sim t_2$ 区间，t_1 时刻 S_{11} 关断，i_{Lf} 的回馈路径被切断，i_{Lf}

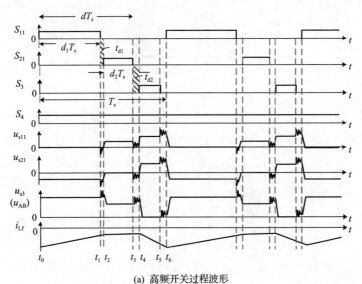

(a) 高频开关过程波形

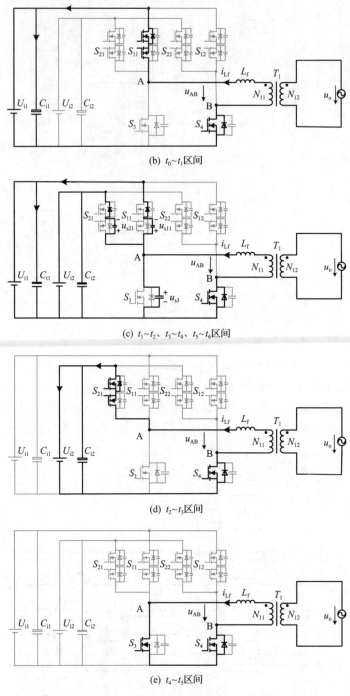

(b) $t_0 \sim t_1$区间

(c) $t_1 \sim t_2$、$t_3 \sim t_4$、$t_5 \sim t_6$区间

(d) $t_2 \sim t_3$区间

(e) $t_4 \sim t_5$区间

图 5-8　$u_o > 0$，$i_{Lf} < 0$ 时逆变器的高频开关过程和区间等效电路

迅速对 S_{11}、S_{21}、S_3 的结电容充电，S_{11} 上存在关断电压尖峰；$t_2 \sim t_3$ 区间，t_2 时刻 S_{21} 开通，交流负载经 S_{21}、$S_4(D_{S4})$、N_{11} 向第 2 路输入源 U_{i2} 回馈能量，$u_{AB}=U_{i2}$，i_{Lf} 以 $(U_{i2}-U_0N_{11}/N_{12})/L_f$ 的斜率减小；$t_3 \sim t_4$ 区间，t_3 时刻 S_{21} 关断，i_{Lf} 的回馈路径被切断，该区间工况和等效电路与 $t_1 \sim t_2$ 区间类似；$t_4 \sim t_5$ 区间，t_4 时刻 S_3 全电压开通，C_{S3} 放电，i_{Lf} 经 S_3、$S_4(D_{S4})$、N_{11} 流通并以 $U_0N_{11}/N_{12}/L_f$ 的斜率增大；$t_5 \sim t_6$ 区间，t_5 时刻 S_3 关断，i_{Lf} 的流通路径被切断，该区间的工况与等效电路与 $t_3 \sim t_4$ 区间相同；t_6 时刻 S_{11} 开通，逆变器进入下一个开关周期工作。可见，在逆变器反向馈能($u_0 i_{Lf}<0$)时，死区时间内 i_{Lf} 没有通路会造成功率器件电压尖峰，这也是电流调节器引起滞后不能忽略的原因。

按同样分析方法可得逆变器在 $u_0<0$，$i_{Lf}>0$ 和 $u_0<0$，$i_{Lf}<0$ 时的高频开关过程，多路占空比及其外特性与外置并联分时选择开关供电型单级多输入逆变器相同，这里不再赘述。

5.4.2　选择开关关断电压尖峰抑制

由 5.4.1 节高频开关过程分析可知，当 $u_0 i_{Lf}<0$ 时，即能量回馈期间，在选择开关之间和逆变桥臂开关间的死区时间 t_{d1}、t_{d2} 内输入源与高频逆变桥的连接断开，i_{Lf} 无回馈通路，导致选择开关存在关断电压尖峰，如图 5-8(a) 所示。本节提出一种选择开关关断电压尖峰的抑制方法，通过调整选择开关的控制信号使 i_{Lf} 在任意时刻都存在流通路径，从而消除了其关断电压尖峰，如图 5-9 所示。前述控制策

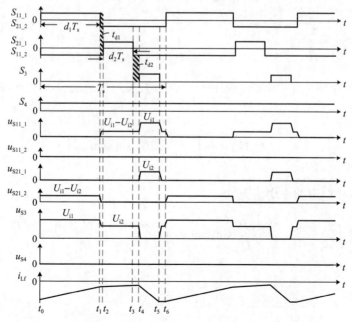

图 5-9　采用选择开关关断电压尖峰抑制方法时的高频开关过程

略是两个选择开关的驱动信号相同，现将 S_{11_2}、S_{21_2} 的驱动信号由分别与 S_{11_1}、S_{21_1} 相同调整为分别与 S_{21_1}、S_{11_1} 互为反向，S_{21_1}、S_{11_1} 存在死区，故 S_{11_2}、S_{21_2} 存在重叠区，确保 i_{Lf} 在能量回馈期间仍然存在回馈通路。

由图 5-9 可知，在 $t_1 \sim t_2$、$t_3 \sim t_4$、$t_5 \sim t_6$ 区间，滤波电感 L_f 向第 2 路输入源 U_{i2} 回馈能量(假设 $U_{i1} > U_{i2}$)，i_{Lf} 以 $(U_{i2} - U_o N_{11}/N_{12})/L_f$ 的斜率减小；S_{11_2}、S_{21_2} 的重叠区为 i_{Lf} 提供了回馈通路，消除了选择开关的关断电压尖峰。

5.5　内置并联分时选择开关供电型单级多输入逆变器关键电路参数设计

5.5.1　输出滤波电感和变压器绕组电流

多输入逆变器输出滤波电感电流 i_{Lf} 在连续模式下的波形，如图 5-10 所示。其中 I_{Lf0} 代表滤波电感电流在一个高频开关周期的初值，I_{Lfavg} 为滤波电感电流平均值。

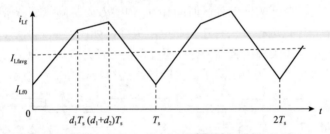

图 5-10　多输入逆变器输出滤波电感电流 i_{Lf} 在连续模式下的波形

设 U_o 为电网电压有效值，则在一个高频开关周期区间 $(k-1)T_s \sim kT_s$ 的电网电压平均值为

$$U_o(k) = \frac{1}{T_s} \int_{(k-1)T_s}^{kT_s} \sqrt{2} U_o \sin \omega t \mathrm{d}t \tag{5-1}$$

滤波电感电流的平均值为

$$I_{Lf}(k) = \frac{1}{T_s} \int_{(k-1)T_s}^{kT_s} \sqrt{2} \cdot \frac{N_{12}}{N_{11}} \cdot \frac{P_o}{U_o} \sin \omega t \mathrm{d}t = \frac{1}{T_s} \int_{(k-1)T_s}^{kT_s} \sqrt{2} \cdot \frac{N_{12}}{N_{11}} \cdot \frac{P_{1\max} + P_{2\max}}{U_o} \sin \omega t \mathrm{d}t \tag{5-2}$$

由图 5-10 可知，滤波电感电流平均值还可以表示为

$$I_{Lfavg}(k) = \frac{1}{T_s} \int_{(k-1)T_s}^{kT_s} i_{Lf}(k) dt$$

$$= I_{Lf0}(k) + \frac{1}{2}\left[\Delta i_{11}(k) + \Delta i_{12}(k)\right] + \frac{1}{2}\left[d_2(k)\Delta i_{11}(k) - d_1(k)\Delta i_{12}(k)\right] \tag{5-3}$$

式中

$$\Delta i_{11}(k) = \frac{U_{i1} - U_o(k)N_{11}/N_{12}}{L_f} d_1(k)T_s \tag{5-4}$$

$$\Delta i_{12}(k) = \frac{U_{i2} - U_o(k)N_{11}/N_{12}}{L_f} d_2(k)T_s \tag{5-5}$$

由式(5-3)～式(5-5)可得

$$I_{Lfavg}(k) = I_{Lf0}(k) + \frac{1}{2}\left[\Delta i_{11}(k) + \Delta i_{12}(k)\right] + \frac{U_{i1} - U_{i2}}{2L_f f_s} d_1(k)d_2(k) \tag{5-6}$$

电感电流在高频开关周期初始时刻$(k-1)T_s$的值为

$$I_{Lf0}(k) = I_{Lfavg}(k) - \left\{\frac{1}{2}\left[\Delta i_{11}(k) + \Delta i_{12}(k)\right] + \frac{U_{i1} - U_{i2}}{2L_f f_s} d_1(k)d_2(k)\right\} \tag{5-7}$$

由多输入源占空比表达式可得，两路输入源在第 k 个高频开关周期内的平均占空比分别为

$$d_1(k) = \frac{U_o(k)N_{11}/N_{12}}{(1 + K_1 K_2)U_{i1}} \tag{5-8}$$

$$d_2(k) = K_2 d_1(k) = \frac{K_1 K_2 U_o(k)N_{11}/N_{12}}{(1 + K_1 K_2)U_{i2}} \tag{5-9}$$

输出滤波电感电流 i_{Lf} 在一个开关周期 T_s 内的瞬时值为

$$i_{Lf}(t) = \begin{cases} I_{Lf0}(k) + \dfrac{U_{i1} - U_o(k)N_{11}/N_{12}}{L_f}\left[t - (k-1)T_s\right], (k-1)T_s \leqslant t \leqslant (k-1)T_s + d_1(k)T_s \\[3mm] I_{Lf0}(k) + \Delta i_{11}(k) + \dfrac{U_{i2} - U_o(k)N_{11}/N_{12}}{L_f}\left[t - (k-1)T_s - d_1(k)T_s\right], \\[2mm] (k-1)T_s + d_1(k)T_s < t \leqslant (k-1)T_s + \left[d_1(k) + d_2(k)\right]T_s \\[3mm] I_{Lf0}(k) + \Delta i_{11}(k) + \Delta i_{12}(k) - \dfrac{U_o(k)N_{11}/N_{12}}{L_f}\left[t - (k-1)T_s - d_1(k)T_s - d_2(k)T_s\right], \\[2mm] (k-1)T_s + \left[d_1(k) + d_2(k)\right]T_s < t \leqslant kT_s \end{cases}$$

$$\tag{5-10}$$

i_{Lf} 的有效值为

$$I_{\mathrm{Lf}} = \sqrt{\frac{1}{T_{\mathrm{o}}/2} \sum_{k=1}^{n} \left[\int_{(k-1)T_s}^{(k-1)T_s + d_1(k)T_s} i_{\mathrm{Lf}}^2(t)\mathrm{d}t + \int_{(k-1)T_s + d_1(k)T_s}^{(k-1)T_s + [d_1(k)+d_2(k)]T_s} i_{\mathrm{Lf}}^2(t)\mathrm{d}t + \int_{(k-1)T_s + [d_1(k)+d_2(k)]T_s}^{kT_s} i_{\mathrm{Lf}}^2(t)\mathrm{d}t \right]}$$

$$(5\text{-}11)$$

式中，T_{o} 为一个工频周期，$n=T_{\mathrm{o}}/2T_s$ 为 1/2 个工频周期里的高频开关周期个数。输出工频变压器一次绕组电流 $I_{\mathrm{N11}}=I_{\mathrm{Lf}}$，二次绕组电流 $I_{\mathrm{N12}}=I_{\mathrm{Lf}}N_{11}/N_{12}$。

5.5.2　功率开关电压和电流应力

内置并联分时选择开关供电型单级多输入逆变器的功率开关电压应力，如表 5-1～表 5-4 所示。表中，$U_{\mathrm{imax}}=\max(U_{\mathrm{i1}},\ U_{\mathrm{i2}},\cdots,\ U_{\mathrm{in}})$，$N=1,2,\cdots,n$，$U_{\mathrm{o}}$ 为输出正弦电压 u_{o} 的有效值。

选择开关 S_{11}、S_{12} 在一个高频开关周期内的电流瞬时值为

$$i_{S11}(t) = i_{S12}(t) = \begin{cases} i_{\mathrm{Lf1}}(t), & (k-1)T_s \leqslant t \leqslant (k-1)T_s + d_1(k)T_s \\ 0, & (k-1)T_s + d_1T_s < t \leqslant (k-1)T_s + (d_1+d_2)T_s \\ 0, & (k-1)T_s + [d_1(k)+d_2(k)]T_s < t \leqslant kT_s \end{cases} \quad (5\text{-}12)$$

选择开关 S_{11}、S_{12} 在一个高频开关周期内的电流的有效值为

$$I_{S11} = I_{S12} = \sqrt{\frac{1}{T_s} \int_{(k-1)T_s}^{(k-1)T_s + d_1(k)T_s} i_{S11}^2(t)\mathrm{d}t} \quad (5\text{-}13)$$

表 5-1　内置并联分时选择开关非隔离 Buck 型单级多输入逆变器的功率开关电压应力

电路拓扑	功率开关		
	S_{11}、S_{21}、$\cdots$、S_{n1} S_{11}'、S_{21}'、$\cdots$、S_{n1}'	S_{12}'、S_{22}'、$\cdots$、S_{n2}' S_{12}、S_{22}、$\cdots$、S_{n2}	S_3、S_4
半桥式电路	$\max\lvert U_{\mathrm{iN}}-U_{\mathrm{i1}}\rvert$、$\max\lvert U_{\mathrm{iN}}-U_{\mathrm{i2}}\rvert$、$\cdots$、$\max\lvert U_{\mathrm{iN}}-U_{\mathrm{in}}\rvert$	U_{i1}、U_{i2}、$\cdots$、U_{in}	U_{imax}
全桥式电路	U_{i1}、U_{i2}、$\cdots$、U_{in}		U_{imax}

表 5-2　内置并联分时选择开关 Buck 型单级多输入低频环节逆变器的功率开关电压应力

电路拓扑	功率开关		
	S_{11}、S_{21}、$\cdots$、S_{n1} S_{11}'、S_{21}'、$\cdots$、S_{n1}'	S_{12}'、S_{22}'、$\cdots$、S_{n2}' S_{12}、S_{22}、$\cdots$、S_{n2}	S_3、S_4
推挽式电路	$U_{\mathrm{i1}}+U_{\mathrm{imax}}$，$U_{\mathrm{i2}}+U_{\mathrm{imax}}$，$\cdots$，$U_{\mathrm{in}}+U_{\mathrm{imax}}$		
推挽正激式电路	$U_{\mathrm{i1}}+U_{\mathrm{imax}}$、$U_{\mathrm{i2}}+U_{\mathrm{imax}}$、$\cdots$、$U_{\mathrm{in}}+U_{\mathrm{imax}}$	$\max\lvert U_{\mathrm{iN}}-U_{\mathrm{i1}}\rvert$、$\max\lvert U_{\mathrm{iN}}-U_{\mathrm{i2}}\rvert$、$\cdots$、$\max\lvert U_{\mathrm{iN}}-U_{\mathrm{in}}\rvert$	$2U_{\mathrm{imax}}$
半桥式电路	$\max\lvert U_{\mathrm{iN}}-U_{\mathrm{i1}}\rvert$、$\max\lvert U_{\mathrm{iN}}-U_{\mathrm{i2}}\rvert$、$\cdots$、 $\max\lvert U_{\mathrm{iN}}-U_{\mathrm{in}}\rvert$	U_{i1}、U_{i2}、$\cdots$、U_{in}	U_{imax}
全桥式电路	U_{i1}、U_{i2}、$\cdots$、U_{in}		U_{imax}

表 5-3　内置并联分时选择开关 Buck 型单级多输入高频环节分布式发电系统的功率开关电压应力

电路拓扑		功率开关			
		S_{11}、S_{21}、$\cdots$、S_{n1} S_{11}'、S_{21}'、$\cdots$、S_{n1}'	S_{12}、S_{22}、$\cdots$、S_{n2} S_{12}'、S_{22}'、$\cdots$、S_{n2}'	S_3、S_4	S_5、S_6、S_7、S_8 S_5'、S_6'、S_7'、S_8'
推挽式电路	全波式	$U_{i1}+U_{imax}$、$U_{i2}+U_{imax}$、$\cdots$、$U_{in}+U_{imax}$			$2U_{imax}N_2/N_1$
	桥式				$U_{imax}N_2/N_1$
推挽正激式电路	全波式	$U_{i1}+U_{imax}$、$U_{i2}+U_{imax}$、$\cdots$、$U_{in}+U_{imax}$	$\max|U_{iN}-U_{i1}|$、$\max|U_{iN}-U_{i2}|$、$\cdots$、$\max|U_{iN}-U_{in}|$	$2U_{imax}$	$2U_{imax}N_2/N_1$
	桥式				$U_{imax}N_2/N_1$
半桥式电路	全波式	$\max|U_{iN}-U_{i1}|$、$\max|U_{iN}-U_{i2}|$、$\cdots$、$\max|U_{iN}-U_{in}|$	U_{i1}、U_{i2}、$\cdots$、U_{in}	U_{imax}	$U_{imax}N_2/N_1$
	桥式				$U_{imax}N_2/(2N_1)$
全桥式电路	全波式	U_{i1}、U_{i2}、$\cdots$、U_{in}		U_{imax}	$2U_{imax}N_2/N_1$
	桥式				$U_{imax}N_2/N_1$

表 5-4　内置并联分时选择开关隔离 Buck-Boost 型单级多输入逆变器的功率开关电压应力

电路拓扑	功率开关			
	S_{11}、S_{21}、$\cdots$、S_{n1} S_{12}、S_{22}、$\cdots$、S_{n2}	S_{1c}、S_{2c}、$\cdots$、S_{nc}	S_1'、S_2'	S_3、S_4
推挽式电路	$U_{i1}+U_{imax}$、$U_{i2}+U_{imax}$、$\cdots$、$U_{in}+U_{imax}$		—	$\sqrt{2}U_o+U_{imax}N_2/N_1$
推挽正激式电路	$U_{i1}+U_{imax}$、$U_{i2}+U_{imax}$、$\cdots$、$U_{in}+U_{imax}$	$\max|U_{iN}-U_{i1}|$、$\max|U_{iN}-U_{i2}|$、$\cdots$、$\max|U_{iN}-U_{in}|$	$2U_{imax}$	$\sqrt{2}U_o+U_{imax}N_2/N_1$
半桥式电路	U_{i1}、U_{i2}、$\cdots$、U_{in}		U_{imax}	$\sqrt{2}U_o+U_{imax}N_2/(2N_1)$
全桥式电路	U_{i1}、U_{i2}、$\cdots$、U_{in}		U_{imax}	$\sqrt{2}U_o+U_{imax}N_2/N_1$

同理，功率开关 S_{21}、S_{22} 在一个高频开关周期内的电流瞬时值为

$$i_{S21}(t)=i_{S22}(t)=\begin{cases}0, & (k-1)T_s\leqslant t\leqslant(k-1)T_s+d_1(k)T_s\\ i_{Lf}(t), & (k-1)T_s+d_1T_s<t\leqslant(k-1)T_s+(d_1+d_2)T_s\\ 0, & (k-1)T_s+[d_1(k)+d_2(k)]T_s<t\leqslant kT_s\end{cases} \quad (5\text{-}14)$$

功率开关 S_{21}、S_{22} 在一个高频开关周期内的电流有效值为

$$I_{S21}=I_{S22}=\sqrt{\frac{1}{T_s}\int_{(k-1)T_s+d_1(k)T_s}^{(k-1)T_s+[d_1(k)+d_2(k)]T_s}i_{Ss21}^2(t)\mathrm{d}t} \quad (5\text{-}15)$$

S_3、S_4 在一个高频开关周期内的最大电流瞬时值为

$$i_{S3}(t)=i_{S4}(t)=\begin{cases}i_{Lf}(t), & (k-1)T_s\leqslant t\leqslant(k-1)T_s+d_1(k)T_s\\ i_{Lf}(t), & (k-1)T_s+d_1T_s<t\leqslant(k-1)T_s+[d_1(k)+d_2(k)]T_s\\ i_{Lf}(t), & (k-1)T_s+[d_1(k)+d_2(k)]T_s<t\leqslant kT_s\end{cases} \quad (5\text{-}16)$$

S_3、S_4 在一个高频开关周期内的最大电流有效值为

$$I_{S3} = I_{S4} = \sqrt{\frac{1}{T_s}\left(\int_{(k-1)T_s}^{(k-1)T_s+d_1(k)T_s} i_{S13}^2(t)dt + \int_{(k-1)T_s+d_1(k)T_s}^{(k-1)T_s+[d_1(k)+d_2(k)]T_s} i_{S13}^2(t)dt + \int_{(k-1)T_s+[d_1(k)+d_2(k)]T_s}^{kT_s} i_{S13}^2(t)dt\right)}$$

(5-17)

5.6　3kW 内置并联分时选择开关供电型单级多输入逆变器仿真分析

5.6.1　稳态仿真

仿真实例：图 5-2(e) 所示全桥式拓扑，采用最大功率输出能量管理控制策略，第 1 路输入源为光伏电池模型(开路电压、最大功率点电压分别为 360V、288V)，第 2 路输入源为风力发电机、永磁同步发电机和整流滤波电路构成的风机模型(输出特性与光伏电池相似，开路电压、最大功率点电压分别为 288V、240V)，额定并网功率 P=3kW，电网电压 u_o=220V50HzAC，开关频率 f_s=30kHz，工频变压器 T 匝比 N_1/N_2=57/80，输入滤波电容 $C_{i1}=C_{i2}$=4000μF，输出滤波电感 L_f=1.0mH，输出滤波电容 C_f=4.4μF。

3kW 内置并联分时选择开关全桥 Buck 型多输入逆变器在额定并网负载时的稳态仿真波形如图 5-11 所示。其中，两路输入源的最大功率点功率、电压和电流分别为 (1800W, 288V, 6.25A)、(1320W, 240V, 5.5A)，其最大功率之和 P_{1max}+P_{2max}=3120kW。

图 5-11 所示稳态仿真结果表明：①两输入源运行在最大功率点，最大功率为 P_{1max}+P_{2max}=3120W；②电网电流与电网电压同频同相；③内置并联分时选择开关的电压应力有两个台阶，电平值分别为 ±(U_{i1}-U_{i2})、U_{i1} 或 U_{i2}。

5.6.2　动态仿真

内置并联分时选择开关全桥 Buck 型多输入逆变器的动态仿真波形如图 5-12 所示。图 5-12(a) 为多输入逆变器在风力输入源最大功率点(1320W, 240V, 5.5A)、光伏 t=0.7s 时由光照强度 1000W/m²[最大功率点为 (1800W, 288V, 6.25A)]突减为 500W/m²，t=1.2s 时又突增为 1000W/m² 的动态仿真波形。图 5-12(b) 为多输入逆变器在光照强度为 1000W/m²[最大功率点为 (1800W, 288V, 6.45A)、风力输入源最大功率点(1320W, 240V, 5.5A)]，并网电压 t=1.2s 时从 U_o=220V 突减为 110V、t=1.4s 时又突增为 U_o=220V 时的动态仿真波形。

图 5-12(a) 所示动态仿真结果表明：①t=0~0.7s 期间，两输入源均工作在最大功率点，t=0.7s 时，第 1 路输入源的光强由 1000W/m² 突减为 500W/m²，光伏电

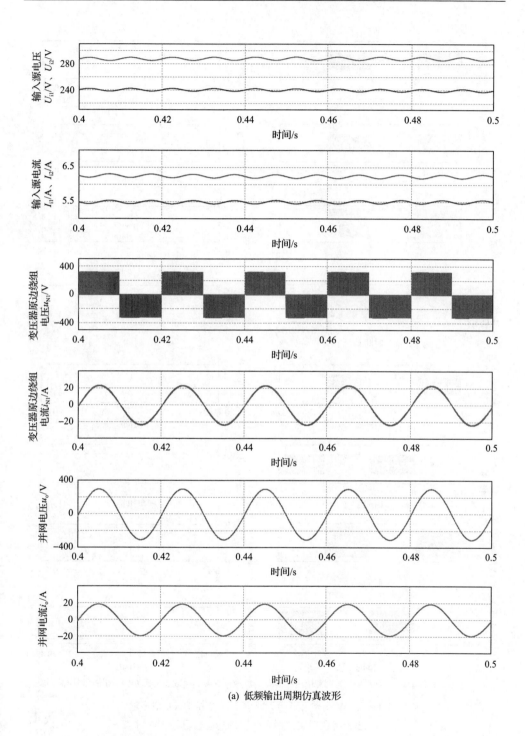

(a) 低频输出周期仿真波形

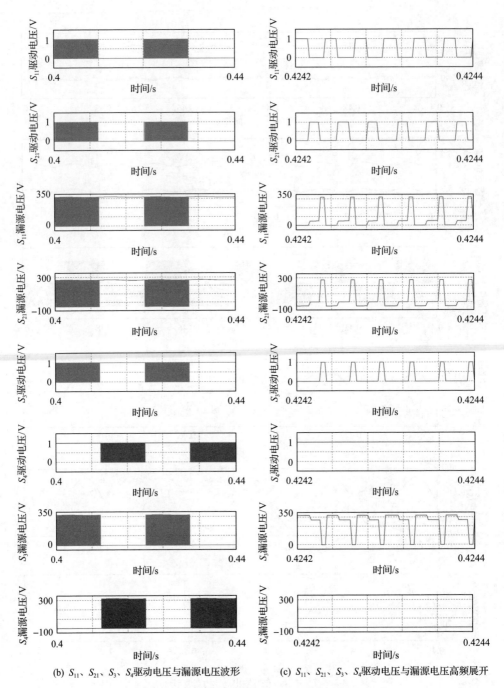

(b) S_{11}、S_{21}、S_3、S_4驱动电压与漏源电压波形　　(c) S_{11}、S_{21}、S_3、S_4驱动电压与漏源电压高频展开

图 5-11　3kW 内置并联分时选择开关全桥 Buck 型多输入
逆变器在额定并网负载时的稳态仿真波形

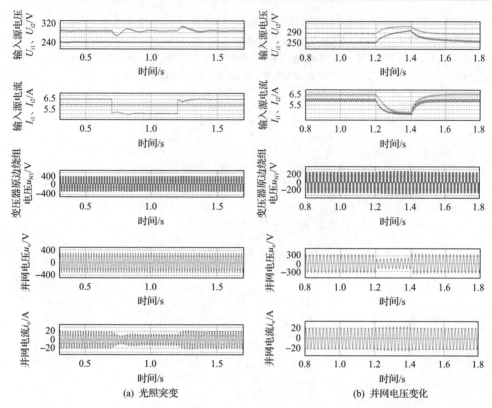

图 5-12　内置并联分时选择开关全桥 Buck 型多输入逆变器的动态仿真波形

池快速追踪到新的 MPPT 点，此时并网电流减小，并网输出功率降低；②t=1.2s 时，第 1 路输入源的光强由 500W/m² 突增为 1000W/m²，光伏电池输入源快速恢复到原来的 MPPT 点，此时并网电流增大，并网输出功率增大；③系统动态响应较快，光强变化后可快速跟踪到新的稳态工作点。图 5-12(b) 所示动态仿真结果表明：①t=0～1.2s 期间，两输入源均工作在最大功率点，t=1.2s 时，并网电压由 U₀=220V 突减为 110V，并网电流大于逆变器能承受的额定电流，系统工作在限流状态，两输入源均工作在非最大功率点，提高了并网逆变器的低电压穿越能力；②t=1.4s 时，并网电压由 U₀=110V 突增为 220V，两输入源快速稳定在最大功率点，并网电流恢复到逆变器额定电流，系统恢复正常运行。稳态和动态仿真结果证实了本章所提出电路结构与拓扑及最大功率输出能量管理 SPWM 控制策略的正确性与可行性。

参 考 文 献

[1] Chen D L. Single-stage multi-input buck type high-frequency link's inverter with an internal parallel-timesharing select switch. Europe, PCT/CN2018/0004096. 2019.

[2] 陈道炼. 内置并联分时选择开关电压型单级多输入低频环节逆变器: 中国, 201810019207.1. 2020.

[3] 陈道炼. 内置并联分时选择开关电压型单级多输入高频环节逆变器: 国际, PCT/CN2018/000409. 2018.

[4] 陈道炼. 内置并联分时选择开关隔离反激周波型单级多输入逆变器: 中国, 201810019766.2. 2018.

[5] 李钊钦. 内置并联分时选择开关全桥 Buck 型分布式发电系统. 青岛: 青岛大学, 2020.

第6章 并联分时选择开关直流斩波器型单级多输入逆变器

6.1 概 述

外置、内置并联分时选择开关隔离 Buck(Buck-Boost)型单级多输入逆变器电路结构由输入滤波器、外置或内置并联分时选择四象限功率开关的多输入单输出高频逆变电路、高频变压器(储能式变压器)、周波变换器、输出滤波器依序级联构成,属于并联分时选择开关周波变换器型单级多输入逆变器。这类多输入逆变器的周波变换器器件换流时由于打断了高频变压器(储能式变压器)漏感中连续的电流,故需要采用缓冲电路或有源电压钳位电路来抑制高频变压器(储能式变压器)和周波变换器之间产生的电压过冲。

多输入逆变器在任意时刻如果相当于一个双向直流斩波器在工作,则其变换效率将可以得到进一步提高。因此,有必要构造出一类无周波变换器单元的并联分时选择开关供电型单级多输入逆变器电路结构,探索和寻求具有更高变换效率的并联分时选择开关直流斩波器型单级多输入逆变器及其分布式发电系统。

本章提出了并联分时选择开关 Buck、Buck-Boost 直流斩波器型单级多输入逆变器及其分布式发电系统,并对其电路结构与拓扑族、能量管理控制策略、原理特性、主要电路参数设计准则等关键技术进行深入的理论分析与仿真研究,获得重要结论。

6.2 并联分时选择开关直流斩波器型单级多输入逆变器电路结构与拓扑族

6.2.1 Buck 型电路结构与拓扑族

文献[1]~[3]提出了并联分时选择开关 Buck 直流斩波器型单级多输入高频环节逆变器电路结构与拓扑族,如图 6-1 所示。该电路结构由每路均含有输入滤波的多路并联分时选择四象限功率开关电路、单输入单输出组合隔离双向 Buck 型直流斩波器、输出 LC 滤波器依序级联构成,该拓扑族包括全桥式等 6 个电路。其中,单输入单输出组合隔离双向 Buck 直流斩波器由两个相同的、分别输出低频正半周和低频负半周单极性脉宽调制电压波 u_{o1}、u_{o2} 的隔离双向 Buck 型直流斩波器输入端并联输出端反向串联构成。

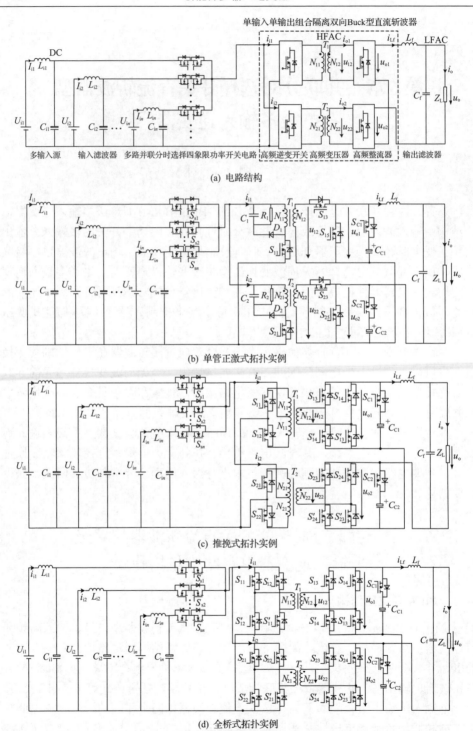

(a) 电路结构

(b) 单管正激式拓扑实例

(c) 推挽式拓扑实例

(d) 全桥式拓扑实例

图 6-1　并联分时选择开关 Buck 直流斩波器型单级多输入高频环节逆变器电路结构与拓扑实例

n 路输入源 U_{i1}、U_{i2}、$\cdots$、U_{in} 经多路并联分时选择四象限功率开关电路、单输入单输出组合隔离双向 Buck 直流斩波器中的高频逆变开关调制成幅值取决于输入直流电压的双极性两态多电平高频电压方波或双极性三态多电平 SPWM 电压波 $u_{12}N_1/N_2$、$u_{22}N_1/N_2$，经高频变压器 T_1、T_2 隔离和高频整流器整流成单极性三态多电平 SPWM 电压波 u_{o1}、u_{o2}，再经输出 LC 滤波器滤波后获得优质的正弦交流电压 u_o 或正弦并网电流 i_o。

6.2.2　Buck-Boost 型电路结构与拓扑族

文献[4]～[6]提出了并联分时选择开关 Buck-Boost 直流斩波器型单级多输入逆变器电路结构与拓扑族，如图 6-2 所示。该电路结构由每路均含有输入滤波的多路并联分时选择四象限功率开关电路、单输入单输出组合隔离双向 Buck-Boost 直流斩波器、输出电容滤波器依序级联构成，该拓扑族包括单管式 Buck-Boost 等 4 个电路。其中，单输入单输出组合隔离双向 Buck-Boost 直流斩波器由两个相同的、分别输出低频正半周和低频负半周单极性脉宽调制电流波 i_{o1}、i_{o2} 的隔离双向 Buck-Boost 直流斩波器输入端并联输出端反向串联构成。

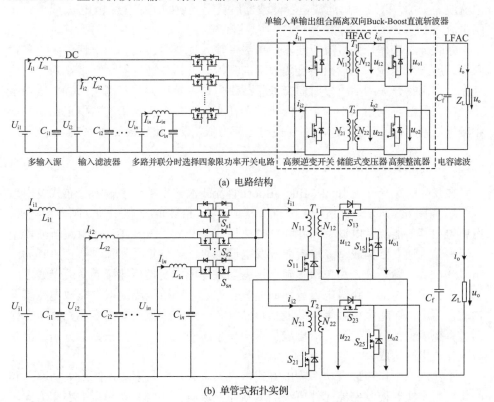

(a) 电路结构

(b) 单管式拓扑实例

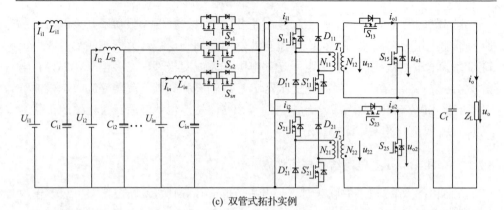

(c) 双管式拓扑实例

图 6-2　并联分时选择开关 Buck-Boost 直流斩波器型单级多输入逆变器电路结构与拓扑实例

n 路输入源 U_{i1}、U_{i2}、$\cdots$、U_{in} 经多路并联分时选择四象限功率开关电路、单输入单输出组合隔离双向 Buck-Boost 直流斩波器中的高频逆变开关调制成幅值按正弦包络线分布的单极性三态多斜率 SPWM 电流波 i_{i1}、i_{i2}，经储能式变压器 T_1、T_2 隔离和高频整流器整流成幅值按正弦包络线分布的单极性三态单斜率 SPWM 电流波 i_{o1}、i_{o2}，再经输出滤波电容滤波器后获得优质的正弦交流电压 u_o 或正弦并网电流 i_o。

并联分时选择开关直流斩波器型单级多输入逆变器，具有如下特点：①多输入源共用一个单输入单输出组合隔离双向直流斩波器型逆变器；②多输入源共地且在一个高频开关周期内分时向交流负载供电，占空比调节范围小；③单级功率变换，在任意时刻相当于一个直流斩波器在工作，每个直流斩波器仅工作半个低频输出周期、利用率低；④功率开关电压应力低，仅取决于最高一路输入源电压。

6.2.3　分布式发电系统构成

并联分时选择开关 Buck、Buck-Boost 直流斩波器型单级多输入分布式发电系统[1-6]，如图 6-3 所示。该系统由三部分构成：第一部分由光伏电池、风力发电机、燃料电池等新能源发电设备和并联分时选择开关 Buck、Buck-Boost 直流斩波器型单级多输入逆变器构成，多路新能源发电设备通过一个并联分时选择开关 Buck、Buck-Boost 直流斩波器型单级多输入逆变器进行电能变换后连接到交流母线上；第二部分由蓄电池、超级电容等辅助能量存储设备和单级隔离双向充放电变换器构成，蓄电池、超级电容等辅助能量存储设备通过一个单级隔离双向充放电变换器进行电能变换后连接到交流母线上以实现系统的功率平衡；第三部分由交流负载或交流电网构成。

多输入源工作在最大功率输出方式，根据负载功率与多输入源最大功率之和的相对大小实时控制储能元件单级隔离双向充放电变换器的功率流大小和方向，实现系统输出电压稳定和储能设备充放电的平滑无缝切换。

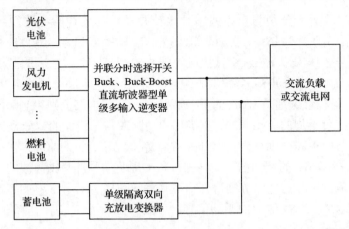

图 6-3　并联分时选择开关 Buck、Buck-Boost 直流斩波器型单级多输入分布式发电系统

6.3　并联分时选择开关直流斩波器型单级多输入逆变器能量管理控制策略

6.3.1　两种能量管理模式

按照多输入源功率分配方式的不同，并联分时选择开关直流斩波器型单级多输入逆变器及其分布式发电系统的能量管理分为主从功率分配和最大功率输出。

两种模式以图 6-1(d)所示全桥式 Buck 型拓扑、光伏电池和风力发电机两输入源并网发电为例，论述这类多输入逆变器的能量管理控制策略、原理特性和关键电路参数设计准则。

6.3.2　最大功率输出能量管理 SPWM 控制策略

并联分时选择开关全桥 Buck 直流斩波器型单级多输入并网逆变器采用最大功率输出能量管理单极性 SPWM 控制策略，如图 6-4 所示。该能量管理单极性 SPWM 控制策略由光伏电池 MPPT 控制电路和 SPWM 控制电路两部分构成，前者由光伏电池 MPPT 电压外环和输出滤波电感电流内环构成。

两输入源输出电压和输出电流的采样信号经 MPPT 控制算法得到最大功率点电压 U_{i1}^*、U_{i2}^*；U_{i1}^* 与 U_{i1}、U_{i2}^* 与 U_{i2} 的误差放大信号 I_{1r}、I_{2r} 与输出电压正弦同步信号 $\sin\omega t$ 的乘积分别作为各自所提供的滤波电感电流基准信号 i_{1r}、i_{2r}，相应的滤波电感电流反馈信号分别为 $I_{1r}i_{Lf}/(I_{1r}+I_{2r})$、$I_{2r}i_{Lf}/(I_{1r}+I_{2r})$；$i_{1r}$ 与 $I_{1r}i_{Lf}/(I_{1r}+I_{2r})$、$i_{2r}$ 与 $I_{2r}i_{Lf}/(I_{1r}+I_{2r})$ 的误差放大信号分别与输出电压前馈量 $i_0U_{c1m}N_{11}/[N_{12}U_{i1}(1+I_{2r}/I_{1r})]$、$i_0U_{c1m}N_{11}/[N_{12}U_{i2}(1+I_{1r}/I_{2r})]$ 之和经加法器与绝对值电路后得到载波信号

$|i_{e1}|$、$|i_{e1}+i_{e2}|$，两者分别与锯齿波 u_{c1} 比较并经适当的逻辑电路得到功率开关 $S_{11}(S'_{11}) \sim S_{14}(S'_{14})$、$S_{21}(S'_{21}) \sim S_{24}(S'_{24})$、$S_{s1} \sim S_{s2}$ 的控制信号。具体的实施过程如下：载波信号 $|i_{e1}|$ 与锯齿波 u_{c1} 交截生成的脉冲 u_{k1} 即功率开关 S_{s1} 的驱动信号，u_{k1} 取反后和 $|i_{e1}+i_{e2}|$ 与锯齿波 u_{c1} 交截生成的脉冲 u_{k2} 经与门电路得到功率开关 S_{s2} 的驱动信号；u_{k2} 与极性选通信号 u_{sy} 及其反相信号经与门电路分别得到隔离双向正激直流斩波器正负半周的驱动脉冲，正半周驱动脉冲与锯齿波的二分频信号 u_s 及其反相信号经与门电路分别得到功率开关 $S_{11}(S'_{11})$、$S_{12}(S'_{12})$ 的驱动信号，取反后得到 $S_{14}(S'_{14})$、$S_{13}(S'_{13})$ 的驱动信号；同样，负半周驱动脉冲与锯齿波的二分频信号 u_s 及其反相信号经与门电路分别得到功率开关 $S_{21}(S'_{21})$、$S_{22}(S'_{22})$ 的驱动信号，取反后得到 $S_{24}(S'_{24})$、$S_{23}(S'_{23})$ 的驱动信号。可见，在一个 T_s 内，选择开关 S_{s1}、S_{s2}

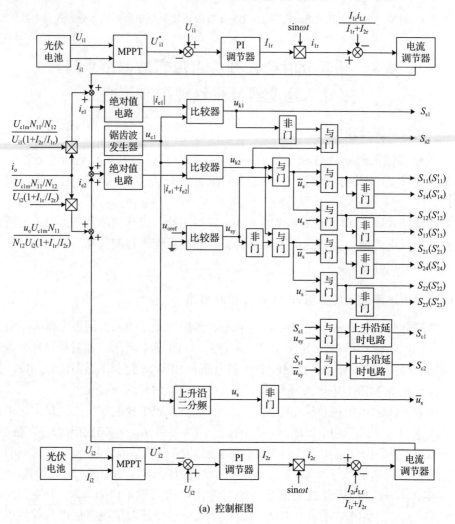

(a) 控制框图

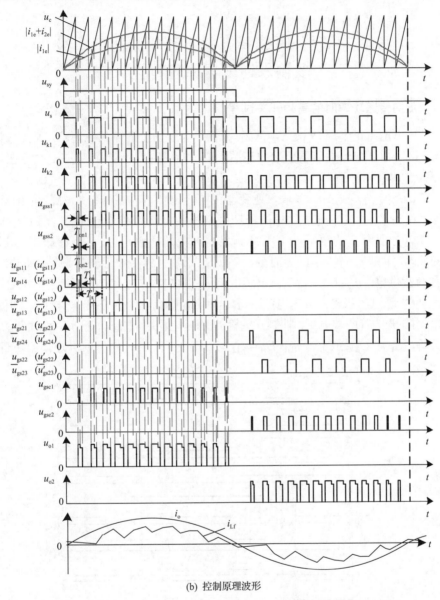

(b) 控制原理波形

图 6-4　多输入逆变器的最大功率输出能量管理单极性 SPWM 控制策略

分时导通，对应的占空比分别为 $d_1=T_{on1}/T_s$、$d_2=T_{on2}/T_s$，两路的占空比之和 d_1+d_2 <1。实际电路中，为防止两输入源发生短路，S_{s1}、S_{s2} 的驱动信号应设有死区。

可见，与传统的最大功率输出能量管理 SPWM 控制策略相比，本节所提出的最大功率输出能量管理 SPWM 控制策略通过对滤波电感电流 i_{Lf} 的分解，实现了 i_{Lf} 的直接控制，确保其波形质量和各输入源的最大功率输出。

6.4　并联分时选择开关直流斩波器型单级多输入逆变器原理特性

6.4.1　正向传递功率时的高频开关过程

以输出电压正半周(S_{21}、S_{22} 常闭)为例,为了防止两输入源短路,S_{s1}、S_{s2} 须设有死区。由于电流调节器引起的滞后,i_{Lf1} 和 i_o 存在很小的相位差,故存在 $i_o i_{Lf}$ >0 和 $i_o i_{Lf}$<0 两种情形。

当 u_o>0, i_{Lf}>0 时,多输入逆变器正向传递功率,在一个 T_s 内存在 10 个工作区间($t_0 \sim t_{10}$),高频开关过程波形和区间等效电路如图 6-5 所示。图 6-5 中,T_{on1}、T_{on2} 分别为 T_s 内第 1、2 路输入源选择开关的开通时间,t_d 为选择开关 S_{s1} 和 S_{s2} 的死区时间。$t_0 \sim t_1$ 区间,t_0 时刻,S_{s1}、S_{11}、S_{13}、S'_{11}、S'_{13} 导通,第 1 路输入源 U_{i1} 向负载供电,$u_{12}=U_{i1}N_{12}/N_{11}$,电感电流 i_{Lf} 以 $(U_{i1}N_{12}/N_{11}-U_o)/L_f$ 的斜率增大,钳位电容 C_{c1} 通过二极管进行充电;$t_1 \sim t_2$ 区间,t_1 时刻,钳位开关 S_{c1} 导通,钳位电容 C_{c1} 钳住开关管两端电压,抑制开关管的关断电压尖峰;$t_2 \sim t_3$ 区间,t_2 时刻,S_{s1}、S_{c1} 关断,C_{s12}、C'_{s12} 放电,$u_{Ss1}=U_{i1}-u_{S12}$;$t_3 \sim t_4$ 区间,t_3 时刻,S_{s2} 开通,第 2 路输

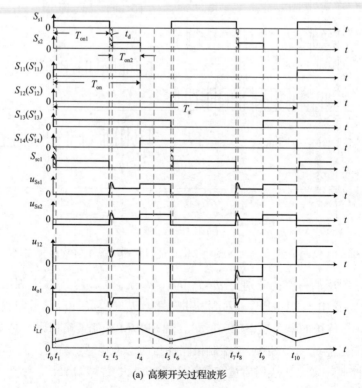

(a) 高频开关过程波形

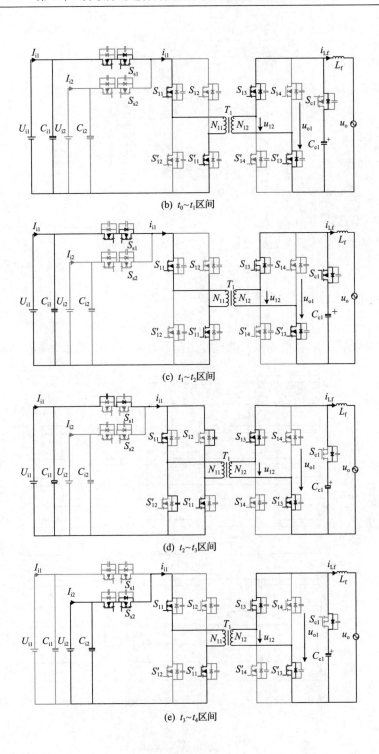

(b) $t_0 \sim t_1$ 区间

(c) $t_1 \sim t_2$ 区间

(d) $t_2 \sim t_3$ 区间

(e) $t_3 \sim t_4$ 区间

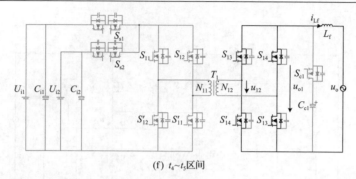

(f) $t_4 \sim t_5$ 区间

图 6-5　多输入逆变器 $i_{Lf} > 0$ 时的高频开关过程波形和区间等效电路

入源 U_{i2} 向负载供电，$u_{12} = U_{i2}N_{12}/N_{11}$，电感电流 i_{Lf} 以 $(U_{i2}N_{12}/N_{11}-U_o)/L_f$ 的斜率增大，钳位电容 C_{c1} 对二次侧整流桥开关管两端电压进行钳位；$t_4 \sim t_5$ 区间，t_4 时刻，S_{s2}、S_{11}、S'_{11} 关断，S_{14}、S'_{14} 导通，电感电流通过高频变压器二次侧整流桥臂续流。

6.4.2　反向传递功率时的高频开关过程

当 $u_o > 0$，$i_{Lf} < 0$ 时，多输入逆变器反向回馈功率，在一个开关周期 T_s 内存在 10 个工作区间（$t_0 \sim t_{10}$），高频开关过程波形和区间等效电路如图 6-6 所示。$t_0 \sim t_1$

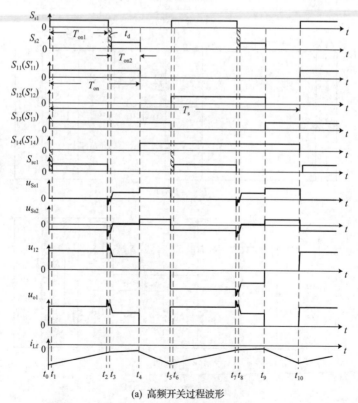

(a) 高频开关过程波形

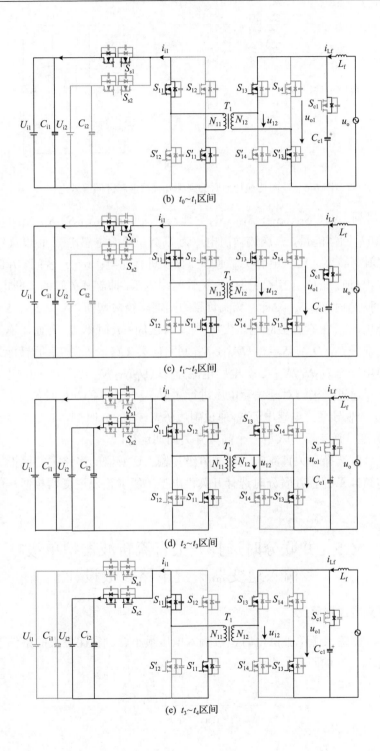

(b) $t_0 \sim t_1$ 区间

(c) $t_1 \sim t_2$ 区间

(d) $t_2 \sim t_3$ 区间

(e) $t_3 \sim t_4$ 区间

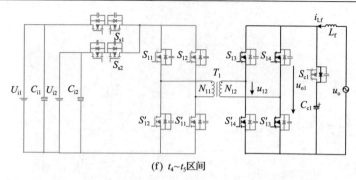

(f) $t_4 \sim t_5$ 区间

图 6-6　反向传递功率时的高频开关波形和区间等效电路

区间，t_0 时刻，S_{s1}、S_{11}、S_{13}、S'_{11}、S'_{13} 导通，交流负载经 S_{11}-S_{s1}-S'_{11}-N_{11} 回路向第 1 路输入源 U_{i1} 回馈能量，二次侧输出电压为 $U_{i1}N_{12}/N_{11}$，电感电流 i_{Lf} 以 $(U_{i1}N_{12}/N_{11}-U_o)/L_f$ 的斜率减小，钳位电容 C_{c1} 通过二极管进行充电；$t_1 \sim t_2$ 区间，t_1 时刻，钳位开关 S_{c1} 导通，钳位电容 C_{c1} 钳住开关管两端电压，抑制开关管的关断电压尖峰；$t_2 \sim t_3$ 区间，t_2 时刻，S_{s1} 关断，交流负载的回馈路径被切断，S_{s1}、S_{s2}、S_{12}、S'_{12} 的结电容充电，S_{s1} 上存在关断电压尖峰；$t_3 \sim t_4$ 区间，t_3 时刻 S_{s2} 开通，逆变器输出端经变压器经 $S_{11}(D_{s11})$-S_{s2}-$S'_{11}(D'_{s11})$-N_{11} 回路向第 2 路输入源 U_{i2} 回馈能量，二次绕组输出电压为 $U_{i2}N_{12}/N_{11}-U_o$，电感电流 i_{Lf} 以 $(U_{i2}N_{12}/N_{11}-U_o)/L_{f1}$ 的斜率减小，钳位电容 C_{c1} 通过二极管对开关管电压进行钳位；$t_4 \sim t_5$ 区间，t_4 时刻 S_{s2}、S_{11}、S'_{11} 关断，S_{14}、S'_{14} 导通，电感电流 i_{Lf} 通过副边桥臂续流；t_5 时刻，S_{s1}、S_{11}、S_{13}、S'_{11}、S'_{13} 再次开通，逆变器进入下一个高频开关周期运行。

　　并联分时选择开关直流斩波器型单级多输入逆变器的多路占空比推导及其外特性，与第 4 章外置并联分时选择开关供电型单级多输入逆变器相似，这里不再赘述。

6.5　并联分时选择开关直流斩波器型单级多输入逆变器关键电路参数设计

6.5.1　高频变压器匝比

　　最小一路输入源单独供电时，按输入电压最小、占空比最大的条件下设计高频变压器 T_1、T_2 的匝比，即

$$\frac{N_2}{N_1} = \frac{\sqrt{2}U_o}{U_{i\,min} \cdot D_{max}} + r \cdot i_{Lf} \tag{6-1}$$

6.5.2　功率开关电压和电流应力

并联分时选择开关 Buck、Buck-Boost 直流斩波器型单级多输入逆变器的功率开关电压应力，如表 6-1、表 6-2 所示。表 6-1 中，U_c 为图 6-1 所示电路钳位电容 C_1、C_2 端电压，$U_{imax}=\max(U_{i1}, U_{i2}, \cdots, U_{in})$，$N=1, 2, \cdots, n$，$U_o$ 为输出正弦电压 u_o 的有效值。

表 6-1　并联分时选择开关 Buck 直流斩波器型单级多输入逆变器的功率开关电压应力

电路拓扑	功率开关		
	S_{s1}、S_{s2}、$\cdots$、S_{sn}	$S_{11}(S'_{11})$、$S_{12}(S'_{12})$、$S_{21}(S'_{21})$、$S_{22}(S'_{22})$	$S_{13}(S'_{13})$、$S_{14}(S'_{14})$、$S_{23}(S'_{23})$、$S_{24}(S'_{24})$、S_{15}、S_{25}
单管式	$U_{i1}+U_c/2-(U_{i1}+U_{i2}+\cdots+U_{in})/2n$、$U_{i2}+U_c/2-(U_{i1}+U_{i2}+\cdots+U_{in})/2n$、$\cdots$、$U_{in}+U_c/2-(U_{i1}+U_{i2}+\cdots+U_{in})/2n$	$2U_{imax}$	$U_{imax}N_2/N_1$
推挽全波式	$U_{i1}-(U_{i1}+U_{i2}+\cdots+U_{in})/2n$、$U_{i2}-(U_{i1}+U_{i2}+\cdots+U_{in})/2n$、$\cdots$、$U_{in}-(U_{i1}+U_{i2}+\cdots+U_{in})/2n$		$2U_{imax}N_2/N_1$
推挽桥式			$U_{imax}N_2/N_1$
推挽正激全波式			$2U_{imax}N_2/N_1$
推挽正激桥式			$U_{imax}N_2/N_1$
半桥全波式	$U_{i1}-(U_{i1}+U_{i2}+\cdots+U_{in})/4n$、$U_{i2}-(U_{i1}+U_{i2}+\cdots+U_{in})/4n$、$\cdots$、$U_{in}-(U_{i1}+U_{i2}+\cdots+U_{in})/4n$		$U_{imax}N_2/N_1$
半桥桥式		U_{imax}	$U_{imax}N_2/(2N_1)$
双管式	$U_{i1}-(U_{i1}+U_{i2}+\cdots+U_{in})/3n$、$U_{i2}-(U_{i1}+U_{i2}+\cdots+U_{in})/3n$、$\cdots$、$U_{in}-(U_{i1}+U_{i2}+\cdots+U_{in})/3n$		$U_{imax}N_2/N_1$
全桥全波式			$2U_{imax}N_2/N_1$
全桥桥式			$U_{imax}N_2/N_1$

表 6-2　并联分时选择开关 Buck-Boost 直流斩波器型单级多输入逆变器的功率开关电压应力

电路拓扑	功率开关				
	S_{s1}、S_{s2}、$\cdots$、S_{sn}	$S_{11}(S'_{11})$、$S_{12}(S'_{12})$、$S_{21}(S'_{21})$、$S_{22}(S'_{22})$	$D_{11}(D'_{11})$、$D_{12}(D'_{12})$、$D_{21}(D'_{21})$、$D_{22}(D'_{22})$	S_{13}、S_{14} S_{23}、S_{24}	S_{15}、S_{25}
单管式	$\max\lvert U_{iN}-U_{i1}\rvert$、$\max\lvert U_{iN}-U_{i2}\rvert$、$\cdots$、$\max\lvert U_{iN}-U_{in}\rvert$	$U_{in}+\sqrt{2}\,U_oN_1/N_2$	U_{imax}	$U_{imax}N_2/N_1+\sqrt{2}\,U_o$	$\sqrt{2}\,U_o$

两个四象限功率开关 S_{s11} 与 S_{s12}、S_{s21} 与 S_{s22} 的电流应力相等，高频逆变开关 S_{11}、S'_{11}、S_{12}、S'_{12} 的电流应力相等，整流器功率开关 S_{13}、S'_{13}、S_{14}、S'_{14} 的电流应力相等。选择开关 S_{s11}、S_{s12} 在一个高频开关周期内的电流瞬时值为

$$i_{Ss11}(t)=i_{Ss12}(t)=\begin{cases} i_{Lf1}(t), & (k-1)T_s \leqslant t \leqslant (k-1)T_s+d_1(k)T_s \\ 0, & (k-1)T_s+d_1(k)T_s < t \leqslant (k-1)T_s+[d_1(k)+d_2(k)]T_s \quad (6\text{-}2) \\ 0, & (k-1)T_s+[d_1(k)+d_2(k)]T_s < t \leqslant kT_s \end{cases}$$

S_{s11}、S_{s12} 在一个高频开关周期内的电流有效值为

$$I_{Ss11} = I_{Ss12} = \sqrt{\frac{1}{T_s} \int_{(k-1)T_s}^{(k-1)T_s + d_1(k)T_s} i_{Ss11}^2(t) \mathrm{d}t} \tag{6-3}$$

同理，选择开关 S_{s21}、S_{s22} 在一个高频开关周期内的电流瞬时值为

$$i_{Ss11}(t) = i_{Ss12}(t) = \begin{cases} 0, & (k-1)T_s \leqslant t \leqslant (k-1)T_s + d_1(k)T_s \\ i_{Lf1}(t), & (k-1)T_s + d_1(k)T_s < t \leqslant (k-1)T_s + [d_1(k) + d_2(k)]T_s \\ 0, & (k-1)T_s + [d_1(k) + d_2(k)]T_s < t \leqslant kT_s \end{cases} \tag{6-4}$$

S_{s21}、S_{s22} 在一个高频开关周期内的电流有效值为

$$I_{Ss21} = I_{Ss22} = \sqrt{\frac{1}{T_s} \int_{(k-1)T_s + d_1(k)T_s}^{(k-1)T_s + [d_1(k) + d_2(k)]T_s} i_{Ss21}^2(t) \mathrm{d}t} \tag{6-5}$$

S_{11}、S'_{11} 在一个高频开关周期内的电流瞬时值为

$$i_{Ss11}(t) = i'_{Ss11}(t) = \begin{cases} i_{N1}(t), & (k-1)T_s \leqslant t \leqslant (k-1)T_s + [d_1(k) + d_2(k)]\dfrac{T_s}{2} \\ 0, & (k-1)T_s + [d_1(k) + d_2(k)]\dfrac{T_s}{2} < t \leqslant kT_s \end{cases} \tag{6-6}$$

S_{11}、S'_{11} 在一个高频开关周期内的电流有效值为

$$I_{S11rms} = \sqrt{\frac{1}{T_e/2} \sum_{k=1}^{m} 2 \int_{(k-1)T_s}^{(k-1)T_s + [d_1(k) + d_2(k)]\frac{T_s}{2}} i_{N1}^2(t) \mathrm{d}t} \tag{6-7}$$

整流开关的电流瞬时值为

$$i_{S13}(t) = i'_{S13}(t) = \begin{cases} i_{Lf}(t), & (k-1)T_s < t \leqslant (k-1)T_s + [d_1(k) + d_2(k)]\dfrac{T_s}{2} \\ \dfrac{1}{2} i_{Lf}(t), & (k-1)T_s + [d_1(k) + d_2(k)]\dfrac{T_s}{2} < t \leqslant (k-1)T_s + \dfrac{T_s}{2} \\ 0, & (k-1)T_s + \dfrac{T_s}{2} < t \leqslant (k-1)T_s + [1 + d_1(k) + d_2(k)]\dfrac{T_s}{2} \\ \dfrac{1}{2} i_{Lf}(t), & (k-1)T_s + [1 + d_1(k) + d_2(k)]\dfrac{T_s}{2} < t \leqslant kT_s \end{cases}$$

$$\tag{6-8}$$

设一个输出低频周期为 T_L，整流器功率开关的电流有效值为

$$I_{S13rms} = \sqrt{\frac{1}{T_L / 2} \sum_{k=1}^{m} \left[\int_{(k-1)T_s}^{(k-1)T_s + [d_1(k)+d(2)]\frac{T_s}{2}} i_{Lf}^2(t)dt + 2\int_{(k-1)T_s + [d_1(k)+d_2(k)]\frac{T_s}{2}}^{(k-1)T_s + \frac{T_s}{2}} \frac{i_{Lf}^2}{4}(t)dt \right]}$$

$$(6-9)$$

6.6　3kW 并联分时选择开关直流斩波器型单级多输入逆变器仿真

6.6.1　设计实例

设计实例：图 6-1(d) 所示全桥式 Buck 型电路拓扑，采用最大功率输出能量管理 SPWM 控制策略，第 1 路输入源光伏电压为 240～360VDC，第 2 路输入源风电电压为 240～300V，电网电压 u_o=220V 50HzAC，额定并网功率 P_o=3kW，高频变压器匝比 $N_1:N_2$=20∶29，网侧功率因数为 1，开关频率 f_s=50kHz。输入滤波电容 $C_{i1}=C_{i2}$=2040μF，输出滤波电感 L_{f1}=1.2mH、L_{f2}=0.4mH，输出滤波电容 C_f=2.2μF，高频变压器原边漏感 L_P=1.5μH，有源钳位电容 C_c=4.7μF。

6.6.2　仿真分析

3kW 并联分时供电全桥 Buck 正激直流斩波器型单级多输入并网逆变器在输入电压 U_{i1}=280VDC、U_{i2}=250VDC 时的稳态仿真波形，如图 6-7 所示。图 6-7 所示稳态仿真波形表明：①在输出电压正半周内，选择开关 S_{s11}、S_{s21} 分别与 S_{s22}、S_{s12} 互补导通，且存在死区，如图 6-7(a) 所示；②分时选择开关 S_{s11}、S_{s22} 承受的电压应力为两路输入源的电压差，如图 6-7(b) 所示；③两个高频变压器均工作半个工频周期且在一个高频开关周期内双向对称磁化，输出滤波电感电流在两路输入源分时工作时以不同斜率上升，并网电流 THD 为 1.73%，如图 6-7(c) 所示。

所提出的 3kW 单级多输入并网逆变器在 U_{i2}=250V、t=0.04s 输入电压 U_{i1} 由 288V 突降为 240V 时的动态仿真波形，如图 6-8 所示。图 6-8 所示仿真结果表明，输入电压突变时多输入逆变器的输出滤波电感电流和并网电流均能很快调节并稳定工作在新的输入条件下。

所提出的 3kW 单级多输入并网逆变器在并网电流 I_o=0.1s 时由 19.4A 突减为 9.7A 时的动态仿真波形，如图 6-9 所示。图 6-9 所示仿真结果表明：①当并网电流基准的幅值减小到原来的一半时，并网电压保持不变，滤波电感电流和并网电流的幅值跟随并网电流基准的幅值变化，并网功率也减少为原来的一半；②当并网电流基准的幅值增大为原来的 1.5 倍时，并网电压保持不变，滤波电感电流和并网电流的幅值跟随并网电流基准的幅值变化，并网功率也增大为原来的 1.5 倍。

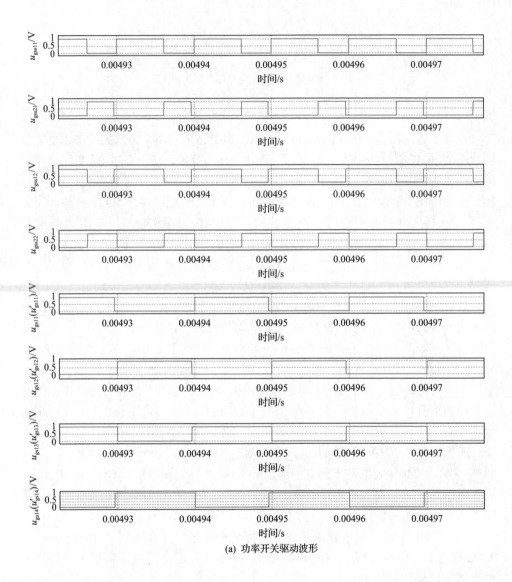

(a) 功率开关驱动波形

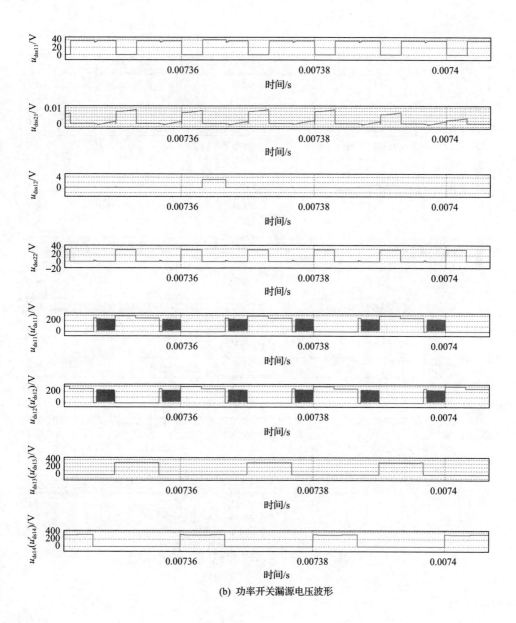

(b) 功率开关漏源电压波形

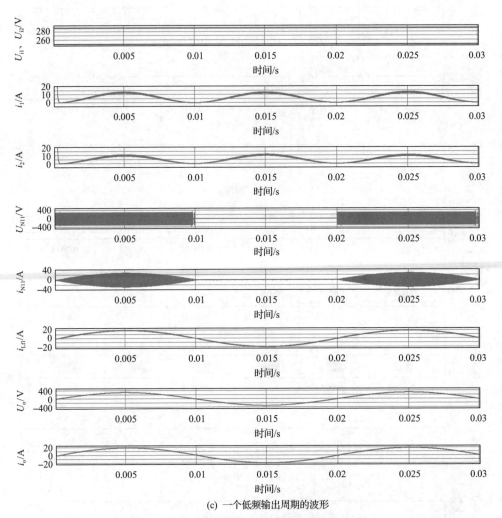

(c) 一个低频输出周期的波形

图 6-7　3kW 单级多输入并网逆变器的稳态仿真波形

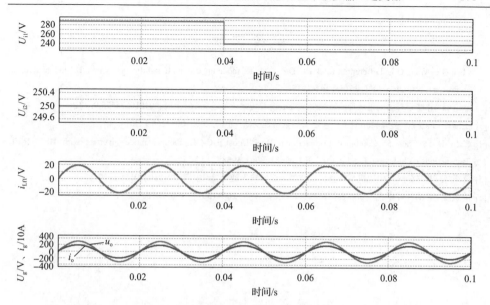

图 6-8　3kW 多输入并网逆变器在输入电压突变时的动态仿真波形

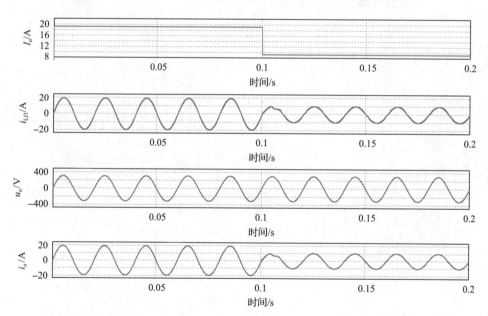

图 6-9　3kW 多输入并网逆变器在并网电流突变时的动态仿真波形

仿真结果证实了本章所提出的并联分时供电正激直流斩波型单级多输入高频环节逆变器电路拓扑和能量管理控制策略的可行性与先进性。

参 考 文 献

[1] Chen D L, Wang G L. Differential Buck DC-DC converter mode inverter with high frequency link. IEEE Transactions on Power Electronics, 2011, 26(5): 1444-1451.

[2] 陈道炼. 并联分时供电正激直流斩波型单级多输入高频环节逆变器: 中国, 201810026575.9. 2018.

[3] 王国玲, 陈道炼. 差动降压直流斩波器型高频链逆变器: 中国, 200810072266.1. 2014.

[4] Chen D L, Chen S. Combined bi-directional Buck-Boost DC-DC chopper mode inverters with HFL. IEEE Transactions on Industrial Electronics, 2014, 61(8): 3961-3968.

[5] 陈道炼. 并联分时供电隔离反激直流斩波型单级多输入逆变器: 中国, 201810020151.1. 2018.

[6] 陈道炼. 差动升降压直流斩波器型高频链逆变器: 中国, 200810072268.0. 2010.

第 7 章　串联同时选择开关 Buck 直流斩波器型单级多输入逆变器

7.1　概　　述

并联分时选择开关供电型单级多输入逆变器，具有共用部分电路、多输入源共地、单级功率变换、功率开关电压应力低等优点。但是，这类多输入逆变器的多输入源在一个高频开关周期内只能分时向交流负载供电，多输入源每路占空比的调节范围小，变换效率不够理想。

为了进一步提高多输入逆变器的变换效率，有必要增大多输入源每路占空比的调节范围，探索和寻求多输入源在一个高频开关周期内同时供电的单级多输入逆变器及其分布式发电系统，即串联同时选择开关供电型单级多输入逆变器及其分布式发电系统。

本章提出串联同时选择开关 Buck 直流斩波器型单级多输入逆变器及其分布式发电系统，并对其电路结构与拓扑族、能量管理控制策略、原理特性、主要电路参数设计准则等关键技术进行深入的理论分析与实验研究，获得重要结论。

7.2　串联同时选择开关 Buck 直流斩波器型单级多输入逆变器电路结构与拓扑族

7.2.1　电路结构

串联同时选择开关 Buck 直流斩波器型单级多输入逆变器电路结构由一个多输入单输出组合隔离双向 Buck 直流斩波器将多个不共地的输入滤波器和一个输出 LC 滤波器连接构成[1-4]，如图 7-1 所示。其中，多输入单输出组合隔离双向 Buck 直流斩波器由输出端顺向串联的多路串联同时选择功率开关电路、单输入单输出组合隔离双向 Buck 直流斩波器依序级联构成。单输入单输出组合隔离双向 Buck 直流斩波器由两个相同的、分别输出低频正半周和低频负半周单极性脉宽调制电压波 u_{o1}、u_{o2} 的隔离双向 Buck 直流斩波器输入端并联输出端反向串联构成。两个隔离双向 Buck 直流斩波器在一个低频输出电压周期内轮流工作半个低频周期，即一个直流斩波器工作输出低频正半周的 u_{o1}，而另一个直流斩波器停止工作且极性选择用两象限功率开关导通，$u_{o2}=0$，经输出滤波后获得正弦交流电 u_o、i_o 的正半周；反之，一个直流斩波器工作输出低频负半周的 u_{o2}，而另一个直流斩波器停止工作且极性选择用两象限功率开关导通，$u_{o1}=0$，经输出滤波后获得正弦交流电 u_o、i_o 的负半周。

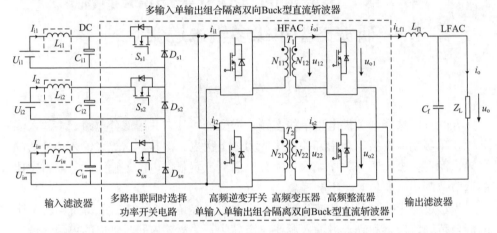

图 7-1　串联同时选择开关 Buck 直流斩波器型单级多输入逆变器电路结构

多输入单输出组合隔离双向 Buck 直流斩波器中的高频逆变开关将 n 路输入源 U_{i1}、U_{i2}、$\cdots$、U_{in} 调制成幅值相等的双极性三态多电平 SPWM 电压波 $u_{12}N_1/N_2$、$u_{22}N_1/N_2$，经高频变压器 T_1、T_2 隔离和高频整流器整流成幅值相等的单极性三态多电平 SPWM 电压波 u_{o1}、u_{o2}，经输出 LC 滤波器滤波后获得优质的正弦交流电压 u_o 或正弦并网电流 i_o。

7.2.2　电路拓扑族

串联同时选择开关 Buck 直流斩波器型单级多输入逆变器电路拓扑族，包括单管式、推挽式、推挽正激式、双管正激式、半桥式、全桥式等 6 个电路，如图 7-2 所示。

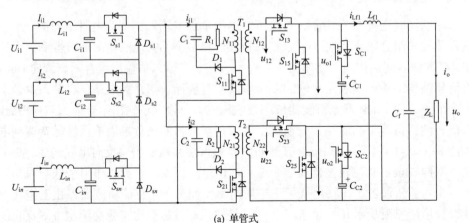

(a) 单管式

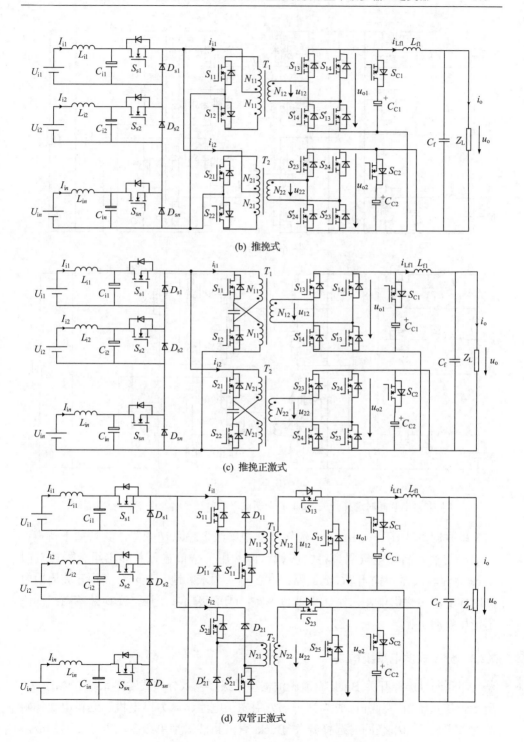

(b) 推挽式

(c) 推挽正激式

(d) 双管正激式

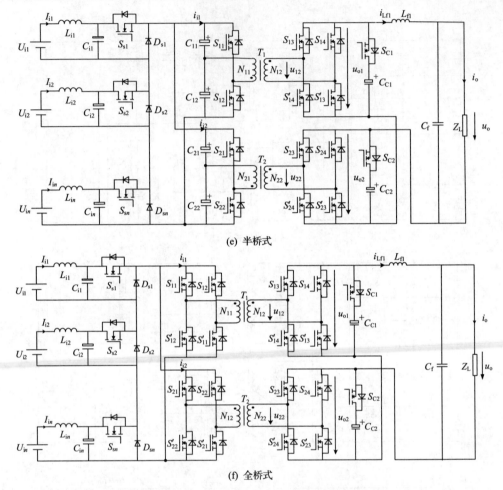

(e) 半桥式

(f) 全桥式

图 7-2　串联同时选择开关 Buck 直流斩波器型单级多输入逆变器电路拓扑族

串联同时选择开关 Buck 直流斩波器型单级多输入逆变器，具有如下特点：
①输出与输入高频电气隔离；②多输入源共用一个单输入单输出组合隔离双向
Buck 直流斩波器和输出 LC 滤波器；③多输入源未共地且在一个高频开关周期内
同时向交流负载供电，占空比调节范围宽；④单级功率变换，变换效率高；⑤输
出电压纹波小。

7.2.3　分布式发电系统构成

串联同时选择开关 Buck 直流斩波器型单级多输入分布式发电系统[1-4]如图 7-3
所示。该系统由三部分构成：第一部分由光伏电池、风力发电机、燃料电池等新
能源发电设备和串联同时选择开关 Buck 直流斩波器型单级多输入逆变器构成，

多路新能源发电设备通过一个串联同时选择开关 Buck 直流斩波器型单级多输入逆变器进行电能变换后连接到交流母线上；第二部分由蓄电池、超级电容等辅助能量存储设备和单级隔离双向充放电变换器构成，蓄电池、超级电容等辅助能量存储设备通过一个单级隔离双向充放电变换器进行电能变换后连接到交流母线上以实现系统的功率平衡；第三部分由交流负载或交流电网构成。

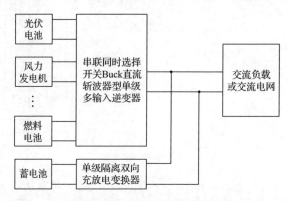

图 7-3　串联同时选择开关 Buck 直流斩波器型单级多输入分布式发电系统

多输入源工作在最大功率输出方式，根据负载功率与多输入源最大功率之和的相对大小实时控制储能元件单级隔离双向充放电变换器的功率流大小和方向，实现系统输出电压稳定和储能设备充放电的平滑无缝切换。

7.3　串联同时选择开关 Buck 直流斩波器型单级多输入逆变器能量管理控制策略

7.3.1　两种能量管理模式

按照多输入源功率分配方式的不同，串联同时选择开关 Buck 直流斩波器型单级多输入逆变器的能量管理分为主从功率分配和最大功率输出。

本章以图 7-2(f) 全桥式电路拓扑、双输入源独立供电为例，论述这两种模式多输入逆变器的能量管理控制策略、原理特性和关键电路参数设计准则。

7.3.2　能量管理控制策略

串联同时选择开关 Buck 直流斩波器型单级多输入逆变器采用主从功率分配能量管理 SPWM 控制策略如图 7-4 所示[5]。该控制电路由光伏电池输入源 MPPT 控制、双输入源功率分配、各路功率独立控制电路、载波调制电路和逻辑电路构成。

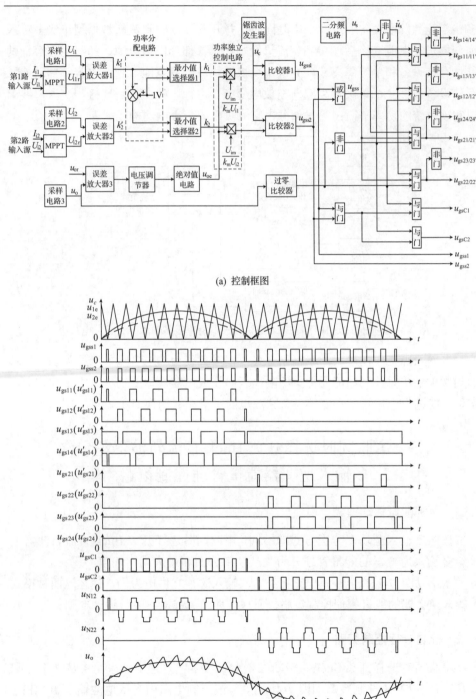

(a) 控制框图

(b) 控制原理波形

图 7-4 所提出单级多输入逆变器的主从功率分配能量管理 SPWM 控制策略

通过控制双输入源的输出功率配比 k_1、k_2 及输出电压瞬时值 u_o 来实现对输入源的能量管理控制，当负载功率固定时输入源总功率也固定，由功率配比关系可以得到各路输入源输出的功率值。功率分配电路的功率比值 k_1 由光伏源 MPPT 输出的参考电压和实际电压的误差经 PI 运算后输出 k_1'，k_1' 经限值输出后输出 0～1 的功率比值作为光伏电池输入源的功率配比 k_1，第 2 路 k_2 由 $1-k_1$ 得到作为第 2 路的功率配比来补足剩余负载所需功率。各输入源的平均功率比例为

$$P_1 : P_2 : \cdots : P_n = U_{i1}d_1 : U_{i2}d_2 : \cdots : U_{in}d_n = k_1 : k_2 : \cdots : k_n \tag{7-1}$$

第 i 路占空比用任意第 m 路的电压功率配比表示为

$$d_i = d_m k_i U_{im} / k_m U_{ii} \tag{7-2}$$

该占空比控制电路可实现一个高频开关周期内各输入源的输出功率按比例关系配置，一个工频周期内的平均功率也满足该比例关系，从而实现功率的实时控制。当第 i 路输入电压发生扰动时会立即作用在占空比上使实时的功率比例关系保持不变，具有一定的抗占空比扰动能力。输出电压闭环控制回路根据输出电压反馈量经电压调节器后得到总占空比 d，经功率独立控制电路得到各路占空比，电压调节器可以是前馈控制、PID 控制等。

7.4　串联同时选择开关 Buck 直流斩波器型单级多输入逆变器原理特性

7.4.1　$u_o > 0$、$i_{Lf} > 0$ 时高频开关过程分析

考虑电路寄生参数的全桥 Buck 串联同时供电正激直流斩波型单级多输入逆变器电路拓扑如图 7-5 所示。在副边整流电路和输出滤波电感之间并接的有源钳位电路，是用来抑制高频变压器漏感 L_k 与功率器件结电容之间谐振产生的电压尖峰[6]。

单级多输入逆变器在 $u_o > 0$，$i_{Lf} > 0$ 时的高频开关过程波形与开关状态等效电路如图 7-6 所示。该多输入逆变器在一个高频开关周期内分为 22 个区间，后 11 个区间与前 11 个区间类似。$t_0 \sim t_1$、$t_{10} \sim t_{12}$ 区间，功率开关 $S_{13}(S'_{13})$、$S_{14}(S'_{14})$ 导通，滤波电感电流 i_{Lf} 以 $-u_{Cf}/L_f$ 斜率下降；$t_1 \sim t_2$ 区间，S_{s1}、$S_{11}(S'_{11})$ 导通，输入源 U_{i1} 经 S_{s1}、$S_{11}(S'_{11})$、T_1、D_{s2} 向 L_{k11} 充电，i_{N1} 上升，流过 $S_{14}(S'_{14})$ 的电流下降；$t_2 \sim t_3$ 区间，$S_{14}(S'_{14})$ 电流下降为 0 后自然关断，此时高频变压器漏感 L_{k11}、L_{k12} 与 $S_{14}(S'_{14})$ 结电容、S_{c1} 结电容发生谐振，u_{N12} 从 0 谐振增大，$S_{14}(S'_{14})$ 电压应力也随 u_{N12} 增大；$t_3 \sim t_4$、$t_8 \sim t_9$ 区间，谐振结束逆变器进入第 1 路输入源独立供电情形，U_{i1} 通过 S_{s1}、$S_{11}(S'_{11})$、D_{s2}、T_1、$S_{13}(S'_{13})$ 回路向负载供能，i_{Lf} 以 $(U_{i1}N_1/N_2 - u_{Cf})/L_{f1}$ 斜率变化；$t_4 \sim t_5$ 区间，S_{s2} 导通，u_{AB} 增大，漏感 L_{k12} 与 $S_{14}(S'_{14})$ 结电容、S_{c1} 结电容发生谐振，t_5 时刻 S_{c1} 电压应力减小为零，钳位开关 S_{c1} 的寄生二极管导通，此时

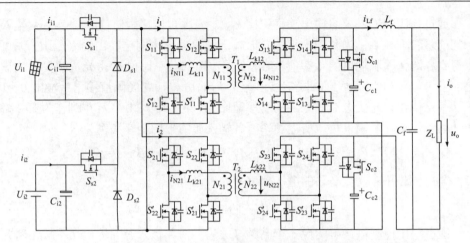

图 7-5 考虑电路寄生参数的全桥 Buck 串联同时供电正激直流斩波型
单级多输入逆变器电路拓扑

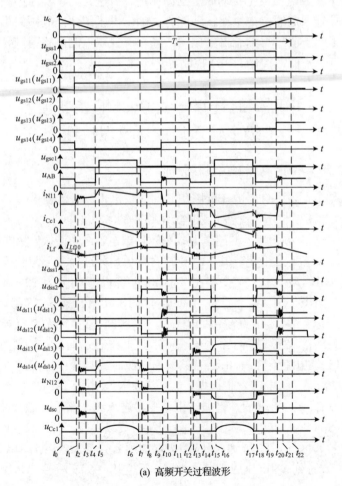

(a) 高频开关过程波形

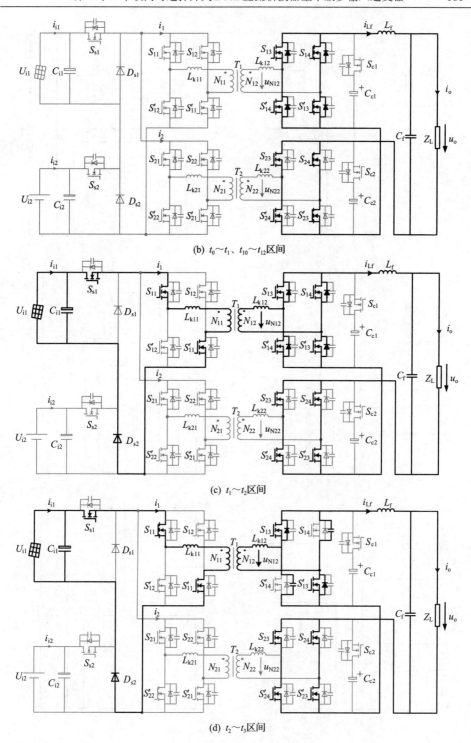

(b) $t_0 \sim t_1$、$t_{10} \sim t_{12}$ 区间

(c) $t_1 \sim t_2$ 区间

(d) $t_2 \sim t_3$ 区间

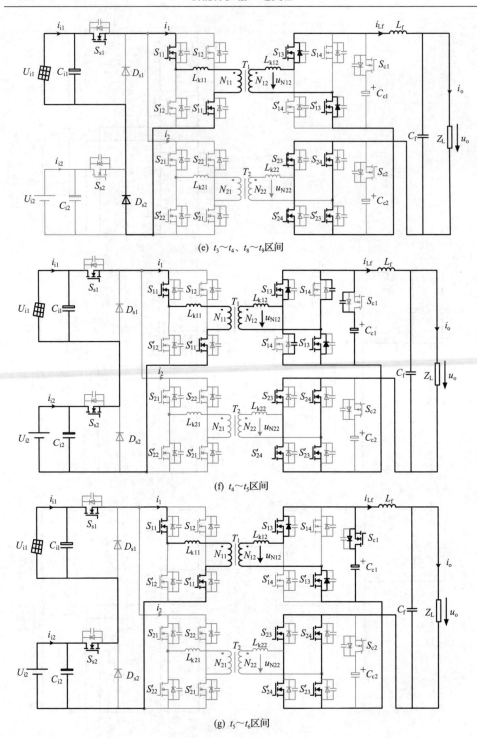

(e) $t_3 \sim t_4$、$t_8 \sim t_9$区间

(f) $t_4 \sim t_5$区间

(g) $t_5 \sim t_6$区间

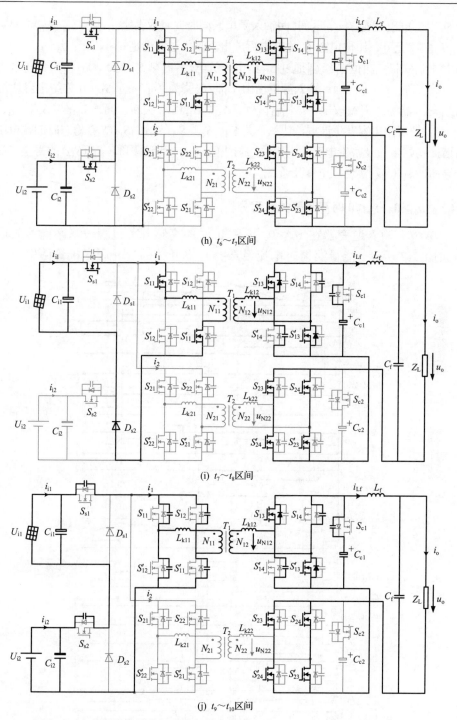

(h) $t_6 \sim t_7$ 区间

(i) $t_7 \sim t_8$ 区间

(j) $t_9 \sim t_{10}$ 区间

图 7-6　本节所提出的单级多输入逆变器在 $u_o > 0$，$i_{Lf} > 0$ 时的高频开关过程
波形与开关状态等效电路

S_{c1} 实现零电压开通；$t_5 \sim t_6$ 区间，两输入源串联同时向负载供能，i_{Lf} 以 $[(U_{i1}+U_{i2})N_1/N_2-u_{Cf}]/L_f$ 斜率上升，钳位电容 C_c 先充电后放电，整个过程满足安秒平衡；$t_6 \sim t_7$ 区间，t_6 时刻 S_{c1} 关断，钳位电容 C_c 通过 S_{c1} 结电容放电，t_7 时刻 S_{s2} 关断，$S_{14}(S'_{14})$ 结电容电压开始下降；$t_7 \sim t_8$ 区间，输入源电压由 $U_{i1}+U_{i2}$ 降为 U_{i1}，$S_{14}(S'_{14})$ 开关结电容通过高频变压器漏感谐振放电；$t_9 \sim t_{10}$ 区间，S_{s1}、$S_{11}(S'_{11})$ 关断，漏感 L_{k11} 与 S_{s1}、S_{s2}、$S_{11} \sim S_{14}$ 的寄生电容发生谐振，功率开关 S_{s1}、S_{s2}、$S_{11}(S'_{11})$、$S_{12}(S'_{12})$ 稳态时的端电压与谐振初始电流及寄生电容大小相关，副边电流 i_{N12} 迅速下降，$S_{14}(S'_{14})$ 的寄生二极管导通，$S_{14}(S'_{14})$ 实现零电压开通。

7.4.2　$u_o > 0$、$i_{Lf} < 0$ 时高频开关过程分析

单级多输入逆变器在 $u_o > 0$，$i_{Lf} < 0$ 时的高频开关过程波形区间等效电路如图 7-7 所示。能量回馈时电流经选择功率开关的反并联二极管回馈至输

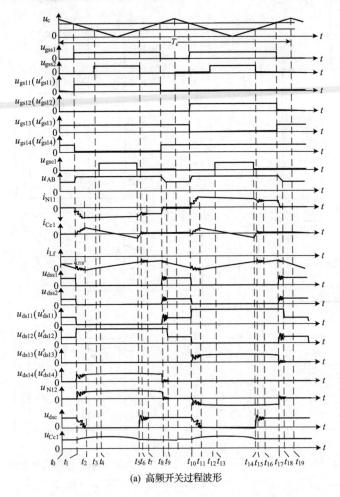

(a) 高频开关过程波形

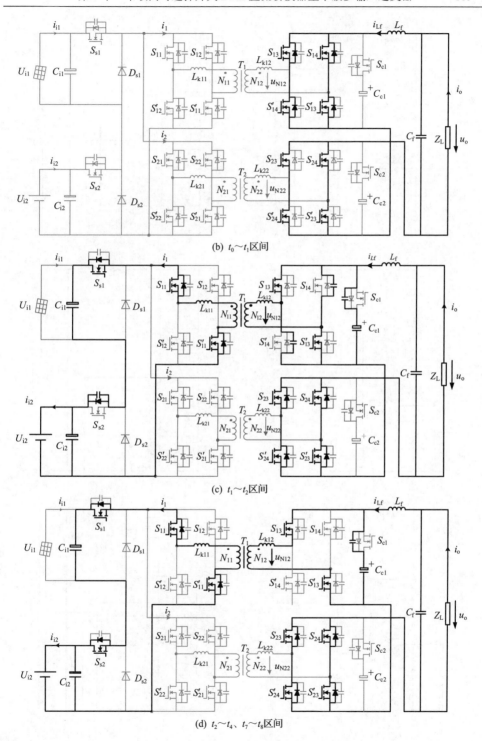

(b) $t_0 \sim t_1$ 区间

(c) $t_1 \sim t_2$ 区间

(d) $t_2 \sim t_4$、$t_7 \sim t_8$ 区间

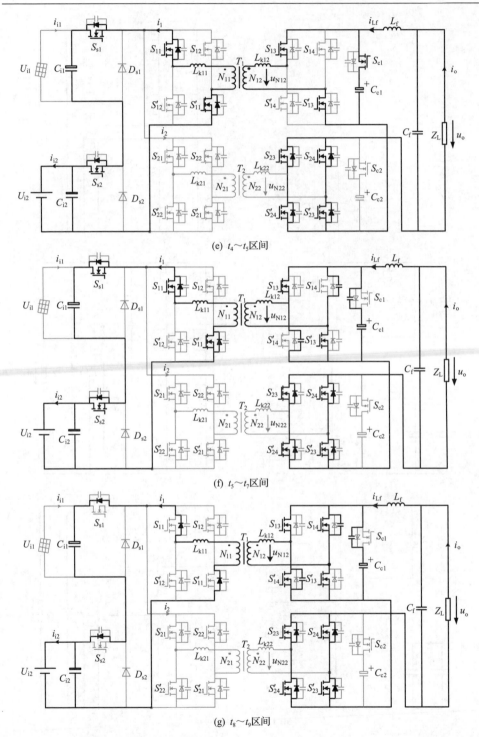

(e) $t_4 \sim t_5$ 区间

(f) $t_5 \sim t_7$ 区间

(g) $t_8 \sim t_9$ 区间

图 7-7 所提出单级多输入逆变器在 $u_o > 0$，$i_{Lf} < 0$ 时的高频开关过程波形区间等效电路

入源，一个高频开关周期内有 18 个工作区间。$t_0 \sim t_1$ 区间，功率开关 $S_{13}(S'_{13})$、$S_{14}(S'_{14})$ 导通，滤波电感电流 i_{Lf} 以 $-u_{Cf}/L_f$ 斜率反向增加；$t_1 \sim t_2$ 区间，t_1 时刻 S_{s1}、$S_{11}(S'_{11})$ 导通，$S_{14}(S'_{14})$ 关断，漏感 L_{k11}、L_{k12} 与 $S_{14}(S'_{14})$、S_{c1} 的结电容谐振，i_{N11} 通过 $S_{11}(S'_{11})$、S_{s1} 功率开关、S_{s2} 的体二极管回馈到输入电容 C_{i1} 和 C_{i2}；$t_2 \sim t_4$、$t_7 \sim t_8$ 区间，谐振结束电路进入能量回馈阶段；$t_4 \sim t_5$ 区间，t_4 时刻有源钳位开关 S_{c1} 导通，钳位电容 C_{c1} 先充电再放电，整个过程满足安秒平衡；$t_5 \sim t_7$ 区间，t_5 时刻 S_{c1} 关断，漏感 L_{k12} 与 $S_{14}(S'_{14})$ 结电容、S_{c1} 结电容谐振，S_{c1} 电压应力增大；$t_8 \sim t_9$ 区间，S_{s1}、$S_{11}(S'_{11})$ 关断，$S_{14}(S'_{14})$ 开通，逆变器从能量回馈向续流状态转化。

7.5　串联同时选择开关 Buck 直流斩波器型单级多输入逆变器关键电路参数设计

7.5.1　输入源共模干扰及抑制

输入源共模干扰及抑制。串联同时选择开关 Buck 直流斩波器型单级多输入逆变器，因多路输入源占空比不同，故存在多种不同供电情况。以两输入源为例，以第 2 路输入源负端为参考电位，第 1 路输入源因负端浮地与第 2 路输入源间存在共模电容 C_{com}，如图 7-8 所示。双路供电时共模电容两端电压 u_{cd} 为第 2 路输入源电压 U_{i2}，第 1 路输入源单独供电和两路输入源均不供电时的共模电容电压 $u_{cd}=0$，这两种情形之间存在电压差 U_{i2}，供电模式切换时将会在短时间内出现很大的共模电流，对多输入逆变器运行产生干扰。

将第 2 路串联同时选择开关 S_{s2} 放置在第 2 路电源的负端，此时的等效电路如图 7-9 所示。因串联同时选择开关 S_{s2} 的存在使得第 2 路输入源不供电时 b 点和 d 点隔离，c 点电位在第 1 路输入源供电和两路输入源均不供电时不再被强制拉回到 d 点电位，共模电容两端电压 $u_{C_{com}}=U_{i2}$ 保持不变，进而消除了共模干扰的影响[7]。

7.5.2　功率开关电压应力

串联同时供电正激直流斩波型单级多输入逆变器的功率开关电压应力，如表 7-1 所示。

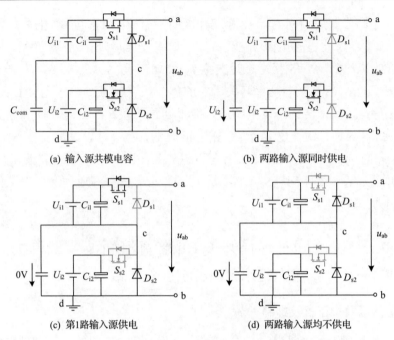

(a) 输入源共模电容　　　　　　　　(b) 两路输入源同时供电

(c) 第1路输入源供电　　　　　　　　(d) 两路输入源均不供电

图 7-8　具有输入源共模干扰的单级双输入逆变器输入侧等效电路

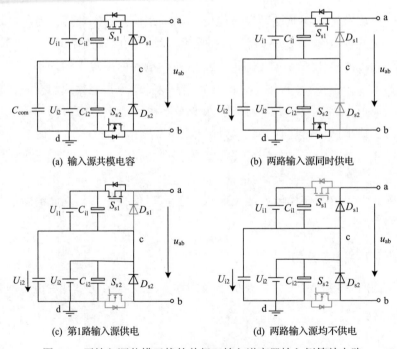

(a) 输入源共模电容　　　　　　　　(b) 两路输入源同时供电

(c) 第1路输入源供电　　　　　　　　(d) 两路输入源均不供电

图 7-9　无输入源共模干扰的单级双输入逆变器输入侧等效电路

表 7-1　串联同时供电正激直流斩波型单级多输入逆变器的功率开关电压应力

电路拓扑	功率开关				
	$S_{s1}、S_{s2}、\cdots、S_{sn}$ $D_{s1}、D_{s2}、\cdots、D_{sn}$	$S_{11}(S'_{11})、S_{12}(S'_{12})、$ $S_{21}(S'_{21})、S_{22}(S'_{22})$	$D_{11}(D'_{11})、$ $D_{21}(D'_{21})$	$S_{13}(S'_{13})、S_{14}(S'_{14})、$ $S_{23}(S'_{23})、S_{24}(S'_{24})$	$S_{15}、S_{25}$
单管式	$U_{i1}、U_{i2}、\cdots、U_{in}$	$2(U_{i1}+U_{i2}+U_{in})$		$(U_{i1}+U_{i2}+\cdots+U_{in})N_2/N_1$	
推挽全波式				$2(U_{i1}+U_{i2}+\cdots+U_{in})N_2/N_1$	
推挽桥式				$(U_{i1}+U_{i2}+\cdots+U_{in})N_2/N_1$	
推挽正激全波式				$2(U_{i1}+U_{i2}+\cdots+U_{in})N_2/N_1$	
推挽正激桥式				$(U_{i1}+U_{i2}+\cdots+U_{in})N_2/N_1$	
双管式			$U_{i1}+U_{i2}+\cdots+U_{in}$	$(U_{i1}+U_{i2}+\cdots+U_{in})N_2/N_1$	
半桥全波式		$U_{i1}+U_{i2}+\cdots+U_{in}$		$(U_{i1}+U_{i2}+\cdots+U_{in})N_2/N_1$	
半桥桥式				$(U_{i1}+U_{i2}+\cdots+U_{in})N_2/(2N_1)$	
全桥全波式				$2(U_{i1}+U_{i2}+\cdots+U_{in})N_2/N_1$	
全桥桥式				$(U_{i1}+U_{i2}+\cdots+U_{in})N_2/N_1$	

7.6　3kV·A 串联同时选择开关 Buck 直流斩波器型单级多输入逆变器样机实验

7.6.1　样机实例

样机实例：图 7-2(f) 全桥式电路拓扑，$n=2$，第 1 路输入源光伏电池用 TC.P.16.800.400.PV.HMI 可编程电源模拟（MPP 电压 220～260V），第 2 路输入源蓄电池用 Chroma62150H-600 可编程直流源模拟（电压为 200～240V），主从功率分配能量管理 SPWM 控制策略，单路独立供电最低电压 $U_{imin}=220V$，额定容量 $S=3kV·A$，负载电压 $U_o=220VAC50Hz$，负载功率因数 $\cos\varphi=-0.75$（容性）～1～0.75（感性），开关频率 $f_s=50kHz$，高频变压器匝比 $N_1/N_2=25/37$，输入滤波电容 $C_{i1}=3000\mu F$，$C_{i2}=3000\mu F$，输出滤波电感 $L_f=1.1mH$，输出滤波电容 $C_f=4.7\mu F$，钳位电容 $C_c=3\mu F$。

7.6.2　样机实验

3kV·A 串联同时选择开关 Buck 直流斩波器型单级多输入逆变器样机在光伏输入源 $U_{i1}=240VDC$ 和蓄电池输入源 $U_{i2}=220VDC$ 同时供电（两路功率比为 6∶4）带不同性质负载时的稳态实验波形，如图 7-10 所示。

图 7-10 所示稳态实验结果表明：①选择开关 S_{s1}、S_{s2} 工作频率为 100kHz，最大电压应力约为输入源电压，如图 7-10(a) 与 (b) 所示；②功率开关 S_{11} 工作在

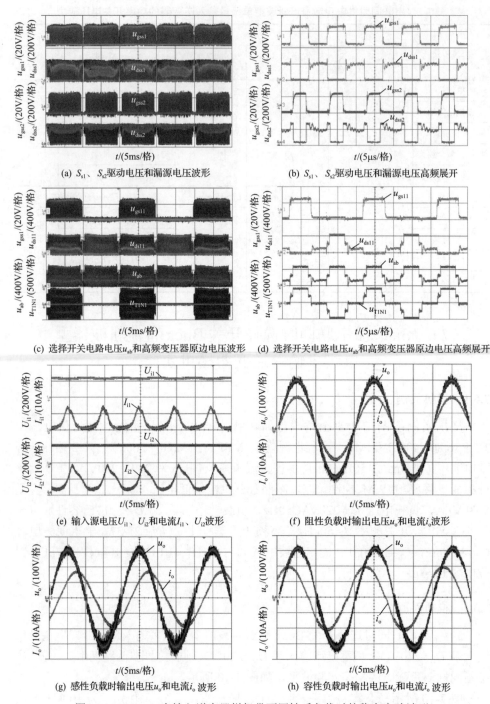

(a) S_{s1}、S_{s2}驱动电压和漏源电压波形

(b) S_{s1}、S_{s2}驱动电压和漏源电压高频展开

(c) 选择开关电路电压u_{ab}和高频变压器原边电压波形

(d) 选择开关电路电压u_{ab}和高频变压器原边电压高频展开

(e) 输入源电压U_{i1}、U_{i2}和电流I_{i1}、U_{i2}波形

(f) 阻性负载时输出电压u_o和电流i_o波形

(g) 感性负载时输出电压u_o和电流i_o波形

(h) 容性负载时输出电压u_o和电流i_o波形

图 7-10　3kV·A 多输入逆变器样机带不同性质负载时的稳态实验波形

50kHz，最大电压应力为两输入源电压之和，与选择开关电路输出电压 u_{ab} 相同，高频变压器原绕组电压 u_{T1N1} 为高频正负对称的 2 阶梯形波，如图 7-10(c) 与 (d) 所示；③多输入逆变器能在阻性、感性和容性负载下正常运行，如图 7-10(f) 与 (h) 所示。

3kV·A 串联同时供电正激直流斩波型单级多输入高频环节逆变器样机在光伏电池最大功率点(240V、1800W)、蓄电池 U_{i2}=220V、带额定阻性负载 P_o=3000W 时光照强度由 1000W/m^2 突减至 500W/m^2 再突增至 1000W/m^2 时的动态实验波形，如图 7-11 所示。

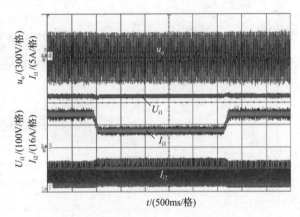

图 7-11　3kV·A 多输入逆变器样机在光照强度突变时的动态实验波形

图 7-11 所示动态实验结果表明，当光伏电池在光照强度 1000W/m^2、500W/m^2、1000W/m^2 之间变化时，多输入逆变器能迅速平滑做出响应，控制电路能使第 2 路输入源的输出功率立即补足第 1 路光伏电池的功率变化以维持输出功率恒定，输出波形基本不会受光伏源功率突变的影响而出现波形失真情况。

3kV·A 串联同时供电正激直流斩波型单级多输入逆变器样机在光伏电池最大功率点(240V、1800W)、蓄电池 U_{i2}=220V 时输出功率由 3000W 突减为 1500W 再突增为 3000W 时的动态实验波形，如图 7-12 所示。

图 7-12 所示负载突变实验结果表明：①多输入逆变器样机在负载电阻 16.13Ω 和 32.27Ω 之间突变过程中能够实现迅速稳定的切换，主从功率分配能量管理控制策略由模式 2 变为模式 1 再变回模式 2，在 R_o=32.27Ω 的区间内第 2 路输入源电流为 0A，第 1 路光伏电池工作在光伏特性曲线最大功率点的右侧，输入电压 U_{i1} >U_{mpp}，输入电流 I_{i1}<I_{mpp}，如图 7-12(a)～(c) 所示；②负载突变过程中逆变器能立即响应动态变化且没有超调现象出现，输出电流有明显的阶跃变化而输出电压有效值保持在 U_o=220V，如图 7-12(d) 所示。

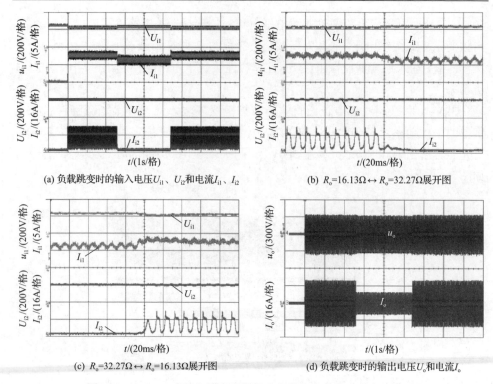

图 7-12　3kV·A 多输入逆变器样机在负载突变时的动态实验波形

　　3kV·A 多输入逆变器样机稳态和动态实验结果进一步证实了所提出电路结构与拓扑及能量管理控制策略的可行性和先进性。

参 考 文 献

[1] Chen D L, Jiang J H. Single-stage multi-input forward DC-DC chopper type high-frequency link's inverter with series simultaneous power supply. US, US10833600 B2. 2020.

[2] 王国玲, 陈道炼. 差动降压直流斩波器型高频链逆变器: 中国, 200810072266.1. 2014.

[3] Chen D L, Wang G L. Differential Buck DC-DC converter mode inverter with high frequency link. IEEE Transactions on Power Electronics, 2011, 26(5): 1444-1451.

[4] Qiu Y H, Jiang J H, Chen D L. Development and present status of multi-energy distributed power generation system. IEEE 8th International Power Electronics and Motion Control Conference, Hefei, 2016.

[5] 苏祎世. 串联同时供电正激直流斩波型单级多输入高频环节逆变器. 福州: 福州大学, 2019.

[6] 陈道炼. DC-AC 逆变技术及其应用. 北京: 机械工业出版社, 2003.

[7] Chen D L, Jiang J H, Su Y S. A forward type single-stage multi-input inverter with series-time-overlapping power supply. IEEE Journal of Emerging and Selected Topics in Power Electronics, 2022.

第 8 章　串联同时选择开关 Buck-Boost 直流斩波器型单级多输入逆变器

8.1　概　　述

串联同时选择开关 Buck(直流斩波器)型单级多输入逆变器,具有多输入源之间未隔离、输出与输入可能存在隔离、单级功率变换、多输入源串联同时向负载供电、多输入源占空比调节范围宽、变换效率高、输出波形纹波小等特点。然而,Buck 型多输入逆变器在负载过载甚至短路时功率开关电流的上升率将比正常工作时大得多,缩短了保护电路的动作时间,系统的可靠性不够理想;而且输入电流纹波大,高次谐波电流以传导和辐射的方式干扰周围电子设备并产生畸变功率,降低变换效率。

Buck-Boost 型变换器在负载过载甚至短路时,由于(高频)储能式变压器能够起到限流作用,其功率开关电流的上升率与正常工作时相同,为功率开关的保护电路赢得了足够的动作时间,因而其可靠性将比 Buck 型变换器高[1]。

本章提出串联同时选择开关 Buck-Boost 直流斩波器型单级多输入逆变器,并对构成这类多输入逆变器的电路结构与拓扑族、能量管理控制策略、稳态原理特性和主要电路参数设计准则等关键技术进行深入的理论分析与仿真研究,获得重要结论。

8.2　串联同时选择开关 Buck-Boost 直流斩波器型单级多输入逆变器电路结构与拓扑族

8.2.1　电路结构

串联同时选择开关 Buck-Boost 直流斩波器型单级多输入逆变器电路结构由一个多输入单输出组合隔离双向 Buck-Boost 直流斩波器将多个不共地的输入滤波器和一个共用的输出滤波电容连接构成[2-4],如图 8-1(a)所示。其中,多输入单输出组合隔离双向 Buck-Boost 直流斩波器由输出端顺向串联的多路串联同时选择功率开关电路、单输入单输出组合隔离双向 Buck-Boost 直流斩波器依序级联构成。单输入单输出组合隔离双向 Buck-Boost 直流斩波器由两个相同的、分别输出低频正半周和低频负半周单极性脉宽调制电流波 i_{o1}、i_{o2} 的隔离双向 Buck-Boost 直

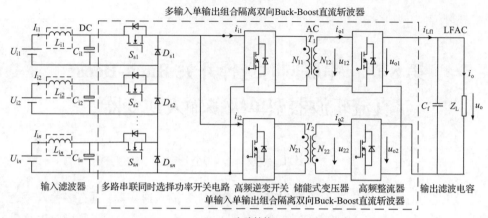

(a) 电路结构

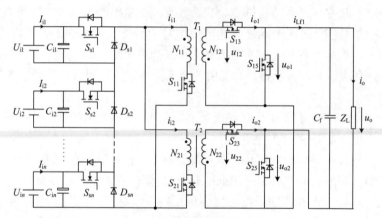

(b) 单管式拓扑

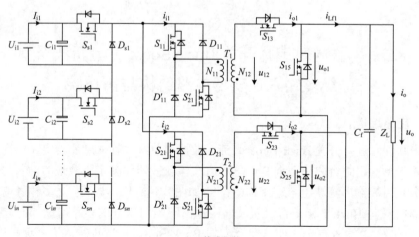

(c) 双管式拓扑

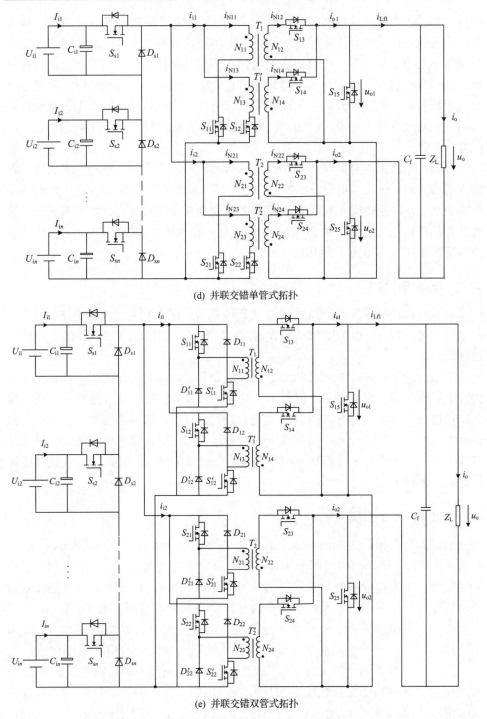

(d) 并联交错单管式拓扑

(e) 并联交错双管式拓扑

图 8-1　串联同时选择开关 Buck-Boost 直流斩波器型单级多输入逆变器电路结构与拓扑族

流斩波器输入端并联输出端反向串联构成。两个隔离双向 Buck-Boost 直流斩波器在一个低频输出电压周期内轮流工作半个低频周期，即一个直流斩波器工作输出低频正半周的 i_{o1}，而另一个直流斩波器停止工作且极性选择用二象限功率开关导通，$i_{o2}=0$ 和 $u_{o2}=0$，经输出滤波器后输出正弦交流电 u_o、i_o 的正半周；反之，一个直流斩波器工作输出低频负半周的 i_{o2}，而另一个直流斩波器停止工作且极性选择用二象限功率开关导通，$i_{o1}=0$ 和 $u_{o1}=0$，经输出滤波器后输出正弦交流电 u_o、i_o 的负半周。

多输入单输出组合隔离双向 Buck-Boost 直流斩波器中的高频逆变开关将 n 路输入源 U_{i1}、U_{i2}、$\cdots$、U_{in} 调制成幅值按正弦包络线分布的单极性三态多斜率 SPWM 电流波 i_{i1}、i_{i2}，经储能式变压器 T_1、T_2 隔离和高频整流器整流成幅值按正弦包络线分布的单极性三态单斜率 SPWM 电流波 i_{o1}、i_{o2}，经输出滤波电容后获得优质的正弦交流电压 u_o 或正弦并网电流 i_o。

8.2.2　电路拓扑族

串联同时选择开关 Buck-Boost 直流斩波器型单级多输入逆变器电路拓扑族，包括单管式、双管式、并联交错单管式、并联交错双管式等 4 个电路，如图 8-1(b)～(e)所示。

串联同时选择开关 Buck-Boost 直流斩波器型单级多输入逆变器，具有如下特点：①输出与输入电气隔离，但多输入源之间未隔离；②多输入源共用一个单输入单输出组合隔离双向 Buck-Boost 直流斩波器，属于单级功率变换；③多输入源在一个高频开关周期内同时向负载供电，多输入源占空比调节范围宽；④单级功率变换，变换效率高，体积和重量小(储能式变压器工作在高频)；⑤负载过载和短路时可靠性高。

8.2.3　分布式发电系统构成

串联同时选择开关 Buck-Boost 直流斩波器型单级多输入分布式发电系统[2-4]如图 8-2 所示。该系统由三部分构成：第一部分由光伏电池、风力发电机、燃料电池等新能源发电设备和串联同时选择开关 Buck-Boost 直流斩波器型单级多输入逆变器构成，多路新能源发电设备通过一个串联同时选择开关 Buck-Boost 直流斩波器型单级多输入逆变器进行电能变换后连接到交流母线上；第二部分由蓄电池、超级电容等辅助能量存储设备和单级隔离双向充放电变换器构成，蓄电池、超级电容等辅助能量存储设备通过一个单级隔离双向充放电变换器进行电能变换后连接到交流母线上以实现系统的功率平衡；第三部分由交流负载或交流电网构成。

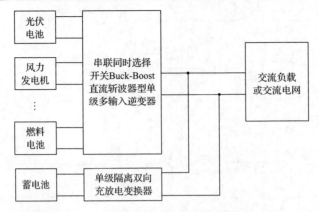

图 8-2　串联同时选择开关 Buck-Boost 直流斩波器型单级多输入分布式发电系统

多输入源工作在最大功率输出方式，根据负载功率与多输入源最大功率之和的相对大小实时控制储能元件单级隔离双向充放电变换器的功率流大小和方向，实现系统输出电压稳定和储能设备充放电的平滑无缝切换。

8.3　串联同时选择开关 Buck-Boost 直流斩波器型 单级多输入逆变器能量管理控制策略

8.3.1　两种能量管理模式

按照多输入源功率分配方式的不同，串联同时选择开关 Buck-Boost 直流斩波器型单级多输入逆变器的能量管理分为主从功率分配和最大功率输出。

本章以图 8-1(b) 单管式电路拓扑、双输入源独立供电为例，论述这两种模式多输入逆变器的能量管理控制策略、原理特性和关键电路参数设计准则。

8.3.2　主从功率分配能量管理控制策略

串联同时选择开关 Buck-Boost 直流斩波器型单级多输入逆变器，采用输出电压瞬时值和光伏电池电流反馈的主从功率分配能量管理 SPWM 控制策略如图 8-3 所示[5]。第 1 路输入源光伏电池的电流反馈信号 I_{pvf} 和经 MPPT 计算得到的基准电流 I_{pvr} 经误差放大器 1 输出误差信号 I_e，I_e 与正弦同步信号的绝对值$|\sin\omega t|$相乘输出信号 i_e，将 i_e 与锯齿波 u_c 比较输出逻辑信号 u_{k1}；逆变器输出电压有效值 U_{orms} 与输出电压基准有效值 U_{rrms} 经误差放大器 2 输出误差放大信号 u_p，将 u_p 与正弦绝对值信号$|\sin\omega t|$的乘积 u_r 作为输出电压基准，输出电压反馈信号 u_{of} 的绝对值与 u_r 经误差放大器 3 输出误差放大信号 u_e，将 u_e 与锯齿波 u_c 进行比较输出逻辑信号 u_{k2}，u_{k1} 与 u_{k2} 经适当的逻辑电路输出功率开关的控制信号；输出电压瞬时值反馈信号 u_{of} 经过零比较器得到逆变器的极性选择开关 S_{15}、S_{25} 的控制信号 u_{gs15}、u_{gs25}。

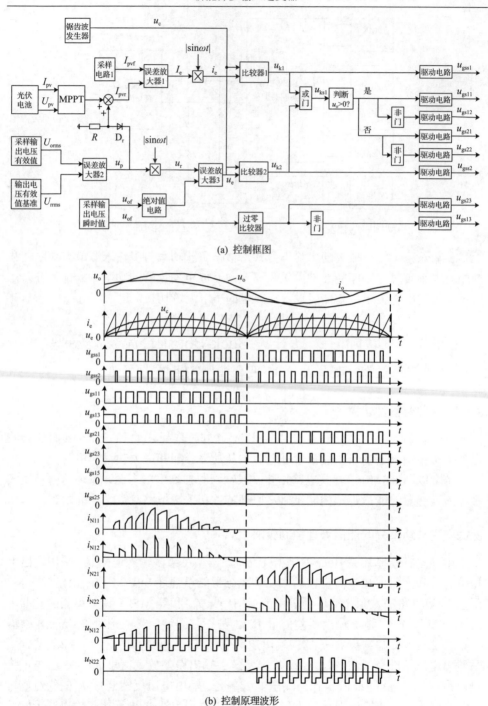

(a) 控制框图

(b) 控制原理波形

图 8-3　输出电压瞬时值和光伏电池电流反馈的主从功率分配能量管理 SPWM 控制策略

设多输入逆变器输出功率为 P_o，第 1 路输入源光伏电池的最大功率为 P_{pvmax}，第 2 路输入源燃料电池的输出功率为 P_f，输出功率 P_o 的大小将决定三种工作状态：①当 $P_o > P_{pvmax}$ 时，光伏电池工作在最大功率点，燃料电池补足负载所需不足功率，此时 u_p 大于零，二极管 D_r 截止，第 1 路输入源光伏电池的输入电流反馈环用于调节逆变器的第 1 路输入功率，光伏电池以最大功率输出，燃料电池提供的功率为 $(P_o - P_{pvmax})$，输出电压反馈环用于调节逆变器的输出电压波形；②当 $P_o < P_{pvmax}$ 时，输出电压瞬间将大于基准电压，u_p 为负值，二极管 D_r 导通，第 1 路输入源光伏电池电流反馈环的电流基准减小，光伏电池退出最大功率点工作，第 2 路输入源燃料电池的选择开关截止，燃料电池不向外输出功率；③当第 1 路输入源光伏电池输出功率为零时，第 2 路输入源燃料电池单独向外输出功率，电流环不再起作用，输出电压环控制第 2 路燃料电池选择开关的占空比，逆变器输出高质量电压波形。

8.4 串联同时选择开关 Buck-Boost 直流斩波器型单级多输入逆变器原理特性

8.4.1 一个低频输出周期内的稳态原理

串联同时选择开关 Buck-Boost 直流斩波器型单级多输入逆变器带不同性质等效负载时一个低频输出周期内的稳态原理波形，如图 8-4 所示。图 8-4 中，u_o、i_o 分别表示逆变器的输出电压和输出电流，i_{Cf}、i_{oe} 分别表示输出滤波电容电流的基波分量和等效负载电流基波分量。

多输入逆变器带等效阻性负载：区间 $t_0 \sim t_1$，$u_o > 0$，$i_{oe} > 0$，极性选择开关 S_{25} 处于导通状态、S_{15} 处于截止状态，储能式变压器 T_1 工作，S_{11} 导通、储能式变压器 T_1 储能，S_{11} 截止、储能式变压器 T_1 释能给负载，输入源经斩波器 1 给等效阻性负载输出功率；区间 $t_1 \sim t_2$，$u_o < 0$，$i_{oe} < 0$，极性选择开关 S_{15} 处于导通状态、S_{25} 处于截止状态，储能式变压器 T_2 工作，该区间内的工作原理与区间 $t_0 \sim t_1$ 相似，输入源经斩波器 2 给等效阻性负载输出功率。

多输入逆变器带等效感性负载：区间 $t_0 \sim t_1$，$u_o > 0$，$i_{oe} < 0$，极性选择开关 S_{25} 导通、S_{15} 截止，储能式变压器 T_1 工作，同步整流管 S_{15} 导通时储能式变压器 T_1 反向充磁，同步整流管 S_{15} 截止时储能式变压器向输入源馈能，该区间等效感性负载经斩波器 1 向输入源馈能；区间 $t_1 \sim t_2$，$u_o > 0$，$i_{oe} > 0$，极性选择开关 S_{25} 导通、S_{15} 截止，S_{11} 导通时储能式变压器 T_1 充磁，S_{11} 关断时储能式变压器释能，该区间输入源经斩波器 1 向等效感性负载供电；区间 $t_2 \sim t_3$，$u_o < 0$，$i_{oe} > 0$，极性选择开关 S_{15} 导通、S_{25} 截止，S_{23} 导通时储能式变压器 T_2 反向充磁，S_{23} 截止时储能式变

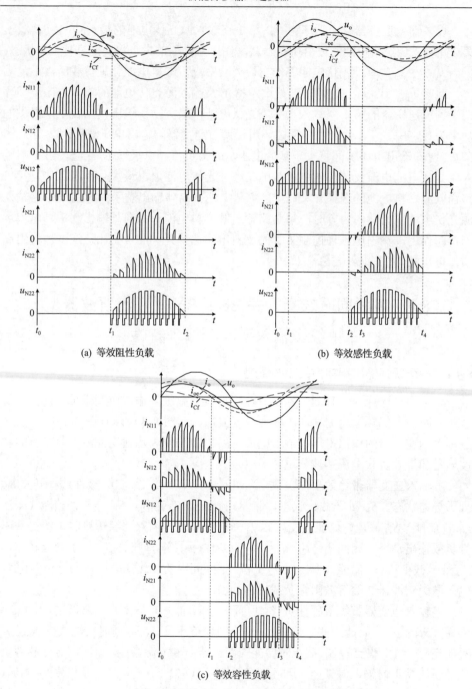

(a) 等效阻性负载

(b) 等效感性负载

(c) 等效容性负载

图 8-4 所提出的单级多输入逆变器带不同性质等效负载时
一个低频输出周期内的稳态原理波形

压器 T_2 反向去磁，该区间等效感性负载经斩波器 2 向输入源馈能；区间 $t_3 \sim t_4$，$u_o < 0$，$i_{oe} < 0$，极性选择开关 S_{15} 导通、S_{25} 截止，S_{21} 导通时储能式变压器 T_2 正向充磁，S_{21} 截止时储能式变压器 T_2 正向去磁，该区间输入源经斩波器 2 给等效感性负载供电。

多输入逆变器带等效容性负载：区间 $t_0 \sim t_1$，$u_o > 0$，$i_{oe} > 0$，极性选择开关 S_{25} 导通、S_{15} 截止，S_{11} 导通时储能式变压器 T_1 正向充磁，S_{11} 截止时储能式变压器 T_1 正向去磁，该区间输入源经斩波器 1 给等效容性负载供电；区间 $t_1 \sim t_2$，$u_o > 0$，$i_{oe} < 0$，极性选择开关 S_{25} 导通、S_{15} 截止，S_{15} 导通时储能式变压器 T_1 反向充磁，S_{12} 截止时储能式变压器 T_1 反向去磁，该区间等效容性负载经斩波器 1 给输入源馈能；区间 $t_2 \sim t_3$，$u_o < 0$，$i_{oe} < 0$，极性选择开关 S_{15} 导通、S_{25} 截止，S_{21} 导通时储能式变压器 T_2 正向充磁，S_{21} 截止时储能式变压器 T_2 正向去磁，该区间输入源经斩波器 2 给等效容性负载供电；区间 $t_3 \sim t_4$，$u_o < 0$，$i_{oe} > 0$，极性选择开关 S_{15} 导通、S_{25} 截止，S_{22} 导通时储能式变压器 T_2 反向充磁，S_{22} 截止时储能式变压器 T_2 反向去磁，该区间等效容性负载经斩波器 2 给输入源馈能。

8.4.2　高频开关过程分析

串联同时选择开关有源钳位 Buck-Boost 直流斩波器型单级多输入逆变器的高频开关过程波形和区间等效电路如图 8-5 所示[6]。图 8-5 中，储能式变压器 T_1、T_2 分别用励磁电感 L_{m1}、L_{m2}，原边漏感 L_{1k1}、L_{2k1}，副边折算到原边的漏感 L_{1k2}、L_{2k2} 和匝比 $N_{11}/N_{12} = N_{21}/N_{22}$ 表示，所提出的多输入逆变器在一个高频周期内存在 11 个工作区间，正负输出半周工作原理类似，此处仅以正半周为例。

$t_0 \sim t_1$、$t_{10} \sim t_{11}$ 区间：同步整流管 S_{13}、极性选择开关 S_{25} 导通，其余功率开关截止，励磁电感 L_{m1} 储能通过 S_{13} 向负载与输出滤波电容供电，励磁电流 i_{Lm1} 以斜率 $|u_o|N_{11}/[N_{12}(L_{m1}+L_{11k2})]$ 线性下降。

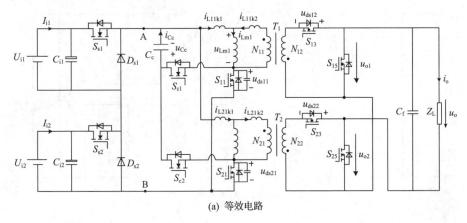

(a) 等效电路

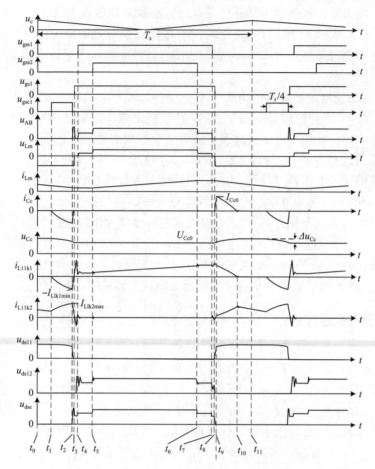

(b) 高频开关过程波形

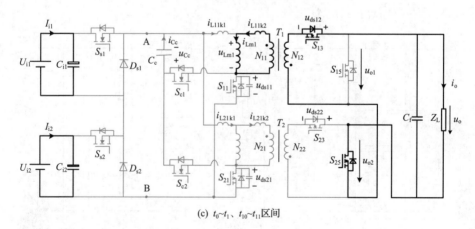

(c) $t_0 \sim t_1$、$t_{10} \sim t_{11}$ 区间

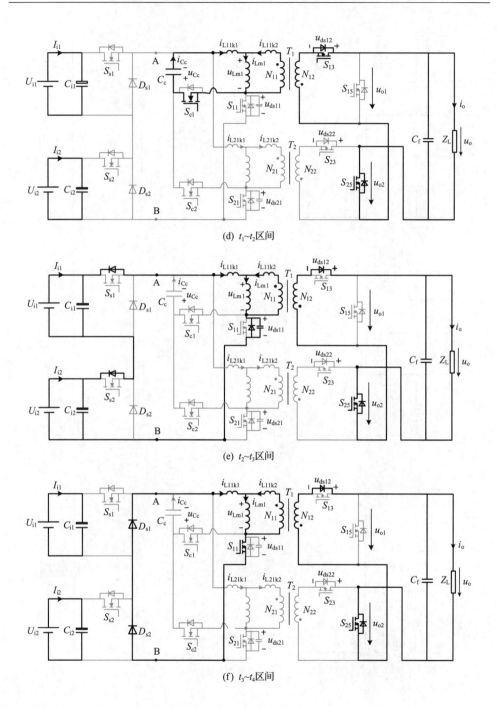

(d) $t_1 \sim t_2$ 区间

(e) $t_2 \sim t_3$ 区间

(f) $t_3 \sim t_4$ 区间

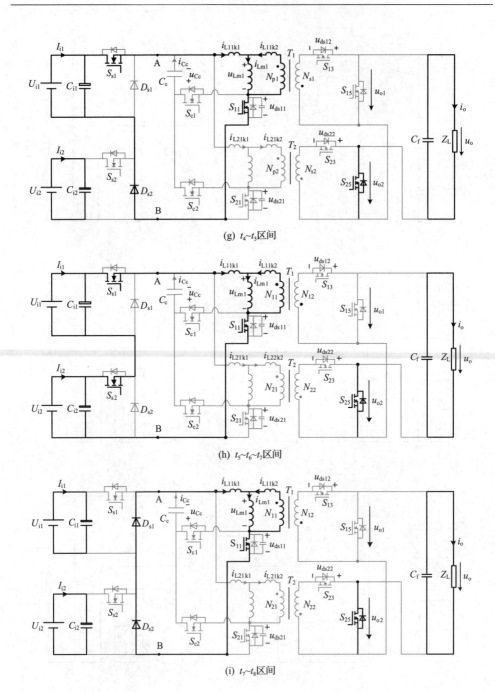

(g) $t_4 \sim t_5$区间

(h) $t_5 \sim t_6 \sim t_7$区间

(i) $t_7 \sim t_8$区间

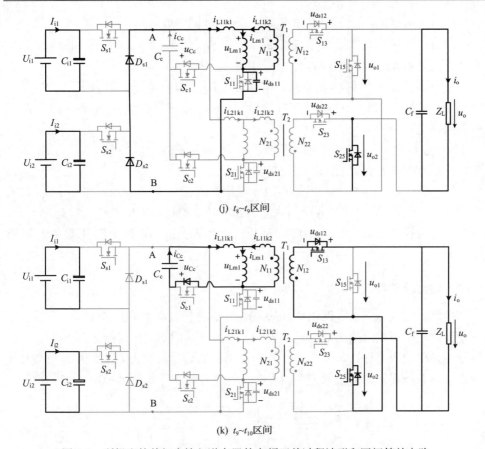

(j) $t_8 \sim t_9$ 区间

(k) $t_9 \sim t_{10}$ 区间

图 8-5　所提出的单级多输入逆变器的高频开关过程波形和区间等效电路

$t_1 \sim t_2$ 区间：t_1 时刻，S_{c1} 零电压开通；之后，等效漏感 L_{p1k1} 与钳位电容 C_c 开始谐振，i_{L11k1} 从零谐振到最低值 $-I_{L11k1min}$，i_{L12k2} 谐振上升至峰值 $I_{L12k2max}$；C_c 和 L_{m1} 共同给负载供电。

$t_2 \sim t_3$ 区间：t_2 时刻，S_{c1} 关断；之后，L_{p1k1} 和 S_{11} 的结电容谐振，若 t_2 时刻漏感 L_{11k1} 能量足够大，可使 S_{11} 实现 ZVS 开通；L_{m1} 通过 S_{13} 体二极管给负载供电。

$t_3 \sim t_4$ 区间：t_3 时刻，S_{11} 实现零电压开通；在此区间内，i_{Lm1} 通过 S_{11}、D_{s1}、D_{s2}、L_{11k1}、L_{m1} 回路续流，u_{Lm1} 快速降到零，S_{13} 承受反向电压且处于反向恢复状态，漏感电流 i_{L12k2} 以斜率 $(|u_o|N_{11}/N_{12}+u_{Lm1})/L_{11k2}$ 下降；当 S_{13} 的体二极管反向阻断时，L_{12k2} 与 S_{13} 的结电容谐振，S_{13} 的端电压峰值为 $2(|u_o|+u_{Lm1}N_{12}/N_{11})$，需加 RCD（电阻、电容、二极管）缓冲电路抑制尖峰；输出滤波电容 C_f 给负载供电。

$t_4 \sim t_5$ 区间：t_4 时刻，S_{s1} 开通，U_{i1} 通过 S_{s1}、S_{11}、D_{s2}、L_{p1k1}、L_{m1} 回路以斜率 $U_{i1}/(L_{m1}+L_{11k1})$ 向 L_{m1} 充磁，u_{Lm1} 迅速上升至 $U_{i1}L_{m1}/(L_{m1}+L_{11k1})$，$L_{12k2}$ 与 S_{13} 的结电容谐振，S_{13} 端电压峰值为 $|u_o|+2u_{Lm1}N_{12}/N_{11}$；输出滤波电容 C_f 给负载供电。

$t_5\sim t_6\sim t_7$ 区间：此区间工作模式与 $t_4\sim t_5$ 区间类似。

$t_7\sim t_8$ 区间：t_7 时刻，S_{s1} 关断，i_{Lm1} 通过 S_{11}、D_{s2}、L_{11k1}、L_{m1} 回路续流，u_{Lm1} 快速降到零；输出滤波电容 C_f 给负载供电。

$t_8\sim t_9$ 区间：t_8 时刻，S_{11} 关断，i_{Lm1} 通过 D_{s1}、D_{s2}、L_{11k1}、L_{m1} 回路向 S_{11} 结电容充电；t_9 时刻，S_{c1}、S_{12} 的体二极管导通，u_{ds11} 被钳位在 u_{Cc}；输出滤波电容 C_f 给负载供电。

$t_9\sim t_{10}$ 区间：S_{12} 实现零电压开通，C_c 与 L_{11k1} 谐振，t_{10} 时刻，i_{L11k1} 谐振下降至零；L_{m1} 给负载与输出滤波电容供电。

综上所述，S_{11}、S_{12} 和 S_{c1} 均实现零电压开通；S_{11} 提前导通，减小了 i_{L12k2} 的下降斜率，有效地降低了 S_{12} 反向恢复引起的功率损耗和电压尖峰；S_{11} 延迟关断，降低了自身电压应力；S_{s1}、S_{s2} 非同时开通，降低了 u_{Lm1} 迅速变化引起的 S_{12} 端电压尖峰。

8.4.3 输出外特性

串联同时选择开关有源钳位 Buck-Boost 直流斩波器型单级多输入逆变器在电感电流 CCM 模式时输出电压正半周一个高频开关周期的原理波形，如图 8-6 (a) 所示。光伏电池的导通时间为 D_1T_s，燃料电池的导通时间为 D_2T_s，T_s 为高频开关周期。本节所提出的多输入逆变器存在三种工作模式，如图 8-6 (b) ~ (d) 所示。

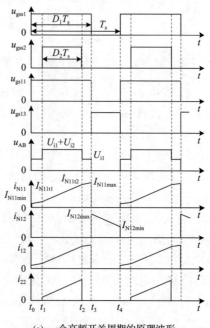

(a) 一个高频开关周期的原理波形

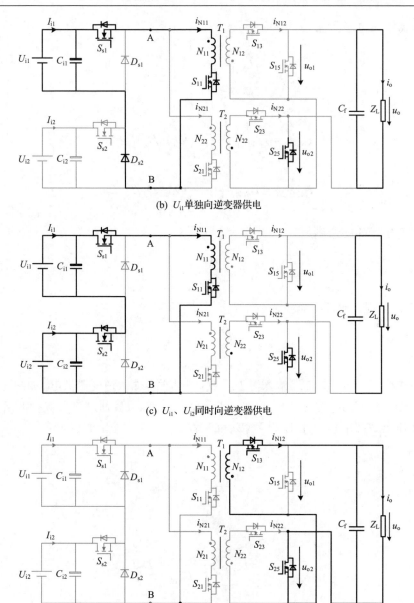

(b) U_{i1}单独向逆变器供电

(c) U_{i1}、U_{i2}同时向逆变器供电

(d) 逆变器向负载传递能量

图 8-6　所提出多输入逆变器的三种工作模式

工作模式 I：区间 $t_0\sim t_1$、$t_2\sim t_3$，第 1 路输入源光伏电池 U_{i1} 单独向多输入逆变器供电，如图 8-6(b)所示；选择开关 S_{s1}、储能开关 S_{11} 和二极管 D_{s2} 导通，选择开关 S_{s2}、同步整流管 S_{13} 和二极管 D_{s1} 截止，U_{i1} 通过 S_{s1}、S_{11} 和 D_{s2} 对储能变压器 T_1 储能，原边绕组电流 i_{N11} 以斜率 U_{i1}/L_{N11} 上升(L_{N11} 为 N11 绕组的电感)，负载由

输出滤波电容供电，即

$$L_{N11} \frac{di_{N11}}{dt} = U_{i1} \tag{8-1}$$

又

$$I_{N11t1} = I_{N11min} + \frac{U_{i1}}{L_{N11}} (D_1 - D_2) T_s / 2 \tag{8-2}$$

$$I_{N11max} = I_{N11t2} + \frac{U_{i1}}{L_{N11}} (D_1 - D_2) T_s / 2 \tag{8-3}$$

储能式变压器的磁通满足

$$N_{11} \frac{d\phi_1}{dt} = U_{i1} \tag{8-4}$$

由式(8-4)可得，磁通的增量为

$$\Delta\phi_{1+1} = \frac{U_{i1}}{N_{11}} (D_1 - D_2) T_s \tag{8-5}$$

工作模式 II：第 1、2 路输入源 U_{i1}、U_{i2} 同时对多输入逆变器供电，如图 8-6(c) 所示；S_{s1}、S_{s2} 和 S_{11} 导通，S_{12}、D_{s1}、D_{s2} 截止，U_{i1}、U_{i2} 通过 S_{s1}、S_{s2} 和 S_{11} 对储能式变压器 T_1 储能，i_{N11} 以斜率 $(U_{i1}+U_{i2})/L_{N11}$ 上升，输出滤波电容维持输出功率，即

$$L_{N11} \frac{di_{N11}}{dt} = U_{i1} + U_{i2} \tag{8-6}$$

又

$$I_{N11t2} = I_{N11t1} + \frac{U_{i1} + U_{i2}}{L_{N11}} D_2 T_s \tag{8-7}$$

储能式变压器 T_1 的磁通满足

$$N_{11} \frac{d\phi_1}{dt} = U_{i1} + U_{i2} \tag{8-8}$$

由式(8-8)求得，储能式变压器 T_1 的磁通增量为

$$\Delta\phi_{1+2} = \frac{U_{i1} + U_{i2}}{N_{11}} D_2 T_s \tag{8-9}$$

工作模态Ⅲ：储能式变压器向负载提供功率，如图 8-6(d)所示；S_{13} 导通，S_{s1}、S_{s2}、S_{11} 和 D_{s1}、D_{s2} 截止，副边绕组电流 i_{N12} 以斜率 U_o/L_{N12} 下降（L_{N12} 为 N12 绕组的电感），储能式变压器通过 S_{12} 向负载和输出滤波电容释能，即

$$L_{N12}\frac{di_{N12}}{dt}=u_o \tag{8-10}$$

又

$$I_{N12min}=I_{N12max}-\frac{U_o}{L_{N12}}(1-D_1)T_s \tag{8-11}$$

储能式变压器 T_1 的磁通满足

$$N_{12}\frac{d\phi_1}{dt}=U_o \tag{8-12}$$

由式(8-12)可得，储能式变压器 T_1 的磁通下降量为

$$\Delta\phi_{1-}=\frac{U_o}{N_{12}}(1-D_1)T_s \tag{8-13}$$

稳态时，有

$$\Delta\phi_{1+1}+\Delta\phi_{1+2}=\Delta\phi_{1-} \tag{8-14}$$

联立式(8-4)、式(8-5)、式(8-8)、式(8-9)、式(8-13)、式(8-14)，可得

$$U_o=\frac{(U_{i1}D_1+U_{i2}D_2)}{1-D_1}\frac{N_{12}}{N_{11}} \tag{8-15}$$

储能式变压器 T_1 副边绕组在一个高频开关周期的电流平均值为负载电流 I_o，结合图 8-6(a)所示波形图，可得

$$I_o=\frac{1}{2}\left(I_{N12min}+I_{N12max}\right)\left(1-D_1\right) \tag{8-16}$$

又

$$N_{11}I_{N12max}=N_{12}I_{N12max} \tag{8-17}$$

$$N_{11}I_{N11min}=N_{12}I_{N12min} \tag{8-18}$$

化简得

$$I_{N11min} = \frac{N_{12}I_o}{N_{11}(1-D_1)} - \frac{(U_{i1}D_1 + U_{i2}D_2)T_s}{2L_{N11}} \tag{8-19}$$

$$I_{N11t1} = \frac{N_{12}I_o}{N_{11}(1-D_1)} - \frac{(U_{i1}D_1 + U_{i2}D_2)T_s}{2L_{N11}} + \frac{U_{i1}}{L_{N11}}(D_1 - D_2)T_s / 2 \tag{8-20}$$

$$I_{N11t2} = \frac{N_{12}I_o}{N_{11}(1-D_1)} - \frac{(U_{i1}D_1 + U_{i2}D_2)T_s}{2L_{N11}} + \frac{U_{i1}}{L_{N11}}(D_1 - D_2)T_s / 2 + \frac{U_{i1}+U_{i2}}{L_{N11}}D_2T_s$$

$$\tag{8-21}$$

$$I_{N11max} = \frac{N_{12}I_o}{N_{11}(1-D_1)} + \frac{(U_{i1}D_1 + U_{i2}D_2)T_s}{2L_{N11}} \tag{8-22}$$

根据式(8-19)～式(8-22)及图 8-6(a)可求得，第 1 路输入源光伏电池和第 2 路输入源燃料电池的输入电流平均值为

$$I_{i1} = \frac{N_{12}I_oD_1}{N_{11}(1-D_1)} + \frac{(D_1 - D_2)(U_{i1}D_2 + 2U_{i2}D_2 - U_{i1}D_1)}{4L_{N11}} \tag{8-23}$$

$$I_{i2} = \frac{N_{12}I_oD_2}{N_{11}(1-D_1)} - \frac{U_{i1}(D_1 - D_2)D_2T_s}{2L_{N11}} \tag{8-24}$$

根据式(8-15)、式(8-23)及式(8-24)可知，输出电压跟踪和输入功率配比可通过控制 S_{s1}、S_{s2} 的占空比来实现。令 $D_2 = k_1 D_1$，$U_{i2} = k_2 U_{i1}$，代入式(8-15)，可得

$$U_o = \frac{(1 + k_1 k_2)U_{i1}D_1}{1 - D_1}\frac{N_{21}}{N_{11}} \tag{8-25}$$

设储能式变压器原边、副边内阻分别为 R_1 和 R_2，负载电阻为 R_L，由式(8-25)可得

$$U_o = \frac{(1 + k_1 k_2)U_{i1}D_1}{1 - D_1}\frac{N_{12}}{N_{11}} - \frac{(N_{12}/N_{11})D_1R_2 + (1-D_1)R_2}{(1-D_1)^2(N_{12}/N_{11})}\frac{U_o}{R_L} \tag{8-26}$$

根据式(8-26)可知，CCM(continuous conduction mode)模式时储能式变压器内阻对多输入逆变器外特性的影响曲线如图 8-7 所示。

由图 8-7 可知，当储能式变压器内阻为零时，多输入逆变器的升压能力与占空比呈正相关性，当占空比为 1 时，其将获得无穷大的升压能力。但是，在实际电路中，储能式变压器原边、副边绕组内阻不为零，占空比一开始增大时，升压值大于储能式变压器原边、副边绕组内阻压降的增大值，输出电压也增大；当占

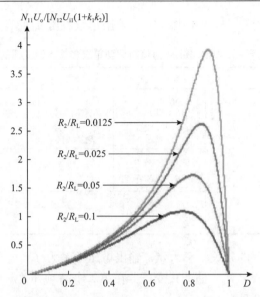

图 8-7　CCM 模式时储能式变压器内阻对多输入逆变器外特性的影响曲线

空比增大到一定值时，储能式变压器原边、副边绕组的内阻压降将大于升压值，占空比增大，输出电压将减少，而且储能式变压器原边、副边绕组内阻所占的比例越大，逆变器处于升压模式下的占空比范围也越窄。因此，实际电路设计中，多输入逆变器的最大占空比不宜取值过大。

8.5　串联同时选择开关 Buck-Boost 直流斩波器型单级多输入逆变器关键电路参数设计

8.5.1　储能式变压器匝比

当输出功率小于第 1 路输入源功率时，第 1 路输入源单独供电，此时仍需确保输出电压的稳定，储能式变压器的匝比 N_{12}/N_{11} 应满足

$$\frac{N_{12}}{N_{11}} \geqslant \frac{\sqrt{2}U_{\mathrm{o}}\left(1-d_{j\max}\right)}{d_{j\max}U_{ij\min}} \tag{8-27}$$

式中，$U_{ij\min}$、$d_{j\max}$ 分别为第 j 路输入源单独供电时的最小电压值、最大占空比值，j=1、2。

8.5.2　功率开关电压和电流应力

串联同时选择开关 Buck-Boost 直流斩波器型单级多输入逆变器的功率开关电

压应力，如表 8-1 所示。表 8-1 中，U_o 为输出正弦电压 u_o 的有效值。

表 8-1　串联同时选择开关 Buck-Boost 直流斩波型单级多输入逆变器的功率开关电压应力

电路拓扑	功率开关				
	S_{s1}、S_{s2}、$\cdots$、S_{sn}、D_{s1}、D_{s2}、$\cdots$、D_{sn}	$S_{11}(S'_{11})$、$S_{12}(S'_{12})$、$S_{21}(S'_{21})$、$S_{22}(S'_{22})$	$D_{11}(D'_{11})$、$D_{12}(D'_{12})$、$D_{21}(D'_{21})$、$D_{22}(D'_{22})$	S_{13}、S_{14}、S_{23}、S_{24}	S_{15}、S_{25}
单管式	U_{i1}、U_{i2}、$\cdots$、U_{in}	$U_{i1}+U_{i2}+\cdots+U_{in}+\sqrt{2}\,U_o N_1/N_2$	/	$(U_{i1}+U_{i2}+\cdots+U_{in})N_2/N_1+\sqrt{2}\,U_o$	$\sqrt{2}\,U_o$
并联交错单管式					
双管式		$U_{i1}+U_{i2}+\cdots+U_{in}$			
并联交错双管式					

设多输入逆变器的开关频率为 f_s，输出电压频率为 f_o，一个输出工频周期内的高频开关次数为 $N=f_s/f_o$。储能式变压器在第 k 个高频开关周期内的原边、副边绕组电流波形如图 8-8 所示。

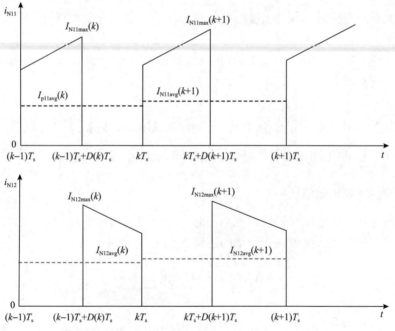

图 8-8　储能式变压器在第 k 个高频开关周期内的原边、副边绕组电流波形

储能式变压器在第 k 个高频开关周期内的占空比和负载电流平均值分别为

$$D(k) = \frac{u_o(k)}{U_{ij}N_{12}/N_{11}+u_o(k)} \tag{8-28}$$

$$I_{\mathrm{oavg}}(k) = \frac{1}{T_{\mathrm{s}}} \int_{(k-1)T_{\mathrm{s}}}^{kT_{\mathrm{s}}} \frac{\sqrt{2}S\sin\omega t}{U_{\mathrm{o}}} \mathrm{d}t \tag{8-29}$$

第 k 个高频开关周期内的副边电感电流脉动量和平均值分别为

$$\Delta i_{\mathrm{N12}}(k) = \frac{u_{\mathrm{o}}(k)\left[1 - D_{\mathrm{avg}}(k)\right]}{L_{\mathrm{N12}}f_{\mathrm{s}}} \tag{8-30}$$

$$I_{\mathrm{LNs1avg}}(k) = \frac{I_{\mathrm{oavg}}(k)}{1 - D_{\mathrm{avg}}(k)} \tag{8-31}$$

第 k 个高频开关周期内的副边电感电流峰值 $I_{\mathrm{LN12max}}(k)$、瞬时值 $i_{\mathrm{LN12}}(t)$ 和有效值 $I_{\mathrm{LN12rms}}(k)$，以及一个输出电压周期内的有效值 I_{LN12rms} 分别为

$$I_{\mathrm{LN12max}}(k) = \frac{I_{\mathrm{oavg}}(k)}{1 - D_{\mathrm{avg}}(k)} + \frac{u_{\mathrm{o}}(k)\left[1 - D_{\mathrm{avg}}(k)\right]}{2L_{\mathrm{N12}}f_{\mathrm{s}}} \tag{8-32}$$

$$i_{\mathrm{LN12}}(t) = \begin{cases} 0, & (k-1)T_{\mathrm{s}} \leqslant t < (k-1)T_{\mathrm{s}} + D_{\mathrm{avg}}(k)T_{\mathrm{s}} \\[2mm] \dfrac{I_{\mathrm{oavg}}(k)}{1 - D_{\mathrm{avg}}(k)} + \dfrac{u_{\mathrm{o}}(k)\left[1 - D_{\mathrm{avg}}(k)\right]}{2L_{\mathrm{N12}}f_{\mathrm{s}}} - \dfrac{u_{\mathrm{o}}(k)}{L_{\mathrm{N12}}}\Big[t - (k-1)T_{\mathrm{s}} - D_{\mathrm{avg}}(k-1)T_{\mathrm{s}}\Big], \\[2mm] & (k-1)T_{\mathrm{s}} + D_{\mathrm{avg}}(k)T_{\mathrm{s}} \leqslant t < kT_{\mathrm{s}} \end{cases} \tag{8-33}$$

$$I_{\mathrm{LN12rms}}(t) = \sqrt{\frac{1}{T_{\mathrm{s}}} \int_{(k-1)T_{\mathrm{s}} + D_{\mathrm{avg}}(k)T_{\mathrm{s}}}^{kT_{\mathrm{s}}} i_{\mathrm{LN12}}{}^{2}(t)\mathrm{d}t} \tag{8-34}$$

$$I_{\mathrm{LN12rms}} = \sqrt{\frac{1}{T_{\mathrm{o}}}\left[\begin{array}{l} \displaystyle\int_{0}^{T_{\mathrm{s}}} i_{\mathrm{LN12}}^{2}(t)\mathrm{d}t + \int_{T_{\mathrm{s}}}^{2T_{\mathrm{s}}} i_{\mathrm{LN12}}^{2}(t)\mathrm{d}t + \cdots + \int_{(k-1)T_{\mathrm{s}}}^{kT_{\mathrm{s}}} i_{\mathrm{LN12}}^{2}(t)\mathrm{d}t + \cdots \\[3mm] + \displaystyle\int_{(N-1)T_{\mathrm{s}}}^{NT_{\mathrm{s}}} i_{\mathrm{LN12}}^{2}(t)\mathrm{d}t \end{array}\right]} \tag{8-35}$$

$$= \sqrt{\frac{1}{T_{\mathrm{o}}} \sum_{k=1}^{500} I^{2}{}_{\mathrm{LN12rms}}(k)T_{\mathrm{s}}}$$

第 k 个高频开关周期内原边电感电流的脉动量和平均值分别为

$$\Delta i_{\mathrm{LN11}}(k) = \frac{U_{ij}D_{\mathrm{avg}}(k)}{L_{\mathrm{N11}}f_{\mathrm{s}}} \tag{8-36}$$

$$I_{\text{LN11avg}}(k) = \frac{N_{12}}{N_{11}} I_{\text{LN12avg}}(k) \tag{8-37}$$

第 k 个高频开关周期内的原边电感电流峰值 $I_{\text{LN11max}}(k)$、瞬时值 $i_{\text{LN11}}(t)$ 和有效值 $I_{\text{LN11rms}}(k)$，以及其低频周期内的有效值 I_{LN11rms} 分别为

$$I_{\text{LN11max}}(k) = \frac{N_{12}}{N_{11}} I_{\text{LN12max}}(k) \tag{8-38}$$

$$i_{\text{LN11}}(t) = \begin{cases} \left[\dfrac{I_{\text{oavg}}(k)}{1 - D_{\text{avg}}(k)} \right] \dfrac{N_{12}}{N_{11}} \\[3mm] + \dfrac{U_{ij}}{L_{N11}} \left[t - (k-1)T_{\text{s}} - \dfrac{D_{\text{avg}}(k)T_{\text{s}}}{2} \right], & (k-1)T_{\text{s}} \leqslant t < (k-1)T_{\text{s}} + D_{\text{avg}}(k)T_{\text{s}} \\[3mm] 0, & (k-1)T_{\text{s}} + D_{\text{avg}}(k)T_{\text{s}} \leqslant t < kT_{\text{s}} \end{cases} \tag{8-39}$$

$$I_{\text{LN11rms}}(t) = \sqrt{\frac{1}{T_{\text{s}}} \int_{(k-1)T_{\text{s}}}^{(k-1)T_{\text{s}} + D_{\text{avg}}(k)T_{\text{s}}} i_{\text{LN11}}^{2}(t)\mathrm{d}t} \tag{8-40}$$

$$\begin{aligned} I_{\text{LN11rms}} &= \sqrt{\frac{1}{T_{\text{o}}} \left[\begin{array}{l} \displaystyle\int_{0}^{T_{\text{s}}} i_{\text{LN11}}^{2}(t)\mathrm{d}t + \int_{T_{\text{s}}}^{2T_{\text{s}}} i_{\text{LN11}}^{2}(t)\mathrm{d}t + \cdots + \int_{(k-1)T_{\text{s}}}^{kT_{\text{s}}} i_{\text{LN11}}^{2}(t)\mathrm{d}t \\[3mm] \displaystyle + \cdots + \int_{(N-1)T_{\text{s}}}^{NT_{\text{s}}} i_{\text{LN11}}^{2}(t)\mathrm{d}t \end{array} \right]} \\[3mm] &= \sqrt{\frac{1}{T_{\text{o}}} \sum_{k=1}^{500} I_{\text{LN11rms}}^{2}(k)T_{\text{s}}} \end{aligned} \tag{8-41}$$

极性选择开关 S_{15}、S_{25} 的电流瞬时值、峰值、有效值分别为

$$i_{\text{o}}(t) = \frac{\sqrt{2}S}{U_{\text{o}}} \sin(\omega t - \varphi_{\text{L}}) \tag{8-42}$$

$$I_{\text{opeak}} = \frac{\sqrt{2}S}{U_{\text{o}}} \tag{8-43}$$

$$I_{\text{orms}} = \frac{S}{\sqrt{2}U_{\text{o}}} \tag{8-44}$$

参 考 文 献

[1] 陈道炼. DC-AC 逆变技术及其应用. 北京: 机械工业出版社, 2003.

[2] 陈道炼. 串联同时供电隔离反激直流斩波型单级多输入逆变器: 中国, 20181002937 4.4. 2020.

[3] 陈道炼. 差动升降压直流斩波器型高频链逆变器: 中国, 200810072268.0. 2010.

[4] Chen D L, Chen S. Combined bi-directional buck-boost DC-DC chopper mode inverters with HFL. IEEE Transactions on Industrial Electronics, 2014, 61 (8): 3961-3968.

[5] Qiu Y H, Jiang J H, Chen D L. Development and present status of multi-energy distributed power generation system. IEEE 8th International Power Electronics and Motion Control Conference, Hefei, 2016.

[6] 陈伟强. 串联同时供电反激直流斩波型单级多输入逆变器. 福州: 福州大学, 2019.

第9章 多绕组同时供电 Boost 型单级多输入逆变器

9.1 概　　述

多绕组分时选择开关 Buck 和 Buck-Boost 型、多绕组分时选择开关 Buck 和 Buck-Boost 直流斩波器型单级多输入逆变器实现了多输入源间、输出与输入间电气隔离，但多输入源在一个高频开关周期内分时向交流负载供电，占空比调节范围小，变换效率不够理想。

为了进一步提高多输入逆变器的变换效率，有必要增大多输入源占空比的调节范围。根据电路对偶原理，如果将多绕组分时选择开关 Buck 型单级多输入逆变器的输出滤波电感置于输入侧，即可派生出一类具有占空比调节范围大、输入电流纹波小（对电源产生的电磁干扰小）、负载短路时可靠性较高、输出容量大等优点的多绕组同时供电 Boost 型单级多输入逆变器。

本章提出多绕组同时供电 Boost 型单级多输入逆变器及其分布式发电系统，并对构成其电路结构与拓扑族、能量管理控制策略、稳态原理特性、主要电路参数设计准则等关键技术进行深入的理论分析与仿真研究，获得重要结论。

9.2 多绕组同时供电 Boost 型单级多输入
逆变器电路结构与拓扑族

9.2.1 电路结构

文献[1]与[2]提出了多绕组同时供电 Boost 型单级多输入逆变器电路结构与拓扑族，该电路结构由多个相互隔离的带有输入滤波器和储能电感的高频逆变电路、高频变压器、周波变换器和输出滤波电容依序级联构成，如图 9-1(a)(b)所示。

Boost 型变换器是升压型变换器，在每个高频开关周期内总存在 $|u_o|>U_{ij}N_2/N_{1j}(j=1, 2, \cdots, n)$，当需要输出正弦电压时，为了确保输出正弦电压 $|u_o| \leqslant U_{ij}N_2/N_{1j}(j=1, 2, \cdots, n)$ 期间输出电压波形质量，需要采取如下措施：①图 9-1(a)中，储能电感 L_1、L_2、$\cdots$、L_n 两端附加由承受双向电压应力、单向电流应力的二象限高频功率开关或承受双向电压应力、双向电流应力的四象限高频功率开关构成的旁路开关 S_{01}、S_{02}、$\cdots$、S_{0n}，在此期间或当输入直流侧电流超过某一设定值时，中止高频逆变电路的储能开关工作且启动旁路开关 S_{01}、S_{02}、$\cdots$、S_{0n} 工作，

为储能电感提供一个续流路径，输入源和储能电感释放能量的路径保持不变；②图 9-1(b) 中，在输出端和输入端之间附加一个小容量反激式能量回馈电路，其由周波变换器(由一个四象限高频功率开关 S_{a1} 实现)、具有副边中心抽头的高频储能式变压器 T_a、整流器(两个能承受双向电压应力和单向电流应力的二象限高频功率开关 S_{a2} 和 S'_{a2})依序级联构成，在此期间中止主功率通道工作、启动小容量反激式能量回馈电路工作，将输出侧过多的能量回馈到输入电源侧(如第 1 路输入

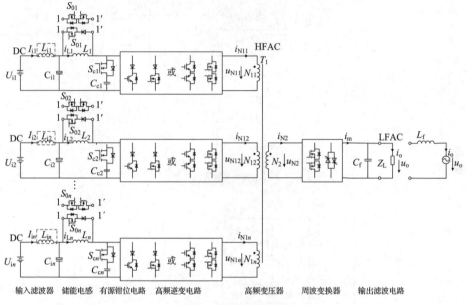

(a) 储能电感两端附加旁路开关

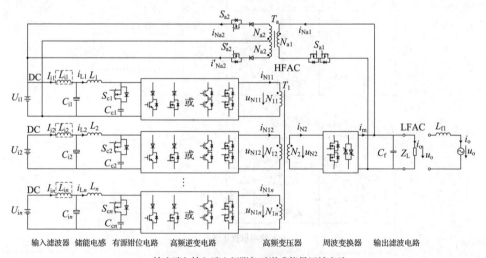

(b) 输出端与输入端之间附加反激式能量回馈电路

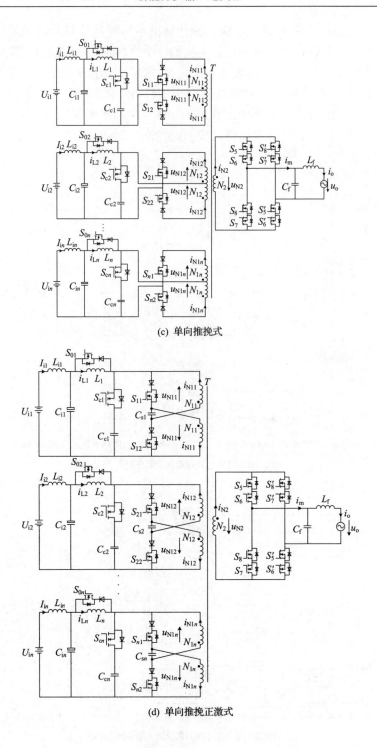

(c) 单向推挽式

(d) 单向推挽正激式

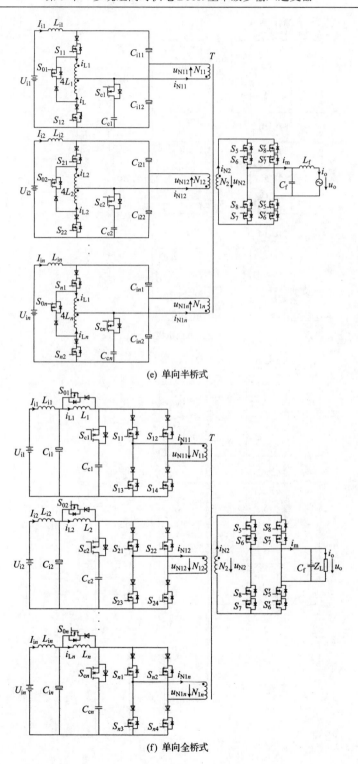

(e) 单向半桥式

(f) 单向全桥式

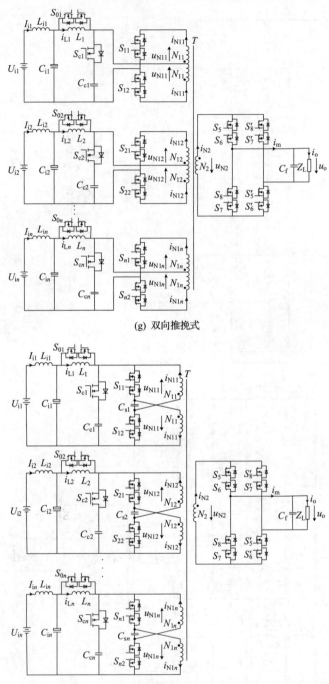

(g) 双向推挽式

(h) 双向推挽正激式

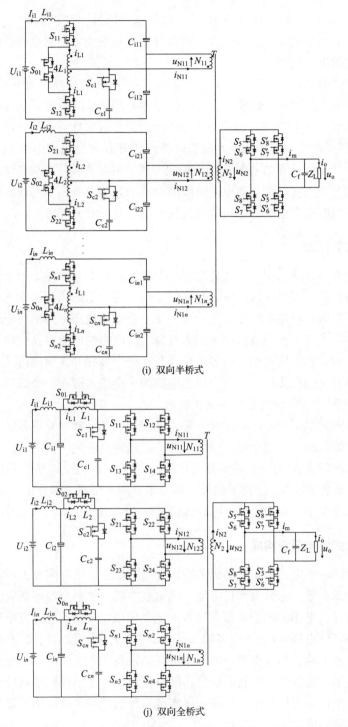

(i) 双向半桥式

(j) 双向全桥式

图 9-1　多绕组同时供电 Boost 型单级多输入逆变器电路结构与拓扑族

源)。此外,图 9-1 所示电路结构中附加的由 S_{c1} 和 C_{c1} 串联、S_{c2} 和 C_{c2} 串联、…、S_{cn} 和 C_{cn} 串联构成的有源钳位电路,旨在抑制高频变压器漏感阻碍储能电感能量释放所引起的电压尖峰。

多路高频逆变电路将 n 路储能电感 L_1、L_2、…、L_n 的高频脉动电流 i_{L1}、i_{L2}、…、i_{Ln}(幅值为正弦半波包络线)逆变成双极性三态的高频脉冲电流 i_{N11}、i_{N12}、…、i_{N1n},经高频变压器 T_1 电气隔离、传输和电流匹配后得到双极性三态的多电平高频脉冲电流 i_{N2},经周波变换器和输出滤波器后获得优质的正弦交流电压 u_o 或正弦并网电流 i_o。多输入源工作在最大功率输出方式,根据负载功率与多输入源最大功率之和的相对大小实时控制蓄电池单级隔离双向充放电变换器的功率流大小和方向,实现系统的输出电压稳定和储能设备充放电的平滑无缝切换。

9.2.2　电路拓扑族

以储能电感两端附加旁路开关为例,多绕组同时供电 Boost 型单级多输入逆变器电路拓扑族,如图 9-1 (c) ~ (j) 所示。多输入逆变器的高频逆变开关和旁路开关在单向、双向两种功率流情形下分别采用承受双向电压应力单向电流应力的二象限高频功率开关、承受双向电压应力双向电流应力的四象限高频功率开关;推挽、推挽正激式和半桥式电路的多个输入源在一个高频开关周期内只能以相同的占空比同时对交流负载供电,而全桥式电路的多个输入源在一个高频开关周期内以不同的占空比同时/分时对交流负载供电。

多绕组同时供电 Boost 型单级多输入逆变器及其分布式发电系统,具有如下特点:①多输入源、交流负载、储能元件三者之间高频电气隔离,储能元件使用寿命长;②多输入源在一个高频开关周期内同时/分时向交流负载和储能元件供电,占空比调节范围宽;③除了储能元件充电外属于单级功率变换,变换效率高;④输出电流纹波小、负载短路时可靠性较高。

9.2.3　分布式发电系统构成

多绕组同时供电 Boost 型单级多输入分布式发电系统如图 9-2 所示。该系统由三部分构成:第一部分由光伏电池、风力发电机、燃料电池等新能源发电设备和多绕组同时供电 Boost 型单级多输入逆变器构成,多路新能源发电设备通过一个多绕组同时供电 Boost 型单级多输入逆变器进行电能变换后连接到交流母线上;第二部分由蓄电池、超级电容等辅助能量存储设备和单级隔离双向充放电变换器构成,蓄电池、超级电容等辅助能量存储设备通过一个单级隔离双向充放电变换器进行电能变换后连接到交流母线上以实现系统的功率平衡;第三部分由交流负载或交流电网构成。

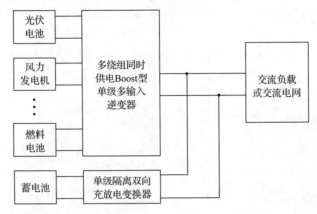

图 9-2　多绕组同时供电 Boost 型单级多输入分布式发电系统

多输入源工作在最大功率输出方式，根据负载功率与多输入源最大功率之和的相对大小实时控制储能元件单级隔离双向充放电变换器的功率流大小和方向，实现系统输出电压稳定和储能设备充放电的平滑无缝切换。

9.3　多绕组同时供电 Boost 型单级多输入
逆变器能量管理控制策略

9.3.1　能量管理控制策略

按照多输入源功率分配方式的不同，多绕组同时供电 Boost 型单级多输入逆变器的能量管理分为主从功率分配和最大功率输出两类模式[2-4]。本节以图 9-1(f) 单向全桥式拓扑为例，论述这类多输入逆变器的能量管理控制策略、原理特性和关键电路参数设计准则。

多绕组同时供电 Boost 型单级多输入逆变器采用输出电压反馈外环和具有储能电感电流限制的非线性 PWM 单周期控制内环的主从功率分配能量管理控制策略，如图 9-3 所示。图 9-3 中，MPPT 电压环输出 k_1^*、k_2^*、$\cdots$、k_{n-1}^* 经限幅电路输出第 1、2、$\cdots$、$n-1$ 路输入源的输出功率占总输出功率的比值 k_1、k_2、$\cdots$、k_{n-1}，输出电压误差放大信号与符号函数相乘得到电流参考信号 $i_{oe} * \mathrm{sgn}(u_{or})$，$i_{oe} * \mathrm{sgn}(u_{or})$ 分别与 k_1、k_2、$\cdots$、k_{n-1}，$1 - \sum\limits_{j=1}^{n-1} K_j$ 相乘得到第 1、2、$\cdots$、n 路等效输出电流参考 i_{o1r}，i_{o2r}，$\cdots$，$i_{o(n-1)r}$，i_{onr}。该能量管理控制策略是通过控制输出电压环输出信号 i_{oe} 来对输出电压进行控制的，通过控制 k_1、k_2、$\cdots$、k_n 的大小来对各路输入源进行功率分配，实现了第 1、2、$\cdots$、$n-1$ 路输入源最大功率输出、第 n 路输入源补充负载所需不足功率，以及输出电压的稳定。

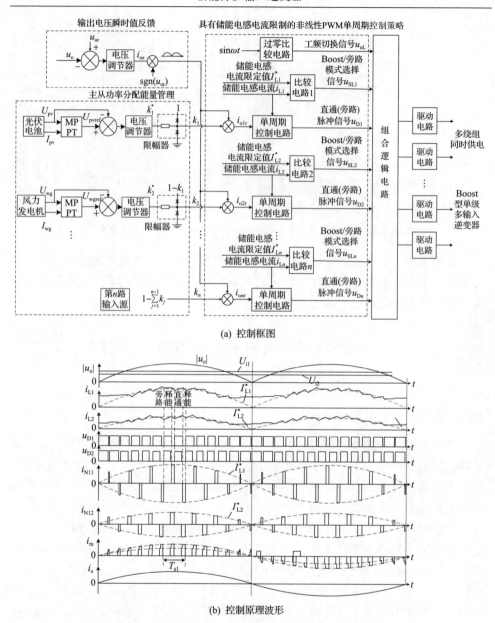

(a) 控制框图

(b) 控制原理波形

图 9-3　多绕组同时供电 Boost 型单级多输入逆变器的能量管理控制策略

　　具有储能电感电流限制的非线性 PWM 单周期控制策略[5-7]如图 9-4 所示。以第 1 路为例，第 1 路等效调制电流反馈信号绝对值$|i_{m1}|$经含复位功能的积分电路后得到其平均值 i_{m1avg}，i_{m1avg} 与第 1 路输出电流基准信号 i_{o1r} 比较所得信号和恒频时钟信号分别作为 RS 触发器的复位端和置位端，RS 触发器 $\bar{Q}$ 端生成脉冲宽度为 D_1T_{s1} 的 PWM 高频信号 u_{D1} 作为积分电路的高频积分复位信号。

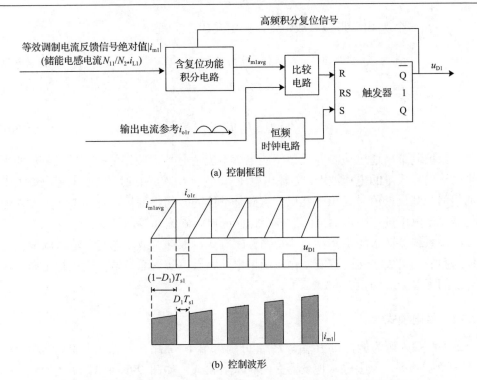

(a) 控制框图

(b) 控制波形

图 9-4　具有储能电感电流限制的非线性 PWM 单周期控制策略

积分电路每个高频开关周期复位一次，设逆变器储能电感的直通（旁路）、释能时间分别为 $D_1 T_{s1}$、$(1-D_1) T_{s1}$，可得 i_{m1avg} 为

$$i_{m1avg} = \left| \frac{1}{T_{s1}} \int_{D_1 T_{s1}}^{T_{s1}} i_{m1} dt \right| \tag{9-1}$$

由于高频开关周期 T_{s1} 远小于输出电压周期，输出滤波电容端电压和输出电流在一个 T_{s1} 内可近似看成恒定，故在一个 T_{s1} 内输出滤波电容中的平均值电流近似为零，根据基尔霍夫电流定律可得一个 T_{s1} 内等效输出电流 i_{o1} 与逆变器调制电流平均值 i_{m1avg} 相等，即

$$i_{o1} = \left| \frac{1}{T_{s1}} \int_{D_1 T_{s1}}^{T_{s1}} i_{m1} dt \right| \tag{9-2}$$

释能期间，逆变器调制电流绝对值 $|i_{m1}|$ 和储能电感电流呈比例关系，即 $|i_{m1}| = i_{L1} N_{11} / N_2$，可得

$$i_{o1} = \left| \frac{1}{T_s} \int_{D_1 T_{s1}}^{T_{s1}} i_{m1} dt \right| = \left| \frac{1}{T_s} \int_{D_1 T_{s1}}^{T_{s2}} i_{L1} N_{11} / N_2 dt \right| \tag{9-3}$$

i_{L1} 在一个 T_s 内可近似看成恒定，则由式(9-2)可得

$$i_{o1} = (1 - D_1)i_{L1}N_{11} / N_2 \tag{9-4}$$

同理可得

$$i_{o2} = (1 - D_2)i_{L2}N_{12} / N_2 \tag{9-5}$$

该控制策略通过检测并反馈储能电感电流适时地调整馈能占空比 $1-D_n$ 的大小以输出高质量的电流波形。当输出电压 u_o 小于 $U_{in}N_2/N_{1n}$ 时，储能电感电流大于期望值，其反馈信号经积分器积分达到基准值的时间将变短，从而改善多输入逆变器输出电压过零附近输出波形畸变、储能电感磁饱和等问题。

该系统多输入源工作在主从功率分配方式，根据负载功率与多输入源最大功率之和的相对大小实时控制多输入源供电的路数，实现系统输出电压稳定和多输入源的平滑无缝切换。

9.3.2　供电模式

以两输入源为例，设 P_{1max}、P_{2max} 分别为第 1、2 路输入源输出的最大功率，P_o 为负载功率，该多输入逆变器有两种供电模式，如图 9-5 所示。供电模式 I：当 $P_{1max}<P_o<P_{1max}+P_{2max}$ 时，第 1 路功率占比信号 k_1 等于 MPPT 电压环 PI 调节器输出信号 k_1^*，第 1 路输出最大功率，第 2 路功率比信号 $k_2=1-k_1$，补充负载所需不足功率；供电模式 II：当 $P_o<P_{1max}$ 时，k_1^* 将大于 1，经限幅电路后 $k_1=1$，$k_2=1-k_1=0$，则第 1 路输入源提供负载所需功率，第 2 路输入源停止工作。

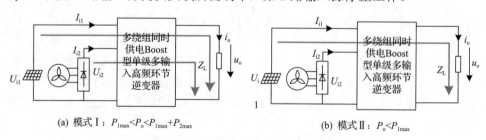

(a) 模式 I：$P_{1max}<P_o<P_{1max}+P_{2max}$　　　　　　　(b) 模式 II：$P_o<P_{1max}$

图 9-5　多输入逆变器的两种供电模式

9.4　多绕组同时供电 Boost 型单级多输入
高频环节逆变器原理特性

9.4.1　低频输出周期内的稳态原理

按功率传递方向，多绕组同时供电 Boost 型单级多输入逆变器在一个工频输

出周期内可分为 A、B、C、D 四种工作区间，如图 9-6、表 9-1 所示。

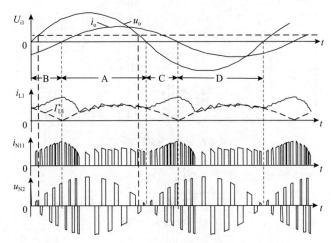

图 9-6　逆变器在一个低频输出周期内的稳态波形

表 9-1　一个低频输出周期内的 4 种工作区间

工作区间	输出电压 u_o	输出电流 i_o	能量传递方向
A	>0	>0	正向
B	>0	<0	反向
C	<0	>0	反向
D	<0	<0	正向

　　工作区间 A：$u_o>0$，$i_o>0$，输入源向负载正向传递能量，以第 1 路输入源拓扑为例，根据储能电感电流限定的控制方式，主电路存在 Boost、旁路两种模式和 6 种工作状态，如图 9-7 所示。

　　工作区间 B：$u_o>0$，$i_o<0$，负载向输入源回馈能量，能量回馈使储能电感电流瞬时值增大至电感电流限定值，主电路工作在旁路模式，存在 4 种工作状态，如图 9-8 所示。

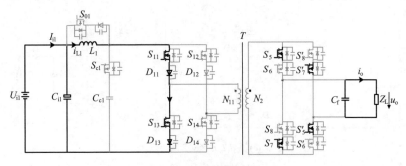

(a) $0 \sim d_1 T_{s1}/2$ 区间储能状态

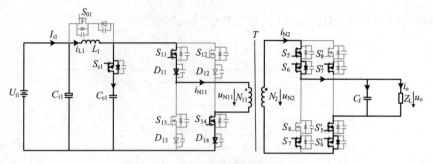

(b) $d_1T_{s1}/2 \sim T_{s1}/2$区间释能状态

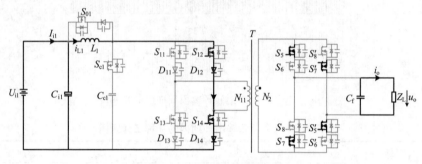

(c) $T_{s1}/2 \sim (1+d_1)T_{s1}/2$区间储能状态

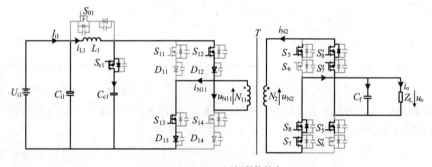

(d) $(1+d_1)T_{s1}/2 \sim T_{s1}$区间释能状态

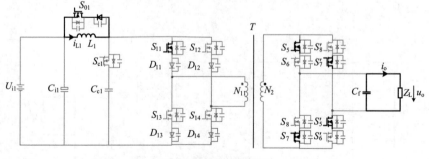

(e) $0 \sim d_1T_{s1}/2$区间旁路状态

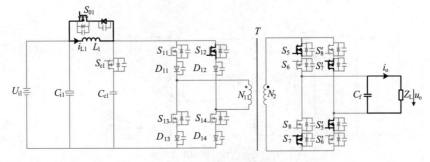

(f) $T_{s1}/2 \sim (1+d_1)T_{s1}/2$区间旁路状态

图 9-7　逆变器工作区间 A 的 6 种工作状态

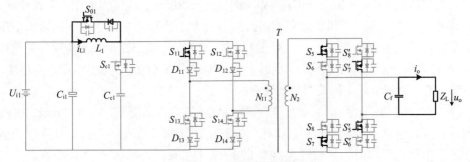

(a) $0 \sim d_1 T_{s1}/2$区间旁路状态

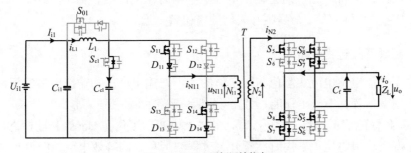

(b) $d_1 T_{s1}/2 \sim T_{s1}/2$区间回馈状态

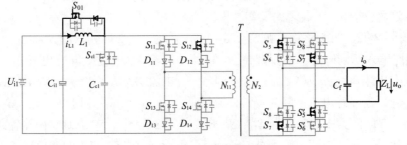

(c) $T_{s1}/2 \sim (1+d_1)T_{s1}/2$区间旁路状态

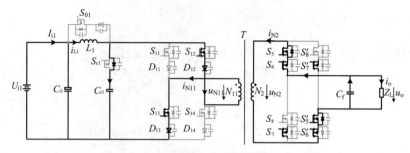

(d) $(1+d_1)T_{s1}/2 \sim T_{s1}$ 区间回馈状态

图 9-8　逆变器工作区间 B 的 4 种工作状态

工作区间 C：$u_o<0$，$i_o>0$，负载向输入源回馈能量，该区间工作在旁路模式，存在 4 种工作状态，工作状态和工作区间 B 相似，不同之处在于该区间输出电压正半周时，周波变换器 $S_5(S_5')$、$S_7(S_7')$ 常通，$S_8(S_8')$、$S_6(S_6')$ 在一个高频开关周期内交替开通；而在输出电压负半周时，周波变换器 $S_6(S_6')$、$S_8(S_8')$ 常通，$S_5(S_5')$、$S_7(S_7')$ 在一个高频开关周期内交替开通。

工作区间 D：$u_o<0$，$i_o<0$，输入源向负载正向传递能量，存在 Boost、旁路两种模式，包括 6 种工作状态，工作状态和工作区间 A 相似，不同之处在于该区间输出电压正半周时，周波变换器 $S_5(S_5')$、$S_7(S_7')$ 常通，$S_6(S_6')$、$S_8(S_8')$ 在一个高频开关周期内交替开通；而在输出电压负半周时，周波变换器 $S_6(S_6')$、$S_8(S_8')$ 常通，$S_7(S_7')$、$S_5(S_5')$ 在一个高频开关周期内交替开通。

9.4.2　高频开关过程分析

根据储能电感电流实际值与限定值的大小、输出电压和输出电流的相位差，多输入逆变器存在 Boost-释能、旁路-释能、旁路-回馈三种情形。

Boost-释能情形。当 $i_{Ln}<I_{Ln}^*$ 时，多输入逆变器工作在 Boost-释能模式。双输入源逆变器输出电压正半周时高频开关过程波形和区间等效电路如图 9-9 所示。一个高频开关周期 $T_{s1}(t_0 \sim t_{16})$ 内有 16 个工作区间，其中 $t_8 \sim t_{16}$ 区间和 $t_0 \sim t_8$ 区间相似，这里仅分析 $t_0 \sim t_8$ 区间工作过程。

$t_0 \sim t_1$ 区间，第 1 路输入源 S_{11}、S_{12}、S_{13} 开通，第 2 路输入源 S_{21}、S_{22}、S_{23} 开通，两路输入源同时进入换流重叠区，以第 1 路输入源为例，漏感电流 i_{Lk11} 和 S_{12} 电流 i_{S12} 以斜率 $N_{11}|u_o|/(N_2L_{k11})$ 迅速下降，S_{11} 电流 i_{S11} 从零以斜率 $N_{11}|u_o|/(N_2L_{k11})$ 迅速上升，当漏感电流下降为零时换流结束；$t_1 \sim t_2$ 区间，t_1 时刻，S_{12}、S_{22} 零电流关断，该区间第 1 路输入源 S_{11}、S_{13} 开通，第 2 路 S_{21}、S_{23} 开通，两路输入源开启储能状态，储能电感电流上升；$t_2 \sim t_3$ 区间，t_2 时刻 S_{24} 和周波变换器 $S_6(S_6')$ 零电流开通，两路变换器继续工作在储能状态；$t_3 \sim t_4$ 区间，t_3 时刻 S_{23} 关断，第 1

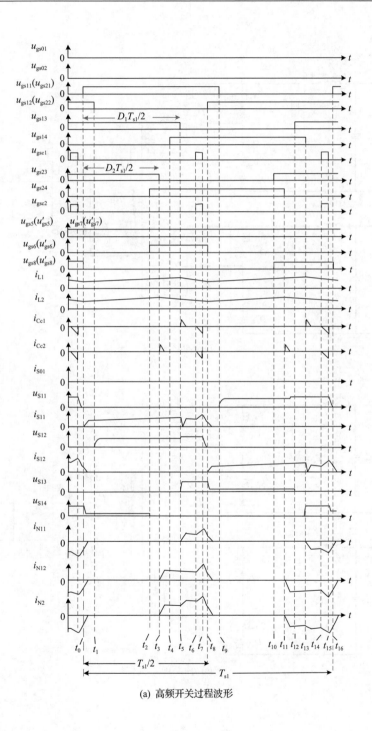

(a) 高频开关过程波形

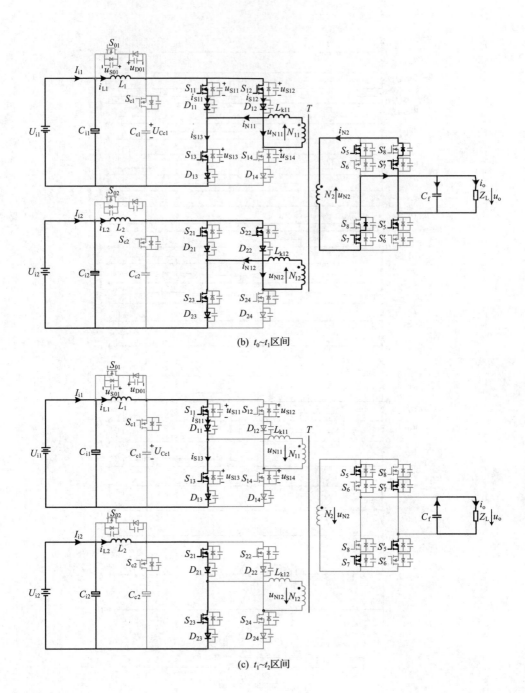

(b) $t_0 \sim t_1$ 区间

(c) $t_1 \sim t_2$ 区间

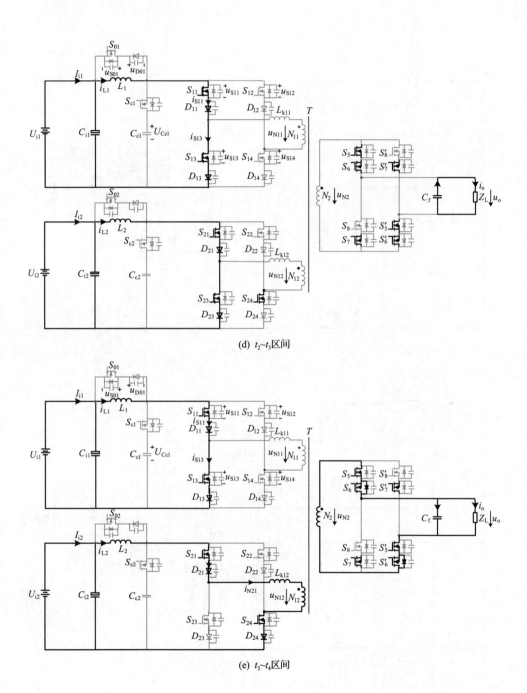

(d) $t_2 \sim t_3$ 区间

(e) $t_3 \sim t_4$ 区间

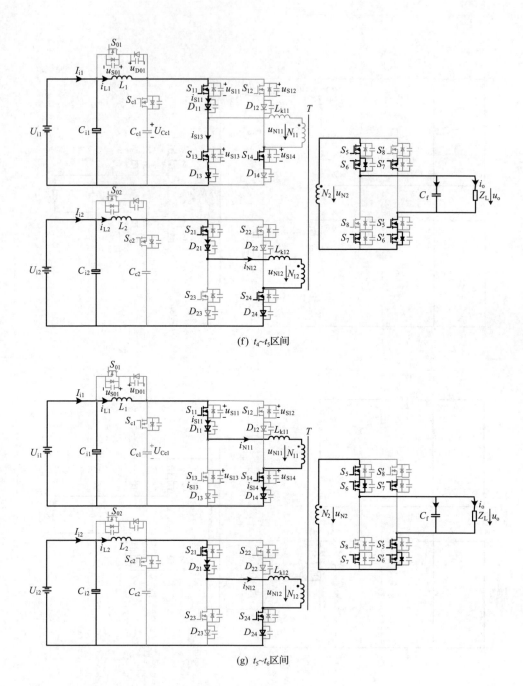

(f) $t_4 \sim t_5$区间

(g) $t_5 \sim t_6$区间

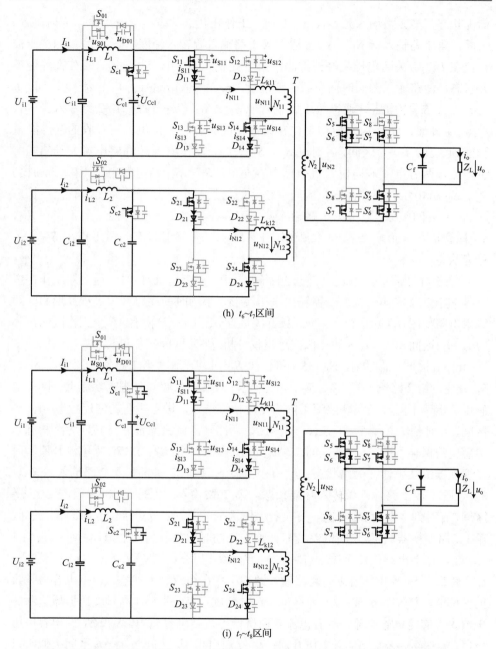

(h) $t_6 \sim t_7$ 区间

(i) $t_7 \sim t_8$ 区间

图 9-9 双输入源逆变器在 Boost-释能情形下的高频开关过程波形和区间等效电路

路输入源 S_{11}、S_{13} 导通,第 1 路输入源工作在储能状态,第 2 路输入源 S_{21}、S_{24} 导通,第 2 路输入源转入释能状态,S_{23} 漏源电压被钳位在 U_{Cc2};$t_4 \sim t_5$ 区间,t_4 时刻零电流 S_{14} 开通,第 1 路输入源 S_{11}、S_{13}、S_{14} 开通,第 1 路输入源继续工作在储能状态，第 2 路输入源 S_{21}、S_{24} 开通，工作在释能状态；$t_5 \sim t_6$ 区间，t_5 时刻 S_{13} 关断，第 1 路输入源 S_{11}、S_{14} 导通，第 1 路输入源转入释能状态，S_{13} 漏源电压被钳位在 U_{Cc1}，关断电压尖峰被抑制，第 2 路输入源 S_{21}、S_{24} 导通，工作在释能模态状态，两路输入源同时向负载传递能量，$i_{N2}N_2 = i_{N11}N_{11} + i_{N12}N_{12}$；$t_6 \sim t_7$ 区间，t_6 时刻 S_{c1}、S_{c2} 零电压开通，第 1 路输入源 S_{11}、S_{14}、S_{c1} 开通，第 2 路输入源 S_{21}、S_{24}、S_{c2} 开通，两路输入源均工作在钳位释能状态，钳位电容将吸收的漏感能量释能到负载；$t_7 \sim t_8$ 区间，t_7 时刻 S_{c1}、S_{c2} 关断，变压器原边漏感电流大于储能电感电流，两者电流差向桥臂等效结电容充电，S_{11}、S_{21} 结电容电压下降，t_8 时刻 S_{12}、S_{22} 低电压开通；$t_8 \sim t_{16}$ 区间，该区间为后半个高频开关周期，其工作状态与 $t_0 \sim t_8$ 区间类似，只是第 1 路输入源先工作在 S_{12}、S_{14} 储能状态，后工作在 S_{12}、S_{13} 释能状态，而第 2 路输入源先工作在 S_{22}、S_{24} 储能状态，后工作在 S_{22}、S_{23} 释能状态。

旁路-释能情形。当 $i_{Ln} > I_{Ln}^*$ 时且输出电压、电流同极性时，逆变器工作在旁路-释能模态。双输入源逆变器输出电压波形正半周时的高频开关过程波形和区间等效电路如图 9-10 所示。一个高频开关周期 $T_{s1}(t_0 \sim t_{16})$ 内有 16 个工作区间，其中 $t_8 \sim t_{16}$ 区间和 $t_0 \sim t_8$ 区间相似，这里仅分析 $t_0 \sim t_8$ 区间工作过程。

$t_0 \sim t_1$ 区间，t_0 时刻，S_{11}、S_{21} 和 S_{01}、S_{02} 同时开通，第 1 路输入源 S_{11}、S_{12}、S_{13} 开通，第 2 路输入源 S_{21}、S_{22}、S_{23} 开通，两路输入源同时进入换流重叠区，漏感电流迅速下降，当漏感电流下降为零时换流结束，进入短暂的储能状态；$t_1 \sim t_2$ 区间，t_1 时刻，S_{12}、S_{22} 和 S_{13}、S_{23} 关断，两路输入源由储能状态转向旁路状态，电感电流保存不变；$t_2 \sim t_3$ 区间，t_2 时刻 S_{24} 和周波变换器 $S_6(S_6')$ 零电流开通，两路变换器继续工作在旁路状态；$t_3 \sim t_4$ 区间，t_3 时刻 S_{02} 关断，第 2 路输入源 S_{21}、S_{24} 导通，第 2 路输入源转入释能状态，第 1 路输入源保持旁路状态不变；$t_4 \sim t_5$ 区间，t_4 时刻零电流 S_{14} 开通，变换器工作状态不变；$t_5 \sim t_6$ 区间，t_5 时刻 S_{01} 关断，第 1、2 路变换器均工作在释能状态，两输入源同时向负载传递能量，$i_{N2}N_2 = i_{N11}N_{11} + i_{N12}N_{12}$，储能电感电流下降（$|u_o| > N_2/N_{1n}U_{in}$）或上升（$|u_o| < N_2/N_{1n}U_{in}$）；$t_6 \sim t_7$ 区间，t_6 时刻 S_{c1}、S_{c2} 零电压开通，两路输入源均工作在钳位释能状态，钳位电容将吸收的漏感能量释能到负载；$t_7 \sim t_8$ 区间，t_7 时刻 S_{c1}、S_{c2} 关断，高频变压器原边漏感电流大于储能电感电流，两者电流差向桥臂等效结电容充电，S_{11}、S_{21} 结电容电压下降；t_8 时刻，S_{12}、S_{22} 低电压开通；$t_8 \sim t_{16}$ 区间，该区间与 $t_0 \sim t_8$ 区间类似，只是第 1 路输入源先工作在 S_{01} 开通的旁路状态，之后工作在 S_{12}、S_{13} 开通的释能状态，第 2 路输入源先工作在 S_{02} 开通的旁路状态，之后工作在 S_{22}、S_{23} 开通的释能状态。

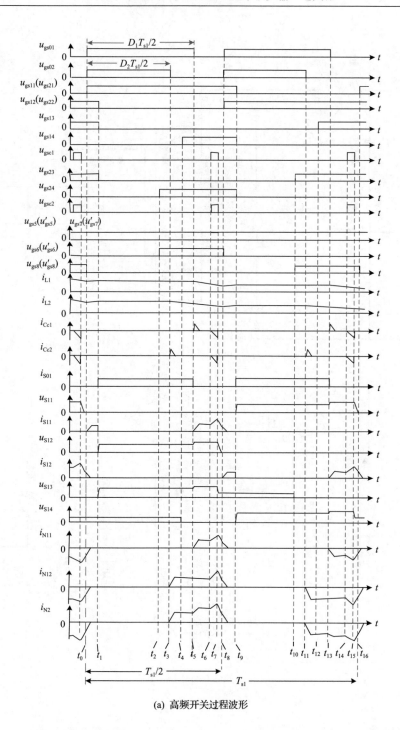

(a) 高频开关过程波形

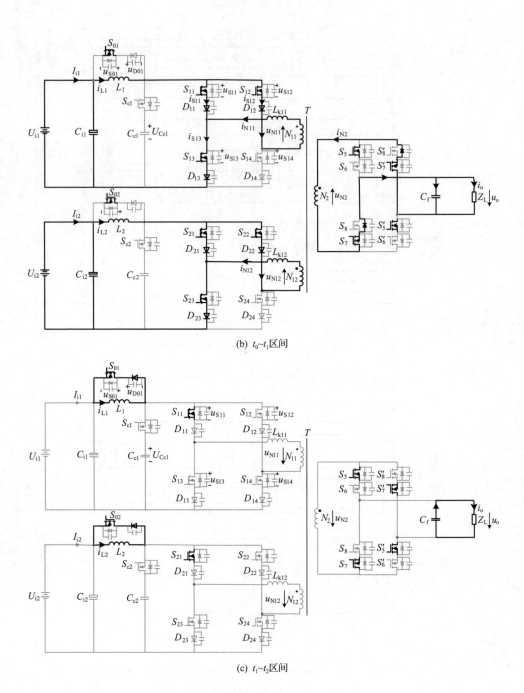

(b) $t_0 \sim t_1$ 区间

(c) $t_1 \sim t_2$ 区间

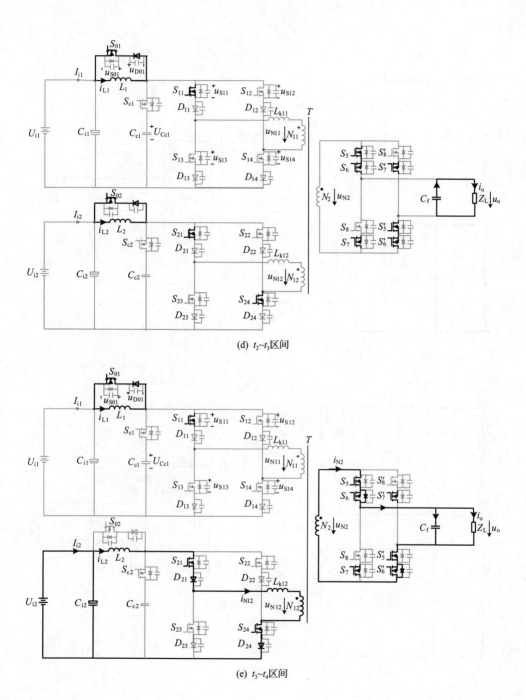

(d) $t_2 \sim t_3$ 区间

(e) $t_3 \sim t_4$ 区间

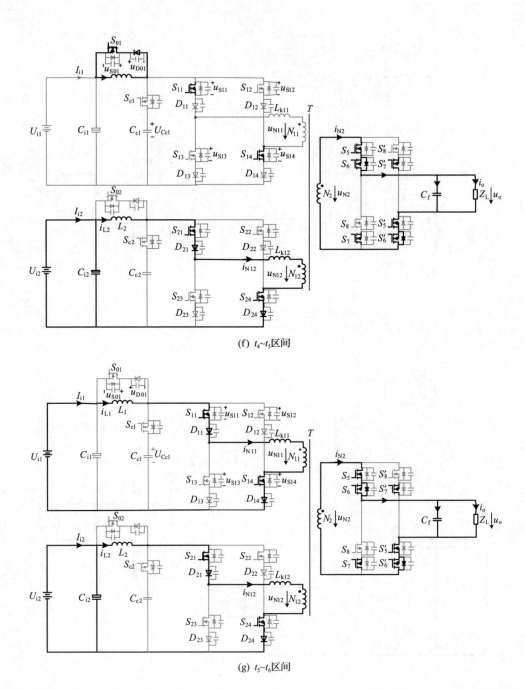

(f) $t_4 \sim t_5$ 区间

(g) $t_5 \sim t_6$ 区间

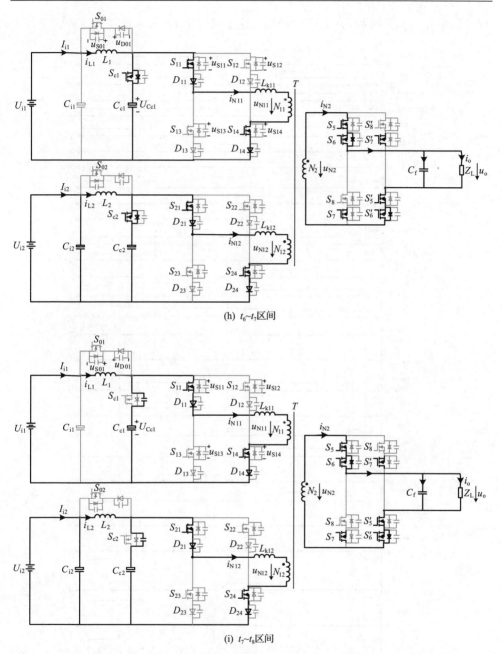

(h) $t_6 \sim t_7$ 区间

(i) $t_7 \sim t_8$ 区间

图 9-10　双输入源逆变器在旁路-释能情形下的高频开关过程波形和区间等效电路

旁路-回馈情形。当 $i_{Ln} > I_{Ln}^*$ 时且输出电压、电流不同极性时，双输入逆变器工作于旁路-回馈模式，双输入逆变器输出电压波形正半周时的高频开关过程波形和区间等效电路如图 9-11 所示。一个高频开关周期 $T_{s1}(t_0 \sim t_{12})$ 内有 12 个工作区间，其中 $t_6 \sim t_{12}$ 区间和 $t_0 \sim t_6$ 区间相似，这里仅分析 $t_0 \sim t_6$ 区间工作过程。

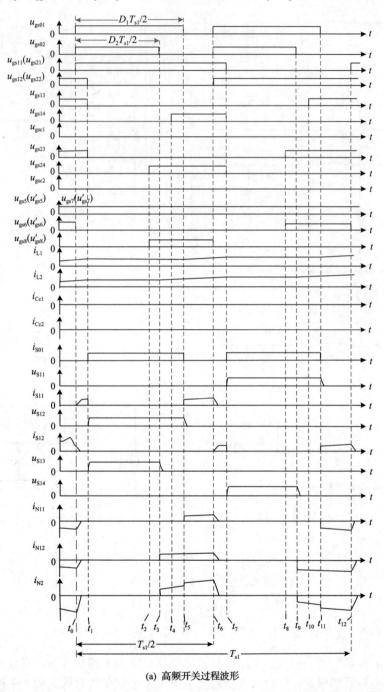

(a) 高频开关过程波形

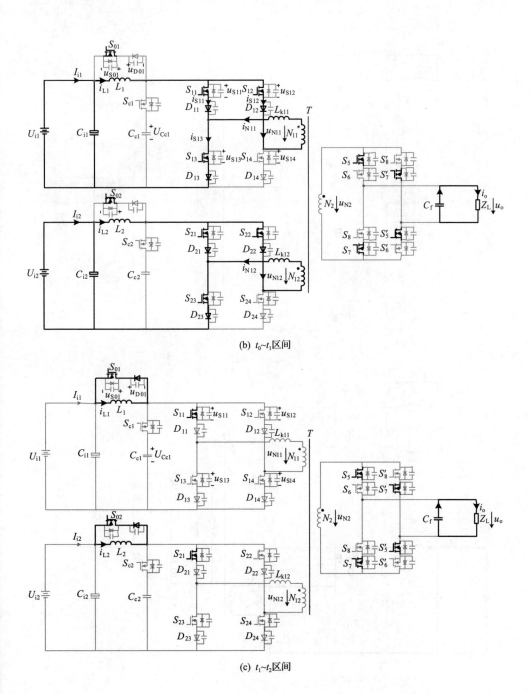

(b) $t_0 \sim t_1$ 区间

(c) $t_1 \sim t_2$ 区间

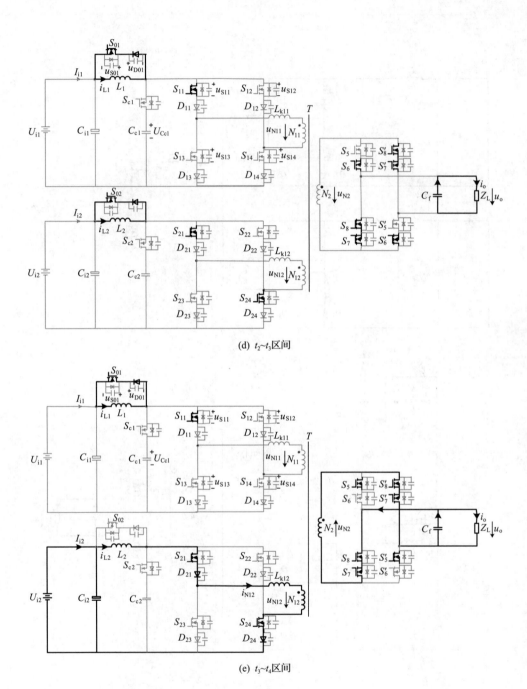

(d) $t_2 \sim t_3$区间

(e) $t_3 \sim t_4$区间

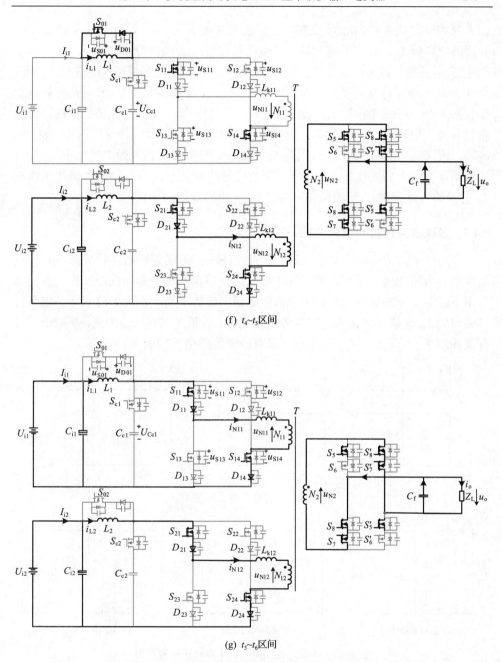

(f) $t_4 \sim t_5$ 区间

(g) $t_5 \sim t_6$ 区间

图 9-11　双输入逆变器在旁路-回馈情形下的高频开关过程波形和区间等效电路

$t_0 \sim t_1$ 区间，t_0 时刻，S_6、S_6' 关断，S_{11}、S_{21} 和 S_{01}、S_{02} 同时开通，两输入源同时进入能量回馈区间换流重叠区，漏感电流迅速下降，当漏感电流下降为零时换流结束，进入短暂的储能状态；$t_1 \sim t_2$ 区间，t_1 时刻，S_{12}、S_{22} 和 S_{13}、S_{23} 关断；两

输入源由储能状态转向旁路状态，电感电流保持不变；$t_2 \sim t_3$ 区间，t_2 时刻，S_{24} 和周波变换器 S_8、S_8' 零电流开通，两路变换器继续工作在旁路状态；$t_3 \sim t_4$ 区间，t_3 时刻 S_{02} 关断，该区间 S_{21}、S_{24} 和 S_8、S_8' 导通，第 2 路输入源转入能量回馈状态，第 1 路输入源保持旁路状态不变；$t_4 \sim t_5$ 区间，t_4 时刻零电流 S_{14} 开通，变换器工作状态不变；$t_5 \sim t_6$ 区间，t_5 时刻 S_{10} 关断，第 1 路输入源进入能量回馈模式，两路输入源同时进行能量回馈；t_6 时刻，S_8、S_8' 关断，能量回馈阶段结束；$t_6 \sim t_{12}$ 区间，该区间与能量回馈时 $t_0 \sim t_6$ 区间类似，只是第 1 路输入源先工作在 S_{01} 开通的旁路状态，之后工作在 S_{12}、S_{13} 开通的能量回馈状态，第 2 路输入源先工作在 S_{02} 开通的旁路状态，之后工作在 S_{22}、S_{23} 开通的能量回馈状态。

9.4.3　多路占空比推导及外特性

当 $|u_o| > U_{ij} N_2 / N_{ij}$ 时，多输入逆变器存在 Boost 和旁路两种工作模式，具有直通储能、旁路续流、输出释能三种工作状态，多输入逆变器在三个工作状态共同作用下经若干个高频开关周期实现储能电感的磁势平衡，如图 9-12 所示。用等效开关周期 T_{es} 来描述多输入逆变器的工作规律，以第 1 路输入源为例，在一个等效开关周期 T_{es} 内存在三种工作状态，其对应的等效电路如图 9-13 所示。

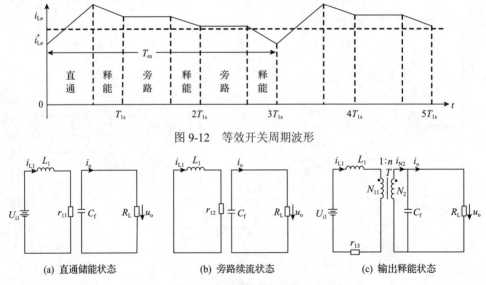

图 9-12　等效开关周期波形

图 9-13　多输入逆变器三种工作模态等效电路

图 9-13 中，r_{11}、r_{12}、r_{13} 分别为第 1 路输入源储能回路等效电阻、旁路续流回路等效电阻、释能回路等效电阻，r_{21}、r_{22}、r_{23} 则为第 2 路输入源对应等效电阻，设储能回路等效电阻、旁路续流回路等效电阻、释能回路等效电阻均为 r。D_{e1}、D_{e2} 分别为第 1、2 路输入源等效储能占空比，D_{o1}、D_{o2} 分别为第 1、2 路输入源等效释能占

空比，则第 1、2 路输入源等效旁路续流占空比分别为 $(1-D_{e1}-D_{o1})$、$(1-D_{e2}-D_{o2})$。

两路储能电感工作模式相互独立，由图 9-13 可得储能电感状态方程为

$$
\begin{cases}
L_1 \dfrac{di_{L1}}{dt} = -r i_{L1} + U_{i1} \\[2mm]
L_1 \dfrac{di_{L1}}{dt} = -r i_{L1} \\[2mm]
L_1 \dfrac{di_{L1}}{dt} = -r i_{L1} - \dfrac{N_{11} u_{Cf}}{N_2} + U_{i1}
\end{cases}
\tag{9-6}
$$

$$
\begin{cases}
L_2 \dfrac{di_{L2}}{dt} = -r i_{L2} + U_{i2} \\[2mm]
L_2 \dfrac{di_{L2}}{dt} = -r i_{L2} \\[2mm]
L_2 \dfrac{di_{L2}}{dt} = -r i_{L2} - \dfrac{N_{12} u_{Cf}}{N_2} + U_{i2}
\end{cases}
\tag{9-7}
$$

由图 9-13 可得输出电容的状态方程，设 D_{o2} 大于 D_{o1}，则输出滤波电容的状态方程为

$$
\begin{cases}
C_f \dfrac{du_{Cf}}{dt} = -\dfrac{u_{Cf}}{R_L} \\[2mm]
C_f \dfrac{du_{Cf}}{dt} = \dfrac{N_{12} i_{L2}}{N_2} - \dfrac{u_{Cf}}{R_L} \\[2mm]
C_f \dfrac{du_{Cf}}{dt} = \dfrac{N_{11} i_{L1}}{N_2} + \dfrac{N_{12} i_{L2}}{N_2} - \dfrac{u_{Cf}}{R_L}
\end{cases}
\tag{9-8}
$$

稳态时储能电感储能与释能、滤波电容充电和放电在 T_{es} 内近似平衡，令 $\dfrac{di_{L1}}{dt} = \dfrac{di_{L2}}{dt} = \dfrac{du_{Cf}}{dt} = 0$，由式 (9-6)～式 (9-8) 可得稳定状态下 i_{L1}、i_{L2}、u_{Cf} 的关系为

$$
i_{L1} = \frac{1}{r}\left[(D_{e1} + D_{o1}) U_{i1} - \frac{N_{11}}{N_2} D_{o1} u_{Cf} \right]
\tag{9-9}
$$

$$
i_{L2} = \frac{1}{r}\left[(D_{e2} + D_{o2}) U_{i2} - \frac{N_{12}}{N_2} D_{o2} u_{Cf} \right]
\tag{9-10}
$$

$$
u_{Cf} = R_L \left(D_{o2} \frac{N_{12}}{N_2} i_{L2} + D_{o1} \frac{N_{11}}{N_2} i_{L1} \right)
\tag{9-11}
$$

由式 (9-9)～式 (9-11) 可得，输出滤波电容的电压表达式为

$$u_{\mathrm{Cf}}=\dfrac{D_{\mathrm{o}1}\dfrac{N_{11}}{N_2}\left(D_{\mathrm{e}1}+D_{\mathrm{o}1}\right)U_{\mathrm{i}1}+D_{\mathrm{o}2}\dfrac{N_{12}}{N_2}\left(D_{\mathrm{e}2}+D_{\mathrm{o}2}\right)U_{\mathrm{i}2}}{\dfrac{r}{R_{\mathrm{L}}}+D_{\mathrm{o}1}{}^2\left(\dfrac{N_{11}}{N_2}\right)^2+D_{\mathrm{o}2}{}^2\left(\dfrac{N_{12}}{N_2}\right)^2} \tag{9-12}$$

当忽略 r 且两输入源直流电压 $U_{\mathrm{i}1}=U_{\mathrm{i}2}$，两输入源高频变压器匝比 $N_{11}/N_2=N_{12}/N_2$，第 1、2 路输入源储能占空比 $D_{\mathrm{e}1}=D_{\mathrm{e}2}$，第 1、2 路输入源释能占空比 $D_{\mathrm{o}1}=D_{\mathrm{o}2}$ 时，有

$$u_{\mathrm{Cf}}=\frac{N_2}{N_{11}}\frac{\left(D_{\mathrm{e}1}+D_{\mathrm{o}1}\right)}{D_{\mathrm{o}1}}U_{\mathrm{i}1}=\frac{N_2}{N_{12}}\frac{\left(D_{\mathrm{e}2}+D_{\mathrm{o}2}\right)}{D_{\mathrm{o}2}}U_{\mathrm{i}2} \tag{9-13}$$

$$i_{\mathrm{o}}=\frac{N_{12}}{N_2}D_{\mathrm{o}2}i_{\mathrm{L}2}+\frac{N_{11}}{N_2}D_{\mathrm{o}1}i_{\mathrm{L}1} \tag{9-14}$$

取 $N_2/N_{11}=9:6$，$U_{\mathrm{i}1}=96$，$0<D_{\mathrm{e}1}<0.7$，$0.3<D_{\mathrm{o}1}<1$，$D_{\mathrm{e}1}+D_{\mathrm{o}1}<1$，多输入逆变器的外特性曲线如图 9-14 所示。图 9-14 中，最里面一条曲线为 $D_{\mathrm{e}1}+D_{\mathrm{o}1}=1$ 时的外特性曲线，加入旁路状态可以实现输入输出电压传输比的进一步调节。

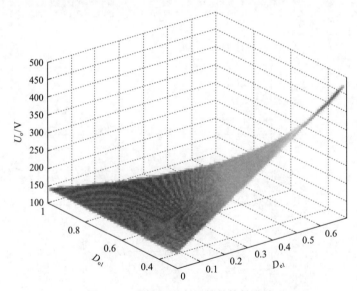

图 9-14　多输入逆变器的外特性曲线

9.4.4　储能电感电流限定值讨论

根据功率守恒原则，在一个等效开关周期 T_{es} 内多输入逆变器的输入功率等于输出功率，即

$$p_{\text{in}} = p_{\text{o}} \tag{9-15}$$

以第 1 路为例，多输入逆变器只在电感储能阶段 $(D_{e1}T_{es})$ 和释能阶段 $(D_{o1}T_{es})$ 有输入功率，输出功率则在 3 个阶段都有。因此，在一个等效开关周期内有

$$U_{i1}i_{L1}\left(D_{e1} + D_{o1}\right) = u_{o}i_{o1} \tag{9-16}$$

可得储能电感限制值的计算式为

$$i_{L1}^{*} = \frac{u_{o}i_{o1}}{\left(D_{e1} + D_{o1}\right)U_{o1}} = \frac{u_{o}i_{o1}}{kU_{i1}} \tag{9-17}$$

式中，k 为小于 1 的常数，$k=D_{e1}+D_{o1}$，k 可取 0.95。

9.5　多绕组同时供电 Boost 型单级多输入逆变器关键电路参数设计

9.5.1　控制环路设计

所提出的多输入逆变器独立供电时存在光伏电压外环、单周期控制内环和输出电压环三个环路，系统传递函数框图如图 9-15 所示。

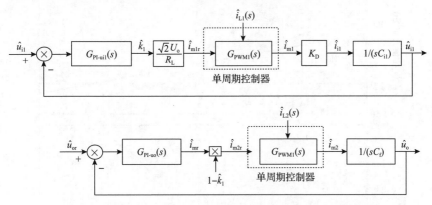

图 9-15　所提出的多输入逆变器独立供电时系统传递函数框图

图 9-15 中 $G_{\text{PI-ui1}}(s)$、$G_{\text{PI-uo}}(s)$ 分别为光伏电压环、输出电压环的补偿函数，$G_{\text{PWM1}}(s)$ 是非线性 PWM 单周期控制的传递函数，由于非线性 PWM 单周期输出电流跟踪电流基准，故认为 $G_{\text{PWM1}}(s)=1$，K_D 为并网电流到逆变器输入电流的变换系数，根据功率平均原理，可得 $K_D = \dfrac{U_o}{\sqrt{2}U_{in}}$。取 U_o=220V，R_L=322Ω，C_{in}=9900μF，K_D=220/1.414/96，C_f=10μF，$G_{\text{PI-ui1}}(s)$=0.1+5/s，$G_{\text{PI-uo}}(s)$=0.02+2000/s，不带蓄电池独立供电系统光伏电压环和输出电压环补偿前与补偿后的波特图如图 9-16 所示。

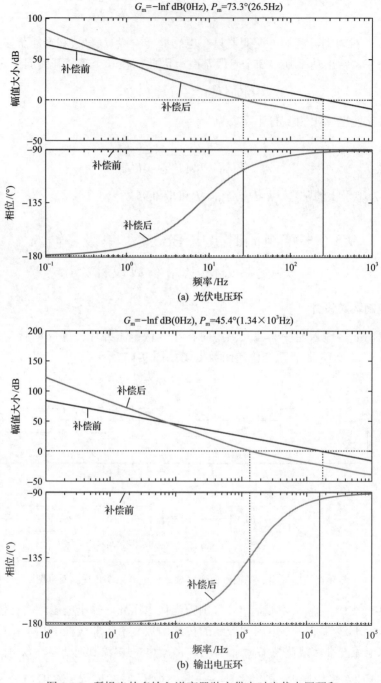

图 9-16 所提出的多输入逆变器独立供电时光伏电压环和

输出电压环补偿前与补偿后的波特图

由图 9-16 可知，光伏电压环和输出电压环补偿后系统稳态，低频增益变大，稳态误差减小。

9.5.2　关键电路参数设计

输入滤波电容滤除高频电流纹波和二倍低频电流纹波的作用，取值为

$$C_{in} = \frac{P_n}{4\Delta u_{cin}\pi f_o\eta U_{in}} \tag{9-18}$$

式中，η 为变换效率，Δu_{cin} 为输入滤波电容二次纹波幅值，一般取 $\Delta u_{cin} < 5\% U_{in}$，$f_o$ 为输出工频电压的频率。根据多输入逆变器输出与输入电压关系式，可得高频变压器匝比为

$$n = \frac{N_2}{N_{1n}} = \frac{u_o D_{on}}{U_{in}(D_{en} + D_{on})} = \frac{u_{o\,max}(k - D_{en\,max})}{U_{in\,min}k} \tag{9-19}$$

式中，D_{en} 为第 n 路等效储能占空比；D_{on} 为第 n 路等效释能占空比。储能电感值决定储能电感电流的高频脉动量大小，储能电感值为

$$L_n = \frac{D_{n\,max}U_{in\,min}}{\alpha I_{Ln\,max}2f_{s1}} \tag{9-20}$$

式中，$D_{n\,max}$ 为最大直通占空比；α 为电流纹波系数，可取 $\alpha < 0.1$，考虑当逆变器工作于回馈状态时，储能电感值迅速上升，需根据综合仿真结果和式(9-20)选取出最合适的电感感值。有源钳位电容用来抑制漏感能量引起的功率开关关断电压尖峰，根据能量平衡有

$$\frac{1}{2}C_{cn}(U_{Ccn} + \Delta U_{Ccn})^2 - \frac{1}{2}C_{cn}U_{Ccn}^2 = \frac{1}{2}L_{k1n}i_{Lk1n}^2 \tag{9-21}$$

可得

$$C_{cn} \approx \frac{L_{k1n}i_{Ln}^2}{2\Delta U_{Ccn}U_{Ccn}^2} \tag{9-22}$$

式中，ΔU_{Ccn} 为有源钳位高频电压纹波，一般取 $\Delta U_{Ccn} < 10\% U_{Ccn}$。输出电压脉动量 Δu_o 等于电容 C_f 向负载放电引起的电压变化量，可近似表示为

$$\Delta u_o = \frac{\Delta Q}{C_f} = \frac{i_o D_n}{2f_{s1}C_f} \tag{9-23}$$

根据式(9-23)可得

$$C_{\mathrm{f}} = \frac{D_{n\,\max} i_{\mathrm{o}\,\max}}{\Delta u_{\mathrm{o}\,\max} 2 f_{\mathrm{s}}} \tag{9-24}$$

一般取 $\Delta u_{\mathrm{o}\,\max}$ 小于 $5\% U_{\mathrm{omax}}$。

参 考 文 献

[1] Chen D L, Qiu Y H. Multi-winding single-stage multi-input boost type high-frequency link's inverter with simultaneous/time-sharing power supplies. US11128236B2. 2021-09-21.

[2] Qiu Y H, Jiang J H, Chen D L. Development and present status of multi-energy distributed power generation system. IEEE 8th International Power Electronics and Motion Control Conference, Hefei, 2016.

[3] 邱琰辉, 陈道炼, 江加辉. 限功率控制 Boost 多输入直流变换器型并网逆变器. 中国电机工程学报, 2017, 37(20): 6027-6036.

[4] 邱琰辉, 陈道炼, 江加辉. 多绕组同时供电直流变换器型多输入逆变器. 电工技术学报, 2017, 32(6): 181-190.

[5] Chen D L, Qiu Y H, Chen Y W, et al. Non-linear PWM controlled single-phase boost mode grid-connected photovoltaic inverter with limited storage inductance current. IEEE Transactions on Power Electronics, 2017, 32(4): 2717-2727.

[6] 陈道炼, 陈亦文, 林立铮. 单相电流源并网逆变器的非线性脉宽调制控制装置: 中国, 200910112197.7. 2010.

[7] Qiu Y H, Chen D L, Zhao J W, Boost type multi-input independent generation system with multi-winding simultaneous power supply. IEEE Access, 2021, 9: 99805-99815.

第 10 章　新能源单级多输入分布式发电系统的研制

10.1　概　　述

前面各章论述了各类多输入逆变器的电路结构与拓扑族、能量管理控制策略、原理特性、关键电路参数的设计准则等，为实现高功率密度、高变换效率、高可靠性、低成本、集成化、无污染等优良性能的分布式发电系统奠定了关键技术基础。

分布式发电系统在光伏电池、风力发电机、燃料电池等多种新能源联合供电的场合，具有广泛的应用前景。以并联分时供电 Buck 型、串联同时供电 Buck-Boost 型、多绕组同时供电 Boost 型单级多输入逆变器为例，来论述分布式发电系统在多种新能源联合供电场合的应用。

本章以 3kV·A 输出电压瞬时值反馈类整流单极性移相最大功率输出能量管理 SPWM 控制并联分时供电全桥 Buck 型单级双输入分布式低频环节发电系统[1-5]、1kV·A 输出电压瞬时值反馈主从功率分配能量管理 SPWM 控制串联同时供电单管 Buck-Boost 型单级双输入分布式发电系统[6-9]、3kV·A 输出电压瞬时值反馈类整流单极性移相最大功率输出能量管理非线性 PWM 控制多绕组同时供电全桥 Boost 型单级双输入分布式发电系统为例[10-14]，论述分布式发电系统样机的研制，给出系统样机的构成、功率电路、控制电路、驱动电路和关键电路参数的设计与实验结果。

10.2　3kV·A 并联分时供电 Buck 型单级多输入分布式发电系统研制

10.2.1　系统构成与功率电路

设计实例：外置并联分时选择开关全桥 Buck 型低频环节拓扑，光伏-风力双输入源，基于 DSP28335 类整流单极性移相的最大功率输出能量管理控制策略，Topcon quadro 可编程直流电源 TC.P.16.800.400.S 模拟光伏电池（电压为 240~360V，MPP 电压为 288V，最大功率为 1900W）和风力发电机及其整流滤波电路（电压为 240~313V，MPP 电压为 250V，最大功率为 1400W），额定容量 S=3kV·A，蓄电池电压 U_b=96VDC，输出电压 u_o=220V50HzAC，负载功率因数为–0.75（容性）~1.0（阻性）~+0.75（感性），开关频率 f_s=30kHz，输入滤波电容 C_{i1}=C_{i2}=4000μF，C_b=14.1mF，并联谐振电路 L_r=1.1mH，C_r=2300μF，输出滤波电感 L_{f1}=1.0mH，L_{f2}=1.2mH，输出滤

波电容 C_f=4.4μF，工频变压器 T_1 匝比 N_{11}/N_{12}=57/80，高频变压器 T_2 匝比 N_{21}/N_{22}=9/40，采用固定电压法和扰动观察法相结合的双模式 MPPT。

外置并联分时选择开关 Buck 型单级多输入分布式低频环节发电系统由功率电路、控制电路和机内辅助电源三部分构成，如图 10-1 所示。机内辅助电源用于产生运放和电压，电流传感器电源为+15V 和–15V、DSP 电源为+5V、12 路独立的功率开关驱动电路电源为+25V。

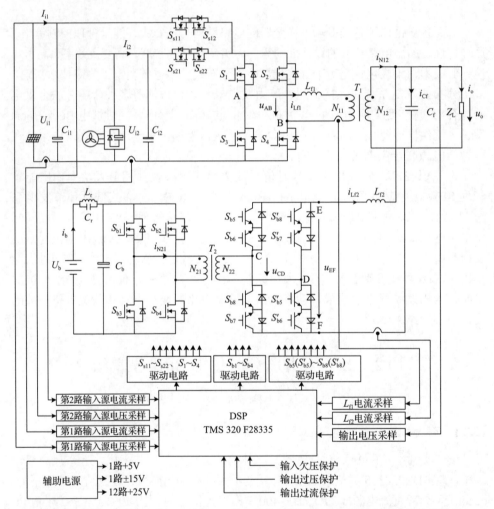

图 10-1 外置并联分时选择开关 Buck 型单级多输入分布式低频环节发电系统的构成

10.2.2 控制电路

系统的控制电路主要包括电压和电流采样电路、MPPT 电压环、滤波电感电

流和输出电压误差放大器、功率开关驱动电路、过压和过流保护电路等，其中
MPPT 电压环、滤波电感电流和输出电压误差放大器、过压和过流保护电路由软
件编程实现。

系统的采样电路如图 10-2 所示。图 10-2(a) 所示的直流电压采样电路，$R_1=R_2$，
$R_3=R_4$，输出信号 ADCINAx$=(V_{in+}-V_{in-})R_3/R_1$；图 10-2(b) 所示的交流电压采样电

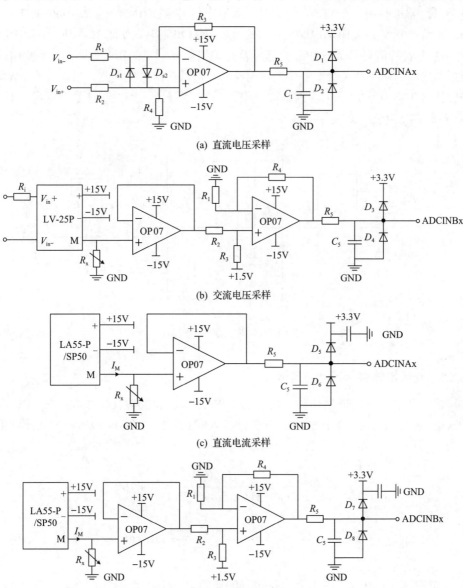

(a) 直流电压采样

(b) 交流电压采样

(c) 直流电流采样

(d) 交流电流采样

图 10-2　系统的采样电路

路，采用 LEM LV-25P 电压霍尔传感器，其转换率为 2500:1000，由于 ADC 口只能处理 0～+3.3V 的信号，因此需将交流采样信号叠加一个+1.5V 的偏置，故输出信号 ADCINBx=2.5($V_{\text{in}+}$－$V_{\text{in}-}$)$R_{\text{x}}/R_{\text{i}}$+1.5V；图 10-2(c)所示的直流电流采样电路，采用 LEM LA55-P/SP50 电流霍尔传感器，其转换率为 1：1000，故输出信号 ADCINAx= $I_{\text{M}}R_{\text{x}}$/1000；图 10-2(d)所示的交流电流采样电路，与直流电流采样电路类似，需再叠加一个+1.5V 的偏置，故输出信号 ADCINBx=$I_{\text{M}}R_{\text{x}}$/1000+1.5V。

系统的功率开关驱动电路采用隔离光耦 A3120 芯片，如图 10-3 所示。图 10-3 中，电阻 R_6 的值对开关管的开关速度及开关损耗有一定的影响，因此，实验中需根据所选取的功率开关管型号适当地调整其阻值以获得最佳性能。当输出的 PWM 控制信号为高电平时，Q_1 导通，u_{gs} 为正，开关管开通；当控制信号为低电平时，Q_2 导通，u_{gs} 为负，开关管关断。

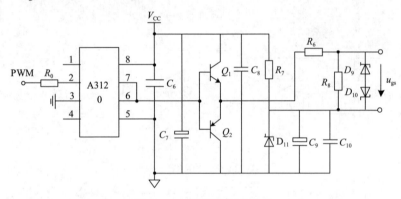

图 10-3　功率开关驱动电路

10.2.3　功率电路参数设计与选取

输入和输出滤波器设计。将 $P_{1\text{max}}$=1900W、$P_{2\text{max}}$=1400W、U_{i1}=288V、U_{i2}=250V、ΔU_{i1}=5.76V、ΔU_{i2}=5V、ω=314rad/s 分别代入式(4-42)、式(4-43)可得输入滤波电容为

$$C_{\text{i1}}=\frac{P_{1\text{max}}}{\omega U_{\text{i1}}\Delta U_{\text{i1}}}=\frac{1900}{314\times288\times5.76}\approx3648(\mu\text{F}) \tag{10-1}$$

$$C_{\text{i2}}=\frac{P_{2\text{max}}}{\omega U_{\text{i2}}\Delta U_{\text{i2}}}=\frac{1400}{314\times250\times5}\approx3567(\mu\text{F}) \tag{10-2}$$

实际电路中，C_{i1}、C_{i2} 均由 4 个 1000μF/400V 的电解电容并联组成。将 P_{o}=3000W、U_{b}=96V、ΔU_{Cb}=9.6V、ω=314rad/s、η=0.92 代入式(4-46)可得输入滤波电容 C_{b} 为

$$C_b = \frac{P_o}{\eta \omega U_b \Delta U_{Cb}} = \frac{3000}{0.92 \times 314 \times 96 \times 9.6} \approx 11.27 (\text{mF}) \tag{10-3}$$

实际电路中 C_b 由 3 个 4700μF/100V 的电解电容并联组成。将 $U_{imax}=288V$、$U_o=$ 220V、$N_{11}/N_{12}=1/1.4$、$f_s=30kHz$、$P_{1max}=1900W$、$P_{2max}=1400W$ 代入式(4-48)可得输出滤波电感 L_{f1} 为

$$
\begin{aligned}
L_{f1} &\geqslant \frac{U_{imax}}{4\Delta i_{Lf1max} f_s} = \frac{N_{11} U_{imax} U_o}{4\sqrt{2} \times 10\% N_{12} f_s (P_{1max} + P_{2max})} \\
&= \frac{288 \times 220}{4\sqrt{2} \times 0.1 \times 1.4 \times 3 \times 10^4 \times (1900+1300)} \approx 0.83(\text{mH})
\end{aligned}
\tag{10-4}
$$

实际电路中 L_{f1} 取 1.0mH。将 $U_b=96V$、$U_o=220V$、$N_{22}/N_{21}=4.5/1$、$f_s=30kHz$、$P_o=3000W$ 代入式(4-49)可得输出滤波电感 L_{f2} 为

$$
\begin{aligned}
L_{f2} &\geqslant \frac{N_{22} U_b}{8 N_{21} \Delta i_{Lf2max} f_s} = \frac{N_{22} U_b U_o}{8\sqrt{2} \times 10\% N_{21} f_s P_o} \\
&= \frac{40 \times 96 \times 220}{8\sqrt{2} \times 0.1 \times 9 \times 3 \times 10^4 \times 3000} \approx 0.922(\text{mH})
\end{aligned}
\tag{10-5}
$$

实际电路中 L_{f2} 取 1.2mH。输出滤波电容 C_f 为

$$C_f = \frac{25}{\pi^2 f_s^2 L_{f2}} = \frac{25}{3.14^2 \times 30^2 \times 10^6 \times 1.2 \times 10^{-3}} \approx 2.35(\mu F) \tag{10-6}$$

实际电路中 C_f 采用 2 个 2.2μF/250V 的 CBB 电容并联。

工频和高频变压器设计。工频变压器 T_1 铁心截面积为

$$S_1 = k_0 \sqrt{P_{1max} + P_{2max}} \tag{10-7}$$

式中，k_0 为经验系数，其大小与变压器的功率有关，功率越大，k_0 越小。一般地，1kW 以上工频变压器 k_0 取 1.2，则 $S_1=68.93\text{cm}^2$。实际中工频变压器铁心型号选择 EI-228 型硅钢片。将 $U_{imin}=240V$、$U_o=220V$、$D_{max}=0.95$，$r=0.1\Omega$、$R'_L=8.23\Omega$ 代入式(4-51)可得工频变压器 T_1 匝比为

$$\frac{N_{12}}{N_{11}} = \frac{\sqrt{2} U_o}{U_{imin} D_{max}} \left(1 + \frac{r}{R'_L}\right) = \frac{\sqrt{2} \times 220}{240 \times 0.95} \times \left(1 + \frac{0.1}{8.23}\right) \approx 1.38 \tag{10-8}$$

实际中匝比取 $N_{12}/N_{11}=1.4$。由电磁感应定律可知，每匝线圈上产生的感应电动势为

$$E = 4.44 f_o N_{11} B_m S \tag{10-9}$$

式中，B_m 为铁心磁通密度，其大小与所用材料有关，这里 B_m 取 18000Gs（1.8T，1Gs=10^{-4}T）。则每伏匝数为

$$\frac{N_{11}}{E} = \frac{10000}{4.44 f_o B_m S} = \frac{10000}{4.44 \times 50 \times 1.8 \times 68.93} \approx 0.363 \qquad (10\text{-}10)$$

故原边绕组匝数 N_{11}=0.363×220/1.4≈57.05，取 57 匝；副边绕组匝数 N_{12}=1.4N_{11}=1.4×57=79.8，取 80 匝。工频变压器原边绕组电流有效值 I_{N11} 为 19.458A，副边绕组有效值电流 I_{N12} 为 13.864A。则原、副边导线的截面积 q_{11}、q_{12} 分别为

$$\begin{cases} q_{11} = I_{N11}/J_1 = 19.458/2.5 \approx 7.78(\text{mm}^2) \\ q_{12} = I_{N12}/J_1 = 13.864/2.5 \approx 5.55(\text{mm}^2) \end{cases} \qquad (10\text{-}11)$$

式中，J_1 为电流密度，一般取 2~3A/mm²，这里取 2.5A/mm²。则导线线径

$$\begin{cases} d_{11} = 2\sqrt{q_{11}/\pi} = 2 \times \sqrt{7.78/3.14} \approx 3.15(\text{mm}) \\ d_{12} = 2\sqrt{q_{12}/\pi} = 2 \times \sqrt{5.55/3.14} \approx 2.66(\text{mm}) \end{cases} \qquad (10\text{-}12)$$

充放电变换器开关频率 f_s=30kHz，设变换效率 η=92%，高频变压器容量按 110% 的负载进行设计。取磁芯的工作磁通密度 ΔB=0.2T，占空比 d_b=0.9，铁氧体的填充系数 K_c=1，窗口利用系数 K_u=0.4，导线电流密度 J_2=350A/cm²。由此可以计算出满足条件的高频变压器磁芯面积乘积 AP′ 为

$$\begin{aligned} \text{AP}' = A_e A_w &= \frac{d_b P_o \times 110\%}{\eta K_u K_c \Delta B f_s J_2} \times 10^8 \\ &= \frac{0.9 \times 3000 \times 1.1}{0.92 \times 0.4 \times 1 \times 2000 \times 30000 \times 350} \times 10^8 \qquad (10\text{-}13) \\ &\approx 38.43(\text{cm}^4) \end{aligned}$$

选用 Mn-Zn R2KBD 型铁氧体磁芯 PM87 作为高频变压器 T_2 磁芯，其饱和磁通密度 B_s=0.51T，磁芯的有效截面积和窗口面积为

$$A_e = \frac{3.14 \times (3.17^2 - 0.85^2)}{4} \approx 7.32(\text{cm}^2) \qquad (10\text{-}14)$$

$$A_w = \frac{(6.65 - 3.17) \times (4.84 - 0.5)}{4} \approx 7.55(\text{cm}^2) \qquad (10\text{-}15)$$

则 PM87 型磁芯面积乘积 AP 为

$$\text{AP} = A_e A_w = 7.32 \times 7.55 \approx 55.27 > \text{AP}' \qquad (10\text{-}16)$$

说明所选的磁芯满足要求。

设蓄电池电压 U_b 下降到 $86.4V(0.9U_b)$ 时变换器仍能正常工作,则高频变压器原边绕组匝数为

$$N_{21} = \frac{U_{bmin}d_b T_s}{2 \cdot \Delta B \cdot S} \times 10^8 = \frac{86.4 \times 0.9}{30000 \times 2 \times 2000 \times 7.325} \times 10^8 \approx 8.85 \text{(匝)} \quad (10\text{-}17)$$

实际中 N_{21} 取 9 匝,则原边励磁电感

$$L_{m2} = N_{21}^2 \cdot A_L \quad (10\text{-}18)$$

A_L 为单位励磁电感量,由磁芯手册可得 A_L=13000±25%nH。当 A_L 取 13000nH 时,原边励磁电感 L_{m2} 约为 1.05mH。一般地,高频变压器漏感为励磁电感的千分之一,这里取 L_{lk1}=0.5μH,L_{lk2}=12.5μH。将 D_b=0.9,U_b=96V,I_{Lf2}=13.64A,L_{lk1}=0.5μH,L_{lk2}=12.5μH,r=0.1,T_s=1/30000 代入式(4-56)可求出高频变压器匝比 N_{22}/N_{21} 与蓄电池电压 U_b、滤波电感电流 I_{Lf2} 的关系,如图 10-4 所示。从图 10-4 可以看出,随着 I_{Lf2} 的增大,N_{22}/N_{21} 也随之增大。综合考虑,当蓄电池电压 U_b 下降至 86.4V 时,变换器在额定负载下仍能正常工作,确定高频变压器匝比 N_{22}/N_{21}=4.44,则副边绕组匝数 N_{22}=4.44N_{21}=4.44×9=39.96 匝,实际中取 40 匝。

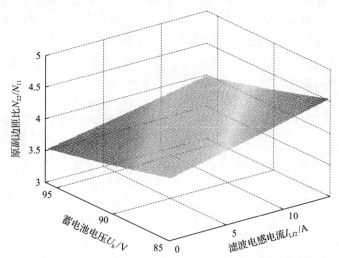

图 10-4　高频变压器匝比 N_{22}/N_{21} 与蓄电池电压 U_b、滤波电感电流 I_{Lf2} 的关系

高频变压器原、副边绕组电流有效值 I_{N21} 为 61.12A、I_{N22} 为 13.72A,则原、副边导线的截面积 q_{21}、q_{22} 分别为

$$\begin{cases} q_{21} = I_{N21}/J_2 = 61.12/3.5 \approx 17.46 \text{(mm}^2) \\ q_{22} = I_{N22}/J_2 = 13.72/3.5 = 3.92 \text{(mm}^2) \end{cases} \quad (10\text{-}19)$$

通过高频变压器的电流是高频交变的，其在导线内分布不均匀，容易产生趋肤效应，增加损耗。为了减少趋肤效应，工程中通常要求导线线径或者铜皮厚度小于两倍的穿透深度。当 f_s=30kHz 时，取电导率温度系数 k=1，磁导率 μ=4π×10^{-7}H/m，电导率 γ=58×10^{6}S/m，则铜皮的穿透深度为

$$\Delta = \sqrt{\frac{2k}{2\pi f_s \mu \gamma}} = \sqrt{\frac{2}{2 \times 3.1416 \times 30 \times 10^3 \times 4 \times 3.1416 \times 10^{-7} \times 58 \times 10^6}} \approx 0.381(\text{mm})$$

$$(10\text{-}20)$$

因此选用的铜皮厚度应小于 2Δ，即 0.764mm。实际中原边绕组选用 0.3mm×44mm 的铜皮单层绕制，副边绕组选用 0.1mm×44mm 的铜皮单层绕制。此时高频变压器的窗口利用系数 K_u 为

$$K_u = \frac{9 \times 0.3 \times 44 + 40 \times 0.1 \times 44}{766} \approx 0.385 < 0.4 \qquad (10\text{-}21)$$

说明原边、副边绕组可以绕下。为了减小高频变压器的漏感，采用原边、副边夹绕的方式进行变压器绕制。将副边绕组分为两组，每组 20 匝；从磁芯中柱开始向外依次绕制副边绕组 20 匝、原边绕组 9 匝、副边绕组 20 匝，最后在外部将副边绕组的两组铜皮顺向串联起来。经测试，高频变压器原边绕组 N_{21} 的自感和漏感分别为 1.08mH、0.33μH，副边绕组 N_{22} 的自感和漏感分别为 21.01mH、12.04μH，耦合系数达 0.9997。

L_r-C_r 并联谐振电路设计。并联谐振电容 C_r 的端电压为

$$U_{Cr} = \frac{U_o I_o}{\eta U_b} \cdot \frac{1}{2\omega C_b} = \frac{1}{2}\Delta U_{Cb} = 5\% U_b = 4.8(\text{V}) \qquad (10\text{-}22)$$

则流过 L_r 的电流为

$$I_{Lr} = I_b + U_{Cr} \cdot 2\omega C_r = \frac{U_o I_o}{\eta U_b} + \frac{U_o I_o}{\eta U_b} \frac{2\omega C_r}{2\omega C_b} = \frac{U_o I_o}{\eta U_b}\left(1 + \frac{C_r}{C_b}\right) \qquad (10\text{-}23)$$

L_r、C_r 满足

$$f_r = \frac{1}{2\pi\sqrt{L_r C_r}} = \frac{2\omega}{2\pi} = 100(\text{Hz}) \qquad (10\text{-}24)$$

由式(10-23)、式(10-24)可知，虽然降低 C_r 值可减小 L_r 中的电流，但增大了 L_r 值，从而增加了 L_r 中的能量，使得蓄电池在充、放电切换时需要更长的时间才能使 L_r 的电流反向，导致 C_b 上的电压存在过冲；另外，C_r 为低耐压的无极性电

容，单个电容容值较小，故 C_r 取值不宜过大。综合考虑以上原则，L_r-C_r 并联谐振电路参数选为 L_r=1.1mH，C_r=2300μF。

功率器件选型。功率选择开关 S_{s11}～S_{s22} 的电压应力分别为 U_{i1max}、$|U_{i1min}-U_{i2max}|$、U_{i2max}、$|U_{i1max}-U_{i2min}|$，即 360V、73V、313V、120V；高频逆变开关 S_1～S_4 的电压应力为 U_{i1}，即 360V；S_{s11}、S_{s12} 的电流应力为 17.48A，S_{s21}、S_{s22} 的电流应力为 15.06A，S_1、S_2 的电流应力为 33.46A，S_3、S_4 的电流应力为 35.85A。高频逆变开关 S_{b1}～S_{b4} 的电压应力为 U_b，即 96V，周波变换器开关 $S_{b5}(S'_{b5})$～$S_{b8}(S'_{b8})$ 的电压应力为 $U_b N_{22}/N_{21}$，即 432V；S_{b1}～S_{b4} 的电流应力为 64.12A，$S_{b5}(S'_{b5})$～$S_{b8}(S'_{b8})$ 的电流应力为 14.26A。S_{s11}～S_{s22} 和 S_1～S_4 均选用 IGBT IXXH50N60B3D1，S_{b1}～S_{b4} 和 $S_{b5}(S'_{b5})$～$S_{b8}(S'_{b8})$ 分别选用 IXFH150N20T 型 MOSFET 和 IXXH40N65B4H1 型 IGBT。

10.2.4　样机实验

外置并联分时选择开关 Buck 型单级多输入低频环节分布式发电系统在 U_{i1}/U_{i2}=288V/250V、阻性负载、供电模式 I（$P_{1max}+P_{2max}>P_o$）下的稳态实验波形如图 10-5 所示。

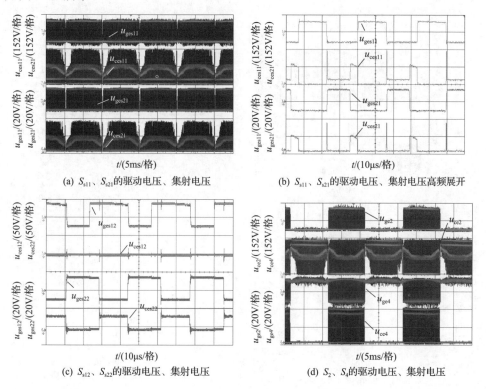

(a) S_{s11}、S_{s21}的驱动电压、集射电压

(b) S_{s11}、S_{s21}的驱动电压、集射电压高频展开

(c) S_{s12}、S_{s22}的驱动电压、集射电压

(d) S_2、S_4的驱动电压、集射电压

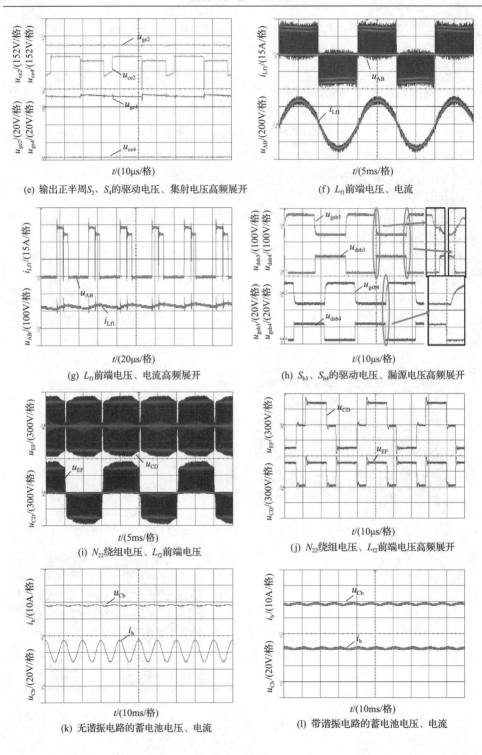

(e) 输出正半周S_2、S_4的驱动电压、集射电压高频展开

(f) L_{f1}前端电压、电流

(g) L_{f1}前端电压、电流高频展开

(h) S_{b3}、S_{b4}的驱动电压、漏源电压高频展开

(i) N_{22}绕组电压、L_{f2}前端电压

(j) N_{22}绕组电压、L_{f2}前端电压高频展开

(k) 无谐振电路的蓄电池电压、电流

(l) 带谐振电路的蓄电池电压、电流

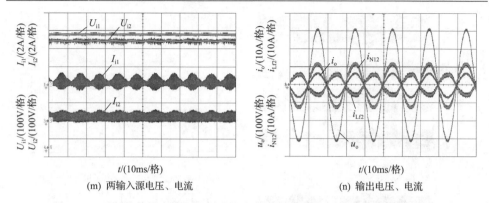

(m) 两输入源电压、电流　　　　　　　(n) 输出电压、电流

图 10-5　研制的单级多输入低频环节分布式发电系统在 U_{i1}/U_{i2}=288V/250V、
阻性负载、供电模式Ⅰ下的稳态实验波形

图 10-5 的稳态实验结果表明：①高频选择开关 S_{s11}、S_{s21} 分时导通且存在死区，两者的占空比之和小于 1，在死区时间内的集射电压分别为 U_{i1}、U_{i2}，S_{s12}、S_{s22} 的驱动信号分别与 S_{s21}、S_{s22} 互补且存在重叠区，选择开关无关断电压尖峰，S_{s12} 的集射电压始终为 0，S_{s22} 的集射电压为 $U_{i1}-U_{i2}$，如图 10-5(a)～(c)所示；②高频逆变桥臂开关 S_2、S_4 在输出电压正半周分别常断、常通，如图 10-5(d)、(e)所示；③滤波电感 L_{f1} 前端电压 u_{AB} 为幅值等于输入电压 U_{i1}、U_{i2} 的单极性 SPWM 波，i_{Lf1} 在一个开关周期内的斜率分别为 $(U_{i1}-U_oN_{11}/N_{12})/L_{f1}$、$(U_{i2}-U_oN_{11}/N_{12})/L_{f1}$，如图 10-5(f)、(g)所示；④充放电变换器超前桥臂管 S_{b3} 实现了零电压开关，滞后桥臂管 S_{b4} 实现了零电压开通，如图 10-5(h)所示；⑤高频变压器 T_2 双向对称磁化，滤波电感 L_{f2} 前端电压 u_{EF} 为单极性 SPWM 波，如图 10-5(i)、(j)所示；⑥输入侧附加的 L_r-C_r 并联谐振电路有效地抑制了蓄电池侧的二倍频电流纹波，蓄电池充电电流 $I_b=-9.9A$，充电电压 u_{Cb} 略高于额定电压 96V，如图 10-5(k)、(l)所示；⑦两输入源近似工作在各自的最大功率点(1275W，288V，4.43A)、(915W，250V，3.66A)，负载功率 P_o=1kW，输出电压 THD 为 1.51%，工频变压器 T_1 副边电流 i_{N12} 与输出电压 u_o 同频同相，充放电变换器滤波电感电流 i_{Lf2} 与 u_o 的相位差 $\theta\approx180°$，如图 10-5(m)、(n)所示。

外置并联分时选择开关 Buck 型单级多输入低频环节分布式发电系统在 U_{i1}/U_{i2}=288V/250V、额定阻性负载、供电模式Ⅱ($P_{1max}+P_{2max}<P_o$)下的稳态实验波形如图 10-6 所示。

图 10-6 的稳态实验结果表明：①充放电变换器超前桥臂管 S_{b3} 和滞后桥臂管 S_{b4} 均实现了零电压开通，如图 10-6(a)、(b)所示；②高频变压器 T_2 双向对称磁化，与 N_{22} 绕组电压 u_{CD} 相比，滤波电感 L_{f2} 前端电压 u_{EF} 存在占空比丢失现象，如图 10-6(c)、(d)所示；③输入侧附加的 L_r-C_r 并联谐振电路有效地抑制了蓄电池侧的二倍频电流纹波，蓄电池处于放电状态，其放电电流 I_b=11.2A，放电电压 u_{Cb} 略低于额定电压 96V，如图 10-6(e)、(f)所示；④两输入源近似工作在各自的最

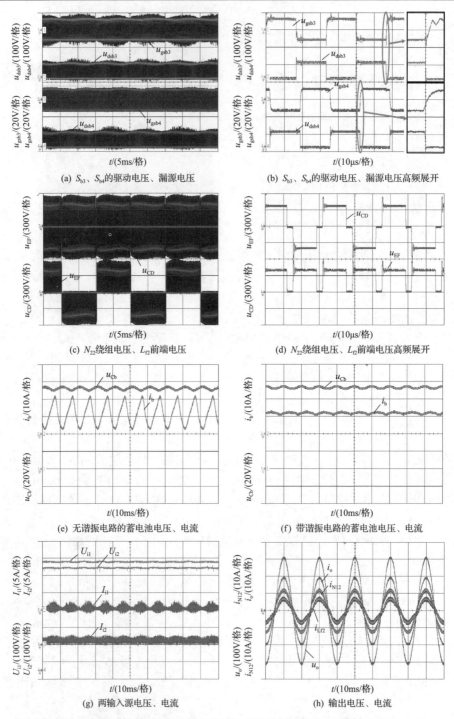

(a) S_{b3}、S_{b4}的驱动电压、漏源电压

(b) S_{b3}、S_{b4}的驱动电压、漏源电压高频展开

(c) N_{22}绕组电压、L_{f2}前端电压

(d) N_{22}绕组电压、L_{f2}前端电压高频展开

(e) 无谐振电路的蓄电池电压、电流

(f) 带谐振电路的蓄电池电压、电流

(g) 两输入源电压、电流

(h) 输出电压、电流

图 10-6 研制的单级多输入低频环节分布式发电系统在 U_{i1}/U_{i2}=288V/250V、额定阻性负载、供电模式Ⅱ下的稳态实验波形

大功率点（1275W，288V，4.43A）、（915W，250V，3.66A），负载功率 P_o=3kW，输出电压 THD 为 1.08%，T_1 副边电流 i_{N12} 与输出电压 u_o 同频同相，充放电变换器滤波电感电流 i_{Lf2} 与 u_o 的相位差 $\theta \approx 3°$，如图 10-6（g）、（h）所示。

外置并联分时选择开关 Buck 型单级多输入低频环节分布式发电系统在 U_{i1}/U_{i2}=288V/250V、额定阻性负载、供电模式Ⅲ（$P_{1max}+P_{2max}=P_o$）下的稳态实验波形如图 10-7 所示。图 10-7 的稳态实验结果表明：①流经充放电变换器的功率小，

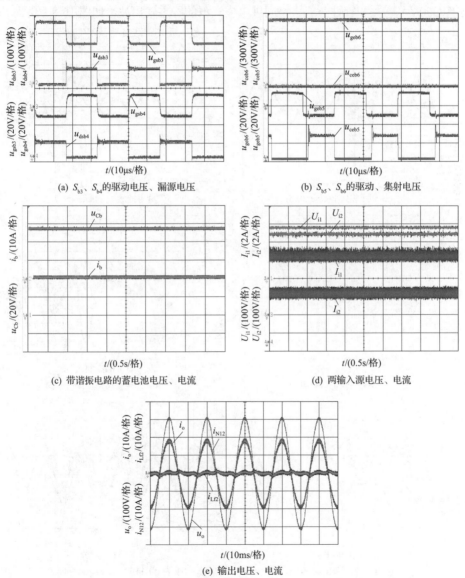

(a) S_{b3}、S_{b4} 的驱动电压、漏源电压 　　　 (b) S_{b5}、S_{b6} 的驱动、集射电压

(c) 带谐振电路的蓄电池电压、电流 　　　 (d) 两输入源电压、电流

(e) 输出电压、电流

图 10-7　单级多输入低频环节分布式发电系统在 U_{i1}/U_{i2}=288V/250V、额定阻性负载、供电模式Ⅲ下的稳态实验波形

功率开关电压毛刺小，如图 10-7(a)、(b)所示；②蓄电池电流近似为 0，既不吸收功率也不输出功率(相当于空载)，其电压 u_{Cb} 约等于额定电压96V，如图 10-7(c)所示；③两输入源近似工作在各自的最大功率点(1901.3W，287.2V，6.62A)、(1341.9W，248.5V，5.4A)，负载功率 P_o=3kW，输出电压 THD 为 0.95%，i_{Lf2} 与 u_o 的相位差 $\theta\approx90°$，如图 10-7(d)、(e)所示。

外置并联分时选择开关 Buck 型单级多输入低频环节分布式发电系统在 U_{i1}/U_{i2}=288V/250V、感性和容性负载、不同供电模式下的稳态输出波形如图 10-8 所示。

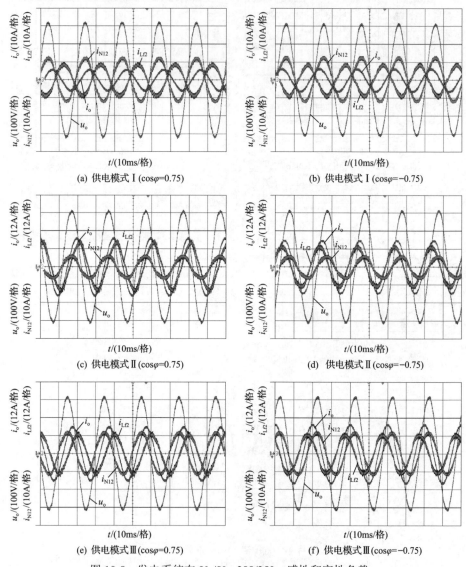

图 10-8　发电系统在 U_{i1}/U_{i2}=288/250、感性和容性负载、
不同供电模式下的稳态输出波形

图 10-8(a)、(b) 分别为负载功率因数 $\cos\varphi=0.75$ 和 $\cos\varphi=-0.75$、供电模式 I 的输出侧波形，两输入源提供功率 $P_{1max}+P_{2max}=2kW$，负载功率 $P_o=750W(S=1kV\cdot A)$，剩余的功率对蓄电池充电，i_{Lf2} 与 u_o 的相位差 $|\theta|\approx150°$，输出电压 THD 分别为 1.35%、1.02%；图 10-8(c)、(d) 中，$P_{1max}+P_{2max}=1kW$，$P_o=2.25kW(S=3kV\cdot A)$，蓄电池放电提供负载所需的不足功率，相位差 $|\theta|\approx55°$，输出电压 THD 分别为 1.94%、0.91%，系统工作在供电模式 II；图 10-8(e)、(f) 中，$P_{1max}+P_{2max}=P_o=2.25kW(S=3kV\cdot A)$，蓄电池输出的有功功率为 0，相位差 $|\theta|\approx90°$，输出电压 THD 分别为 1.53%、1.16%，系统工作在供电模式 III。

外置并联分时选择开关 Buck 型单级多输入低频环节分布式发电系统带非线性负载时的稳态输出波形，如图 10-9 所示。由图 10-9 可知，第 1、2 路输入源与蓄电池共同对非线性负载供电，输出电压波形畸变小，THD 为 1.95%，工频变压器 T_1 副边电流 i_{N12} 与输出电压 u_o 同频同相，系统稳定运行。

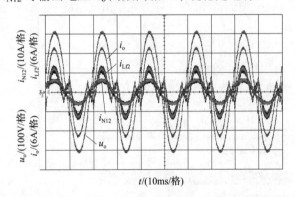

图 10-9　研制的发电系统带非线性负载时的稳态输出波形

极限情况下，当第 1、2 路输入源都不输出功率，即 $P_{1max}+P_{2max}=0$ 时，负载所需功率全部由蓄电池提供，该情况属于供电模式 II 的特例。发电系统在 $P_{1max}+P_{2max}=0$、不同性质负载下的稳态输出波形如图 10-10 所示。由图 10-10 可以看出，

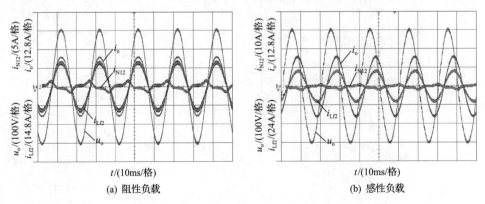

(a) 阻性负载　　　　　　　　　　　　　　(b) 感性负载

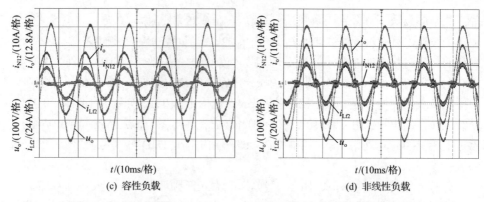

(c) 容性负载　　　　　　　　　(d) 非线性负载

图 10-10　发电系统在 $P_{1max}+P_{2max}=0$、不同性质负载下的稳态输出波形

$P_{1max}+P_{2max}=0$ 时，负载电流 i_o 近似等于滤波电感电流 i_{Lf2}，i_{N12} 为工频变压器 T_1 原边励磁电流折算到副边的值 $i_{Lm}N_{11}/N_{12}$，i_{N12} 相位超前 u_o 90°；输出电压波形畸变小，系统稳定运行。

发电系统在负载由 1kW 突增至 3kW 再突减至 1kW 时的动态实验波形，如图 10-11 所示。图 10-11 中，两输入源的最大功率点分别为(1275W, 288V, 4.43A)、(915W, 250V, 3.66A)，阶段 1、3 的负载功率为 1kW，阶段 2 的负载功率为 3kW。由图 10-11

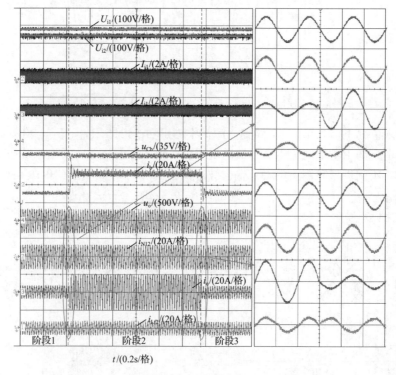

图 10-11　发电系统在负载突变时的动态实验波形

可知，在整个运行过程中两输入源始终工作在各自的最大功率点，T_1 副边电流 i_{N12} 恒定不变；阶段 1、3 期间，两输入源输出功率 $P_{1max}+P_{2max}>P_o$，故两输入源对负载和蓄电池供电，蓄电池电流 $i_b<0$，电压略高于其额定电压 96V，系统工作在供电模式 I；阶段 2 期间，$P_{1max}+P_{2max}<P_o$，故两输入源和蓄电池共同向负载供电，蓄电池电流 $i_b>0$，电压略低于其额定电压 96V，系统工作在供电模式 II。当系统由阶段 1 进入阶段 2 时（负载由 1kW 突增至 3kW），输出电压 u_o 畸变小，充放电变换器滤波电感电流 i_{Lf2} 与 u_o 的相位差迅速由 $\theta\approx180°$ 转为 $\theta\approx0°$，即充放电变换器由反向吸收功率转为正向输出功率；当系统由阶段 2 进入阶段 3 时（负载由 3kW 突减至 1kW），输出电压 u_o 畸变小，i_{Lf2} 与 u_o 的相位差迅速由 $\theta\approx0°$ 转为 $\theta\approx180°$，即充放电变换器由正向输出功率转为反向吸收功率。因此，本节研制的发电系统在负载突变时能实现不同供电模式下的平滑切换，系统响应快。

发电系统在光照强度由 1000W/m² 突减至 500W/m² 再突减至 0 时的动态实验波形，如图 10-12 所示。图 10-12 中，两输入源在光照强度为 1000W/m² 时的最大功率点分别为（1275W，288V，4.43A）、（915W，250V，3.66A），负载功率恒为 1kW。由图 10-12 可知，阶段 1 期间，两输入源输出功率 $P_{1max}+P_{2max}>P_o$，故两输入源对负载和蓄电池供电，蓄电池电流 $i_b<0$，电压略高于其额定电压 96V，系统工作

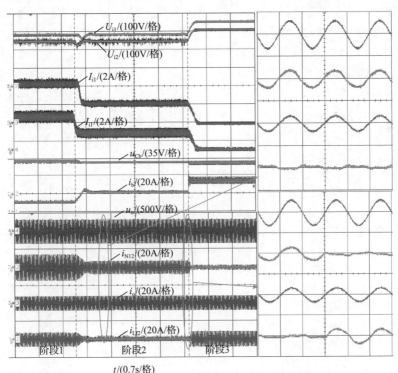

图 10-12　发电系统在光照强度突变时的动态实验波形

在供电模式Ⅰ；阶段 2 期间，两路光照强度突减为 $500W/m^2$，此时 $P_{1max}+P_{2max}=P_o$，故两输入源仅对负载供电，蓄电池电流 $i_b=0$，电压等于其额定电压 96V，系统工作在供电模式Ⅲ；阶段 3 期间，两路光照强度减为 0，光伏电池、风力发电机停止工作，I_{i1}、I_{i2} 降为 0，U_{i1}、U_{i2} 迅速上升到各自的开路电压 360V、313V，$P_{1max}+P_{2max}<P_o$，此时仅蓄电池向负载供电，蓄电池电流 $i_b>0$，电压略低于其额定电压 96V，系统工作在供电模式Ⅱ。当系统由阶段 1 进入阶段 2 时（光照强度由 $1000W/m^2$ 突减至 $500W/m^2$），两输入源能较快地追踪到新的最大功率点，输出电压 u_o 基本不变，充放电变换器滤波电感电流 i_{Lf2} 与 u_o 的相位差由 $\theta\approx180°$ 转为 $\theta\approx90°$，即充放电变换器由反向吸收功率转为既不吸收也不输出功率（空载状态）；当系统由阶段 2 进入阶段 3 时（光照强度由 $500W/m^2$ 突减至 0），输出电压 u_o 基本无畸变，i_{Lf2} 与 u_o 的相位差迅速由 $\theta\approx90°$ 转为 $\theta\approx0°$，即充放电变换器由空载状态转为正向输出功率。因此，本节提出的发电系统在光照强度突变时也能实现不同供电模式下的平滑切换，系统响应快。

单级多输入逆变器、单级双向充放电变换器和发电系统的变换效率曲线如图 10-13 所示。其中，工频变压器 T_1 在 $3kV\cdot A$ 时的效率为 97.2%。图 10-13（a）、（b）中，轻载时变换器的功率管开关损耗、变压器和滤波电感的铁损等固有损耗所占比重较大，变换效率较低；重载时变换器的功率管导通损耗、变压器和滤波电感的铜损与电流有效值的平方成正比，所占比重较大，二者的变换效率先上升后下降，满载 3kW 时的变换效率分别为 92.5%、91.01%，最高效率分别为 93.2%、92.2%。由图 10-13（c）可知，当两输入源输出功率之和 $P_{1max}+P_{2max}$ 约为 1kW、2kW 时发电系统满载变换效率分别为 91.0%、92.4%。发电系统在 $P_{1max}+P_{2max}=2kW$ 时的变换效率比 $P_{1max}+P_{2max}=1kW$ 时的高，其原因是单级多输入逆变器在输出功率为 1.7kW 时变换效率最高，充放电变换器在输出功率为 1.3kW 时变换效率最高。此外，附加的并联谐振电感 L_r 由于流经全部蓄电池电流而存在较大的铜损。

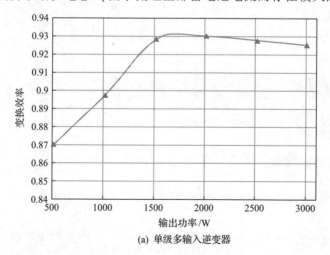

(a) 单级多输入逆变器

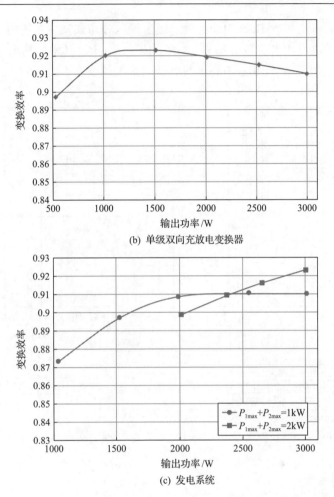

(b) 单级双向充放电变换器

(c) 发电系统

图 10-13　单级多输入逆变器、单级双向充放电变换器和发电系统的变换效率曲线

10.3　1kV·A 串联同时供电 Buck-Boost 型
单级多输入分布式发电系统研制

10.3.1　系统构成与功率电路

　　设计实例：串联同时供电单管 Buck-Boost 型拓扑，基于输出电压瞬时值反馈主从功率分配能量管理控制策略，光伏-燃料电池双输入源，Topcon quadro 可编程直流电源 TC.P.16.800.400.S 模拟光伏电池（MPP 电压为 80~110V，最大功率为 600W）和燃料电池（电压为 80~110V），额定容量 $S=1\text{kV·A}$，输出电压 $u_o=220\text{V}50\text{HzAC}$，开关频率 $f_s=50\text{kHz}$，储能式变压器匝比 $N_1:N_2=49:60$、原边电感为 106μH，输入滤波电容 $C_{i1}=C_{i2}=3000\text{μF}$，输出滤波电容 $C_f=14.7\text{μF}$，最大占空比 $D_{max}=0.76$。

串联同时供电单管 Buck-Boost 型单级多输入分布式发电系统由功率电路、控制电路和机内辅助电源三部分构成，如图 10-14 所示。其中，功率电路采用串联同时供电有源钳位单管 Buck-Boost 型单级双输入逆变器。

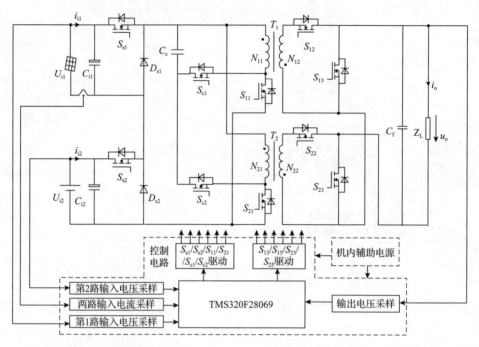

图 10-14　串联同时供电单管 Buck-Boost 型单级多输入分布式发电系统的构成

10.3.2　控制电路

控制电路包括控制芯片、输入源电压和电流采样电路、输出电压采样电路、驱动电路等。

交直流电压和电流采样电路如图 10-15 所示。图 10-15(a)中，$R_1=R_3$，$R_2=R_4$，$R_5=R_6$，$R_7=R_8$，采用对称结构并将中点与采样地相连来减小交流电压采样的共模干扰，电网电压 $u_o=(R_1+R_2+R_5)(u_{o\_}P-u_{o\_}N)/(8R_5)$；图 10-15(b)中，输入电压 $U_i=(R_1+R_2+R_3)(U_{i\_}P-U_{i\_}N)/(8R_3)$；图 10-15(c)中，采用 ACS712-05B 电流传感器将电流信号转换成电压信号，并经调理电路后将 i_{i_ADC} 接入 DSP 芯片 AD 采样端口。

$$i_{i\_ADC}=\left(\left[2.5-(2.5-i_i\times0.185)\right]\times\frac{R_4}{R_1}+2.5\right)\times\frac{R_5}{R_5+R_6} \tag{10-25}$$

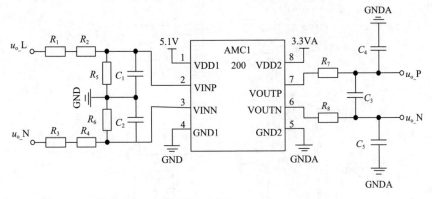

(a) 交流电压

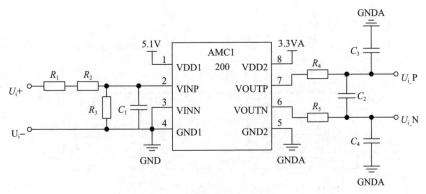

(b) 直流电压

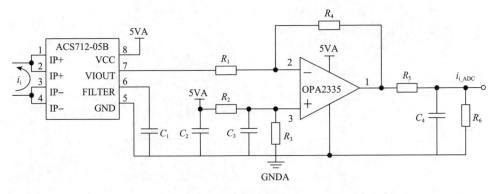

(c) 交直流电流

图 10-15　交直流电压和电流采样电路

　　基于 SI8232 的功率开关驱动电路如图 10-16 所示。图 10-16 中，R_3、R_4 的大小将影响功率开关的开关速度，实验中需要调整其大小，使驱动电路获得最佳性能。

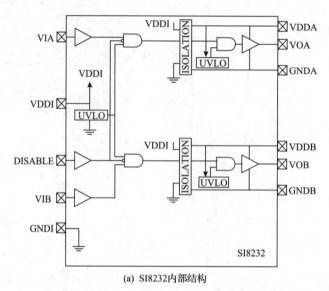

(a) SI8232内部结构

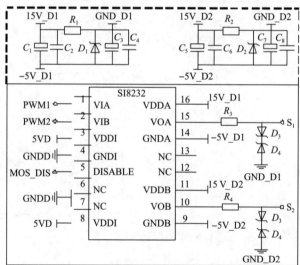

(b) 开关管驱动电路

图 10-16　基于 SI8232 的功率开关驱动电路

　　采用平行加速器(control law accelerator，CLA)的 TMS320F28069 作为控制芯片，系统软件流程包含系统配置、PWM 中断程序和 CLA 中断程序三部分，如图 10-17 所示。其中，PWM 中断程序用于实现不需要高速运算的多输入源能量管理控制与故障检测两个控制目标；CLA 中断程序用于需实时控制的输出电压瞬时值环。

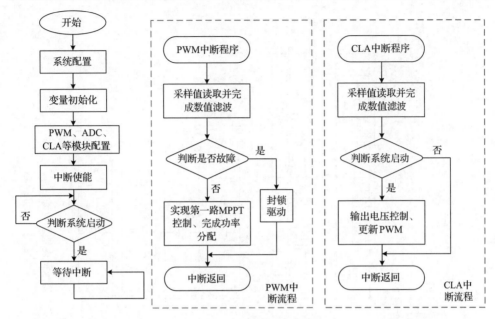

图 10-17　系统的程序流程图

10.3.3　机内辅助电源

基于 UCC28600 芯片多路输出准谐振反激机内辅助电源如图 10-18 所示。其中，T 为高频储能式变压器，T_j 为高频变压器，通过高频储能式变压器 T 的 N_3 绕组并接多个高频变压器实现多路驱动电源。该机内辅助电源用于产生运放电源 +5V、DSP 电源 +5V、10 路独立的功率开关驱动电路电源 +20V。

10.3.4　功率电路参数设计与选取

储能变压器设计。取输入源最低电压 $U_{ij\min}$= 80V、最大占空比 $d_{j\max}$=0.76、励磁电流的脉动量最大百分比为 δ_M=35%、T_s=20 μs，根据式 (8-27)，可得储能式变压器匝比和原边电感分别为

$$\frac{N_{12}}{N_{11}} = \frac{N_{22}}{N_{21}} \geqslant \frac{\sqrt{2}U_{\mathrm{orms}}(1-d_{j\max})}{d_{j\max}U_{ij\min}} \approx 1.228 \tag{10-26}$$

$$L_{\mathrm{N11}} = L_{\mathrm{N21}} > \frac{U_{\mathrm{orms}}^2(1-d_{\max})^2 T_s N_1^2}{\delta_M S N_2^2} \approx 105.6(\mu\mathrm{H}) \tag{10-27}$$

当光伏电池不供电，燃料电池单独提供满载功率时，储能式变压器承受最大电流应力。此时，高频开关周期内原、副边绕组电流最大值分别为 $I_{\mathrm{LN11max}}=I_{\mathrm{LN21max}}$= 32.895A、$I_{\mathrm{LN12max}}= I_{\mathrm{LN22max}}$=26.784A，工频周期内的原、副边电流有效值分别为

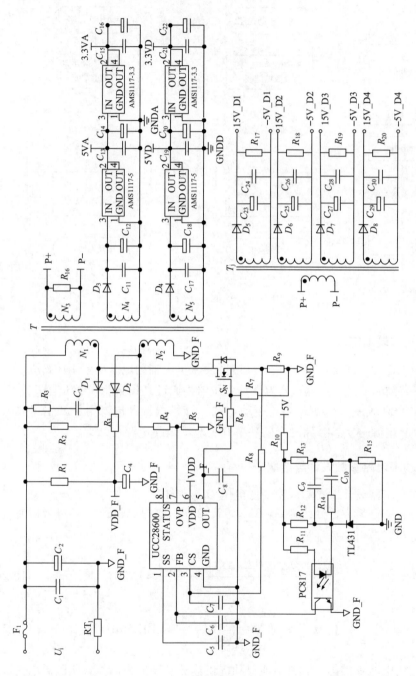

图 10-18 基于 UCC28600 芯片多路输出准谐振反激机内辅助电源

$I_{LN11rms}=I_{LN21rms}$=12.719A、$I_{LN21rms}=I_{LN22rms}$=6.228A；输出电流有效值 I_{orms}=4.545A，输出电流峰值 I_{omax}=6.428A。取磁芯的最大磁通密度 B_m=0.42T，储能式变压的绕组电流密度 J=400A/cm^2，窗口利用系数 K_w=0.5，储能式变压器的磁心 AP 需满足

$$AP > \frac{(I_{LN11rms} + I_{LN21rms}N_{11}/N_{21})I_{LN11max}L_{N11}}{JK_wB_m}=7.826(cm^4) \qquad (10\text{-}28)$$

选用 AP=8.5cm^4 的 NPH184060 环形铁硅合金磁芯，其磁芯截面积 A_e=1.99cm^2、窗口面积 A_w=4.27cm^2、电感系数 A_L=135nH、有效磁路长度 L_e=10.74cm、饱和磁密 B_s=1.2T。

按照极限情况时，储能电感电流峰值处电感系数下降到初始值的 33%为基点进行绕组匝数计算，则可求得原边、副边绕组匝数分别为

$$N_{11} = N_{21} = \sqrt{\frac{L_{N11}}{0.33 \times A_L}} \approx 48.7 \qquad (10\text{-}29)$$

$$N_{12} = N_{22} = 1.228N_{11} \approx 59.8 \qquad (10\text{-}30)$$

实际取 $N_{11}=N_{21}$=49 匝，$N_{12}=N_{22}$=60 匝，此时，储能式变压器的最大工作磁通密度

$$B_{m1}=B_{m2}=\frac{L_{N11}I_{LN11max}}{N_{11}A_e} = 0.416T < 0.42T \qquad (10\text{-}31)$$

满足设计要求。

原边、副边绕组所需导线截面积分别为

$$\frac{I_{LN11rms}}{J} = \frac{I_{LN21rms}}{J}=\frac{12.719}{5} \approx 2.544(mm^2) \qquad (10\text{-}32)$$

$$\frac{I_{LN12rms}}{J} = \frac{I_{LN22rms}}{J} = \frac{6.228}{5} \approx 1.246(mm^2) \qquad (10\text{-}33)$$

原边、副边绕组分别选用 4 股、2 股标称直径 0.9mm 的导线并绕，此时，原边、副边绕组实际电流密度分别为 500A/cm^2、489A/cm^2，满足设计值。窗口利用系数为

$$k_{w1}=k_{w2}=\frac{4N_{11}\pi(0.9/2)^2 + 2N_{21}\pi(0.9/2)^2}{A_w} \approx 0.453 < 0.5 \qquad (10\text{-}34)$$

储能式变压器采用原、副边绕组夹绕方式，将副边绕组 60 匝导线分为两组 30 匝，先绕副边绕组 30 匝，再绕原边绕组 49 匝，最后再绕副边绕组 30 匝。

取输出电压的纹波系数为 2.5%，则输出滤波电容为

$$C_f \geqslant \frac{D_{\max}T_s}{k_u\%R_{Lmin}} = \frac{0.76\times20\times10^{-6}}{0.025\times48.4} \approx 12.6(\mu F) \tag{10-35}$$

实际取 C_f=14.7μF，由 1 个 10μF/400V、1 个 4.7μF/400V 的 CBB 电容并联构成。

根据表 8-1 计算可得，选择开关 S_{s1} 和 S_{s2}、储能开关 S_{11} 和 S_{21}、整流开关 S_{12} 和 S_{22}、逆变开关 S_{13} 和 S_{23}、钳位开关 S_{c1} 和 S_{c2} 的电压应力分别为 137.5V、251.2V、617.4V、311V、558.5V；S_{s1} 和 S_{s2}、S_{11} 和 S_{21}、D_{s1} 和 D_{s2} 的电流应力为 12.719A，S_{12} 和 S_{22} 的电流应力为 6.228A，S_{13} 和 S_{23} 的电流应力为 4.545A。功率开关 S_{s1}-S_{s2}、S_{11}-S_{21}、S_{12}-S_{22}、S_{13}-S_{23}、S_{c1}-S_{c2} 分别选取 FDD390N15A、STB45N50DM2、IPB65R190CFD、SPB21N50C3、IPB65R310CFD 型 MOSFET，D_{s1}-D_{s2} 选取 STPS40150CG 型肖特基二极管。

10.3.5　样机实验

1kV·A 串联同时供电 Buck-Boost 型单级多输入分布式发电系统在光伏电池最大功率点(600W，110V)、燃料电池电压 U_{i2}=110V 和额定阻性负载时的稳态实验波形，如图 10-19 所示。

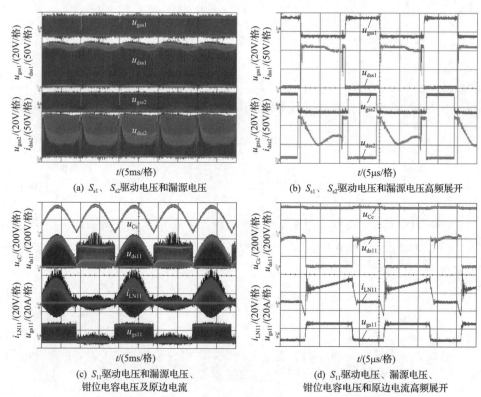

(a) S_{s1}、S_{s2}驱动电压和漏源电压　　　(b) S_{s1}、S_{s2}驱动电压和漏源电压高频展开

(c) S_{11}驱动电压和漏源电压、钳位电容电压及原边电流　　　(d) S_{11}驱动电压、漏源电压、钳位电容电压和原边电流高频展开

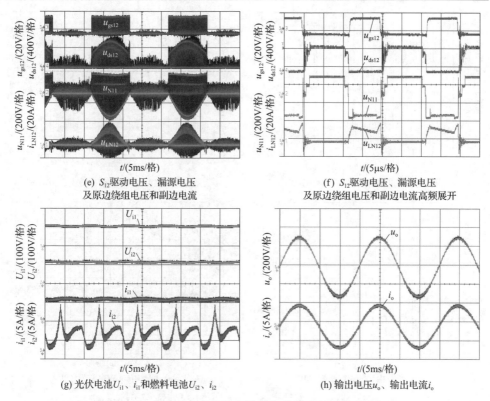

(e) S_{12} 驱动电压、漏源电压
及原边绕电压和副边电流

(f) S_{12} 驱动电压、漏源电压
及原边绕组电压和副边电流高频展开

(g) 光伏电池 U_{i1}、i_{i1} 和燃料电池 U_{i2}、i_{i2}

(h) 输出电压 u_o、输出电流 i_o

图 10-19　发电系统在光伏电池最大功率点（600W、110）、
U_{i2}=110V 和额定阻性满载时的稳态实验波形

图 10-19 稳态实验结果表明：①选择开关 S_{s1}、S_{s2} 有相位差且中心对称，漏源两端无电压尖峰，如图 10-19（a）与（b）所示；②钳位电容电压 u_{Cc} 为 100Hz 正弦双半波脉络的直流电压，幅值略大于 $\sqrt{2}\,U_oN_1/N_2$，未参与工作的变压器漏感与储能开关结电容谐振加大了钳位电容电压 u_{Cc}，储能开关 S_{11} 的漏源电压 u_{ds11} 钳位在电容电压值 u_{Cc}，如图 10-19（c）与（d）所示；③整流开关 S_{12} 实现 ZVS 开通且其结电容与副边漏感所产生的电压尖峰被 RCD 缓冲电路抑制，如图 10-19（e）与（f）所示；④第 1 路光伏电池近似工作于最大功率点（597W，110.42V，5.409A），第 2 路燃料电池提供负载所需的剩余功率，如图 10-19（g）所示；⑤输出电压 u_o 为 220VAC50Hz 正弦波，额定阻性负载时输出电压 THD 为 0.663%，如图 10-19（h）所示。

1kV·A 串联同时供电 Buck-Boost 型单级多输入分布式发电系统在光伏电池光照强度从 1000W/m^2 突减至 700W/m^2 再突增至 1000W/m^2 时和负载从 1000W 突减至 600W 再突增至 1000W 时的动态实验波形如图 10-20 所示。

图 10-20 动态实验结果表明：①系统具有良好的动态性能，当光照强度突变和负载突变时，输出电压波形过渡平稳，如图 10-20（a）～（d）所示；②光伏电池光照强度从 1000W/m^2 突减至 700W/m^2 再突增至 1000W/m^2 时，系统均能快速追踪到新

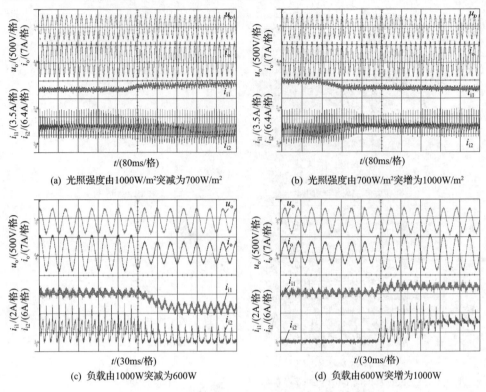

(a) 光照强度由1000W/m²突减为700W/m²　　(b) 光照强度由700W/m²突增为1000W/m²

(c) 负载由1000W突减为600W　　　　　　(d) 负载由600W突增为1000W

图 10-20　1kV·A 单级多输入分布式发电系统光照强度突变
和负载突变时的动态实验波形

的最大功率点,如图 10-20(a)与(b)所示;③当负载功率(1000W)大于光伏电池最大输出功率时,光伏电池输出最大功率、燃料电池补充负载所需的不足功率;当负载功率(600W)小于等于光伏电池最大输出功率时,光伏电池提供负载所需的全部功率,燃料电池停止工作,如图 10-20(c)与(d)所示。

实验结果表明,串联同时供电 Buck-Boost 型单级多输入分布式发电系统具有单级功率变换、多输入源串联同时向负载供电、占空比调节范围宽、输出波形质量高、稳态精度高、不同供电模式间平滑无缝切换等优良性能。

10.4　3kW 多绕组同时供电 Boost 型单级
多输入分布式发电系统研制

10.4.1　系统构成与功率电路

设计实例:多绕组同时供电单向全桥 Boost 型拓扑,光伏电池-风力发电机双输入源,基于 DSP28377D 的输出电压反馈外环和具有储能电感电流限制的非线性

PWM 单周期控制内环的主从功率分配能量管理控制策略，第 1 路光伏电池选用 Topcon quadro 可编程直流电源 TC.P.32.200.400.PV.HMI 供电（MPP 电压为 80～110V，最大功率为 1500W），第 2 路风力发电机选用直流源供电（电压为 80～110V，最大功率为 1500W），额定输出功率 P_o=3kW，u_o=220V50Hz，开关频率 f_{s1}=50kHz，储能电感 L_1=L_2=0.25mH，多绕组高频变压器匝比 N_{11}：N_{12}：N_2=6：6：9，输入滤波电容 C_{i1}= C_{i2}=9900 μF，钳位电容 C_{c1}=C_{c2}=4.7 μF，输出滤波电容 C_f=10 μF。

　　多绕组同时供电 Boost 型单级多输入分布式发电系统由功率电路、控制电路和辅助电源三部分构成，如图 10-21 所示。其中，功率电路采用多绕组同时供电单向全桥 Boost 型单级双输入逆变器，控制电路包括控制芯片、采样电路和驱动电路，辅助电源产生控制电路中控制芯片、运算放大器、电压和电流传感器、功率开关驱动所需的供电电源。

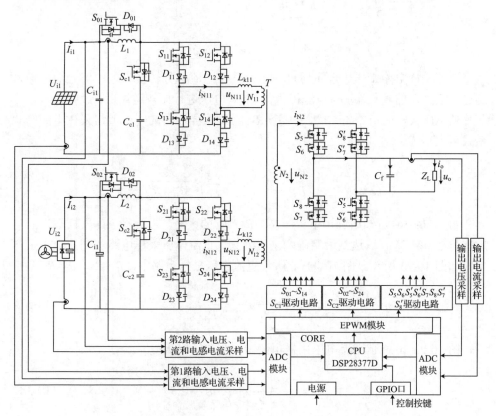

图 10-21　多绕组同时供电 Boost 型单级多输入分布式发电系统构成

10.4.2　控制电路

　　基于 DSP28377D 的输出电压反馈外环和具有储能电感电流限制的非线性 PWM

单周期控制内环的主从功率分配能量管理控制电路包括采样电路、驱动电路和程序设计。

采用 LTS25-NP 霍尔电流传感器对系统直流电流和交流电流进行采样，LTS25-NP 额定采样电流为 25A，其最大采样电流可达 80A，额定供电电压为 5V，测量精度可达±0.2%，具有测量精度高，线性度好，温度漂移低，没有插入损耗等优点。光伏电流、风力发电机电流、储能电感电流和逆变器输出电流采样电路如图 10-22 所示。

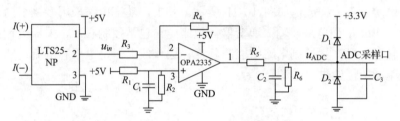

图 10-22　电流采样电路

电流采样电路工作原理是通过霍尔元件将电流信号转换为电压信号后，输入到运算放大器的输入端，与电源提供的 2.5V 电压进行比较运算后，最终输入主控芯片的 AD 采样端口。图 10-22 中 $R_1=R_2$，AD 采样端口的电压值与采样电流的关系式可表示为

$$u_{\text{ADC}} = \left(\frac{R_4}{R_3} \times 0.025 i_{in} + 2.5\right) \times \frac{R_6}{R_5 + R_6} \tag{10-36}$$

由式(10-36)可知通过调节 R_3、R_4、R_5、R_6 的大小，最终将 AD 采样端口的电压保持在 0~3.3V，以达到最精确的采样效果。直流电压采样电路和交流电压采样电路如图 10-23 所示。图 10-23(a)所示直流电压采样电路中，$R_1=R_3$，$R_2=R_4$，则

$$u_{\text{ADC}} = \frac{R_4}{R_3} \times \frac{R_6}{R_6 + R_5} u_{in} \tag{10-37}$$

图 10-23(b)所示交流电压采样电路中，$R_1=R_3$，$R_2=R_4$，$R_7=R_8$，则

$$u_{\text{ADC}} = \frac{R_6}{R_6 + R_5} \times \left(\frac{R_4}{R_3} u_{in} + 2.5\right) \tag{10-38}$$

由式(10-37)和式(10-38)可知，通过调节 R_3、R_4、R_5、R_6 的大小可以将 DSP 的 AD 采样口的电压保持在一定范围内。

基于隔离光耦 A3120 的功率开关驱动电路如图 10-24 所示。图 10-24 中，R_0 的大小将影响功率开关的开关速度，调整 R_0 的大小使功率器件获得最佳驱动性能。

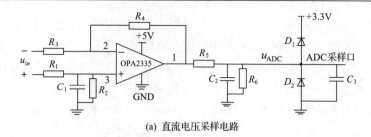

(a) 直流电压采样电路

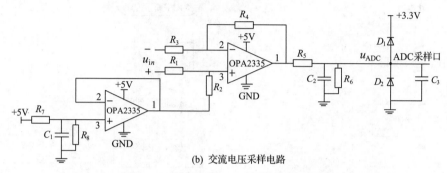

(b) 交流电压采样电路

图 10-23　直流电压采样电路和交流电压采样电路

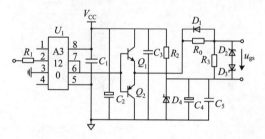

图 10-24　基于隔离光耦 A3120 的功率开关驱动电路

　　TMS320F28377D 是德州仪器(Texas Instruments)公司近几年推出的一款高效 32 位浮点数字型双核 DSP 控制芯片，其主频可达 200MHz，指令周期时间为 5ns，具有单精度浮点运算单元(float point unit，FPU)，能够快速执行复杂浮点运算，缩短每段代码执行的时间，节约存储空间，其中片上集成了 32 位的 CLA，CLA 中执行代码可独立于 CPU 运行，提高了代码运算速度，可实现多段程序同时运行，同时拥有 6 通道直接存储器访问模块(direct memory access，DMA)，可利用 DMA 对电路采样结果进行滤波控制。TMS320F28377D 同时拥有 12 位模式、16 位模式 ADC 转换器，16 位模式 ADC 存在 12 路采样通道，12 位 ADC 模式拥有 24 路采样通道，ADC 转换器采样频率高达 200MHz，转换速度快，采样精度高。该芯片具有 12 个增强型脉宽调制(ePWM)模块，最多可输出 24 路 PWM 波对开关管进行控制。TMS320F28377D 具有运算速度快，功耗小，可单双核同时运行，功能强大等优点，广泛地应用于新能源发电、开关电源及智能电网等工程领域。

TMS320F28377D 作为主控芯片，系统程序流程图如图 10-25 所示。系统程序流程图分为主程序流程图和 EPWM 中断程序流程图，主程序流程图主要由 7 个步骤依序组成，主要是对 DSP 系统初始化和使能相应寄存器操作。EPWM 中断流程图对系统交直流电压电流进行采样，根据采样电压和电流信号分别计算出两路输入源的占空比并产生 PWM 控制信号，此外还包括系统故障检测、过压过流保护等。

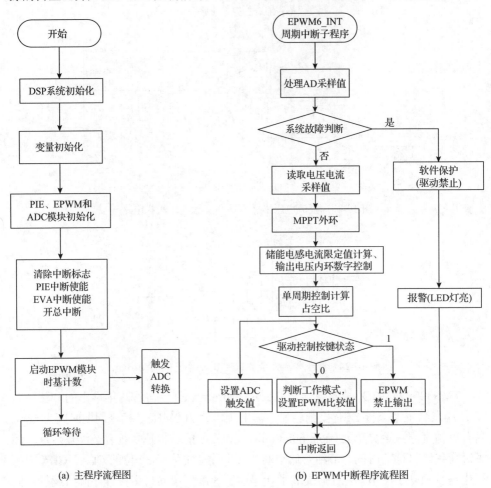

(a) 主程序流程图   (b) EPWM中断程序流程图

图 10-25　系统程序流程图

10.4.3　功率电路参数设计与选取

取储能电感电流纹波系数 α=0.05、最大直通占空比 $D_{n\max}$=0.65、最低输入电压 $U_{in\min}$=80V、单路输入源最大功率 1500W、第 n 路储能电感电流的最大值 $I_{Ln\max}$=48A，则储能电感感值为

$$L_n = \frac{D_{n\max}U_{in\min}}{\alpha I_{Ln\max}2f_{s1}} = \frac{0.65 \times 80}{0.05 \times 48 \times 2 \times 50000} \approx 0.22(\text{mH}) \qquad (10\text{-}39)$$

能量回馈期间，储能电感电流迅速增加，考虑能量回馈对储能电感电流的影响，最终选取储能电感值 L_1、L_2 均为 0.25mH。

确定磁芯材料和型号。选用 NPF 系列磁芯，饱和磁密 B_s=1.5T，初始磁导率 μ_o=40Gs/Oe。当电感电流达到峰值时，电感感值下降为初始值的 60%，由 NPF 磁导率和磁场强度关系曲线可知，磁导率下降到初始磁导率的 60%，最大磁场强度 H_m=200Oe，对应最大磁通密度 B_m=60%×40×200=4800Gs。考虑储能电感电流有效值 $I_{Ln\text{rms}}$=35A，储能电感电流峰值 I_{Lnp}=48A，导线电流密度 J=300A/cm^2，填充系数 K_μ=0.4，可得

$$AP = \frac{L_n I_{Ln\text{rms}} I_{Lnp}}{B_m J K_\mu} \times 10^8 = \frac{0.25 \times 10^{-3} \times 35 \times 48}{4800 \times 300 \times 0.4} \times 10^8 \approx 73(\text{cm}^4) \qquad (10\text{-}40)$$

选用 NPF401040 磁芯，该磁芯外径 OD=102.87mm，内径 ID=55.75mm，高度 HT=17.78mm，磁芯有效磁路长度 l_e=24.271cm，磁芯有效截面积 A_e=3.5226cm^2，窗口面积 A_w=24.413cm^2，可得

$$AP' = A_e A_w = 3.5226 \times 24.413 \approx 85.99723(\text{cm}^4) > 73(\text{cm}^4) \qquad (10\text{-}41)$$

满足设计要求。

计算绕组匝数。绕组匝数可由式(10-42)计算：

$$N = \sqrt{\frac{L_n l_e \times 10^8}{0.4\pi(60\%\mu)A_e}} = \sqrt{\frac{0.25 \times 10^{-3} \times 24.271 \times 10^8}{0.4 \times 3014 \times (60\% \times 40) \times 3.5226}} \approx 75.574(\text{匝}) \qquad (10\text{-}42)$$

取 N=76 匝。

确定导线线径。由电感电流的有效值和导线的电流密度可计算电感导线的截面积为

$$S'_{Ln} = \frac{I_{Ln\text{rms}}}{J} = \frac{35}{300} \approx 0.12(\text{cm}^2) \qquad (10\text{-}43)$$

由于存在趋肤效应，实际绕制电感时将 4 股直径 1.8mm 的导线并绕，四股导线的总截面积为 $S_{Ln} = 4 \times 0.0254 = 0.1016\text{cm}^2$，磁芯窗口填充系数为

$$k_\mu = \frac{N S_{Ln}}{A_w} = \frac{76 \times 0.1018}{24.413} = 0.316 < 0.4 \qquad (10\text{-}44)$$

计算结果表明设计合理，磁芯窗口足够绕下所需绕组。

多绕组高频变压器设计。取 $U_{in\min}=80\text{V}$，$U_{o\max}=311\text{V}$，$k=0.95$，最大等效储能占空比 $D_{en\max}=0.6$，可得

$$n=\frac{N_2}{N_{1j}}=\frac{u_{o\max}(k-D_{en\max})}{U_{in\min}k}=\frac{311\times(0.95-0.6)}{80\times0.95}\approx1.43 \tag{10-45}$$

选取高频变压器变比 $N_{11}:N_{21}:N_2=6:6:9$，其中变压器磁芯型号、各边匝数和绕线直径如下所示。

确定磁芯选型及原边、副边绕组匝数。选择 LP3 型铁氧体磁芯 PM74×59，有效截面积 $S=3.14\times(2.95^2-0.45^2)/4=6.67\text{cm}^2$，窗口面积 $Q=(4.07-0.5)\times(5.75-2.95)/2=5.0\text{cm}^2$，$B_s=5100\text{Gs}$，选取 $\Delta B_{\max}=2500\text{Gs}$，填充系数 $K_c=1$，利用系数 $K_u=0.35$，电流密度 $J=300\text{A/cm}^2$，则可得

$$\begin{aligned}SQ&=\frac{P_1+P_2+P_o}{2\Delta B_{\max}\eta K_c K_u J f_{s1}}\times10^8\\&=\frac{1500+1500+3000}{2\times0.25\times0.9\times1\times0.35\times300\times50\times10^3}\times10^8\\&=25.4\text{cm}^4<6.61\times5.0=33.05\text{cm}^4\end{aligned} \tag{10-46}$$

高频变压器副边绕组匝数为

$$\begin{aligned}N_2&=\frac{u_{o\max}(1-D_n)T_{s1}}{2\Delta B_{\max}S}\times10^8=\frac{nU_{in}T_{s1}}{2\Delta B_{\max}S}\times10^8\\&=\frac{1.5\times98}{2\times2500\times6.61\times50\times10^3}\times10^8\\&\approx8.9\end{aligned} \tag{10-47}$$

由式 (10-47) 可取 $N_2=9$ 匝，则 $N_{11}=6$ 匝，$N_{12}=6$ 匝。

确定原、副边绕组铜皮厚度。通过计算可得变压器原边 N_{11} 绕组的电流有效值为 20A，取电流密度 $J=300\text{A/cm}^2$，则可求得 A_{W11} 为 6.7mm^2，所以原边绕组 N_{11} 可选用 $0.2\times36\text{mm}^2$ 的铜皮单层绕制。同理，原边绕组 N_{12} 的电流有效值为 26.4A，则 A_{W12} 为 8.8mm^2，所以原边 N_{12} 绕组可选用 $0.2\times36\text{mm}^2$ 的铜皮单层绕制。计算得变压器副边 N_2 绕组的电流有效值为 25A，则 A_{W2} 为 8.43mm^2，故副边 N_2 绕组选用 $0.2\times36\text{mm}^2$ 的铜皮单层绕制。

计算得窗口利用系数为

$$k_u = \frac{N_{11} \times 0.2 \times 36 + N_{12} \times 0.2 \times 36 + N_2 \times 0.2 \times 36}{500} \approx 0.3024 \tag{10-48}$$

绕制方式。只有变压器原、副边绕组紧密的耦合，才能减少变压器漏感对实验影响，所以应采用初级夹次级的绕制方法：先绕副边绕组 N_2 的 5 匝，再将原边绕组 N_{11} 的 6 匝铜皮和原边绕组 N_{12} 的 6 匝铜皮并绕，再绕副边绕组 N_2 的 4 匝铜皮，最后在变压器外部将副边绕组的两组铜皮顺向串联。原边绕组 N_{11}、原边绕组 N_{12}、副边绕组 N_2 励磁电感分别为 358.879μH、358.979μH、805.174μH，原边绕组 N_{11}、原边绕组 N_{12}、副边绕组 N_2 漏感分别为 334.364nH、381.015nH、797.782nH。

考虑到输入滤波电容的二次纹波脉动，可得输入滤波电容为

$$C_{in} = \frac{P_n}{4\Delta u_{cin} \pi f_o \eta U_{in}} \geqslant \frac{1500}{4 \times 5\% \times 80 \times \pi \times 50 \times 90\% \times 80} \approx 8.3(\text{mF}) \tag{10-49}$$

实际 C_{in} 选取 3 个 3300μH/200V 电解电容并联构成。

考虑滤除高频电流纹波，输出滤波电容为

$$C_f = \frac{D_{n\max} i_{o\max}}{\Delta u_{s\max} 2 f_s} \geqslant \frac{0.65 \times 19.2}{0.05 \times 311 \times 2 \times 50000} \approx 8.0(\mu\text{F}) \tag{10-50}$$

实际 C_f 取 10μF/400V CBB 电容。

有源钳位电路采用窄脉冲工作方式，有源钳位电容取 4.7μF/400V CBB 电容。额定负载情况下功率开关电压电流应力，如表 10-1 所示。

表 10-1　功率开关电压电流应力

管子名称	电压应力/V	电流应力/A
S_{11}、S_{12}、S_{21}、S_{22}	235	108.15
S_{13}、S_{14}、S_{23}、S_{24}	235	108.15
D_{11}、D_{12}、D_{13}、D_{14}	230	108.15
D_{21}、D_{22}、D_{23}、D_{24}	230	108.15
S_{10}、S_{20}	150	62.94
D_{10}、D_{20}	180	62.94
S_{c1}、S_{c2}	223	61.44
$S_{5a}(S_{5b})$、$S_{7a}(S_{7b})$	313.5	101.67
$S_{6a}(S_{6b})$、$S_{8a}(S_{8b})$	313.5	101.67

功率开关和二极管型号如表 10-2 所示。

表 10-2　功率开关和二极管型号

器件名称	型号
S_{11}、S_{12}、S_{21}、S_{22}	IXFH78N50P3
S_{13}、S_{14}、S_{23}、S_{24}	IXFH78N50P3
D_{11}、D_{12}、D_{13}、D_{14}	DPG60I400HA
D_{21}、D_{22}、D_{23}、D_{24}	DPG60I400HA
S_{10}、S_{20}	IXFH86N30T
D_{10}、D_{20}	DPG60I300HA
S_{c1}、S_{c2}	IXFH78N50P3
S_{5a}(S_{5b})、S_{7a}(S_{7b})	IXFH78N50P3
S_{6a}(S_{6b})、S_{8a}(S_{8b})	IXFH78N50P3

10.4.4　样机实验

多绕组同时供电单向全桥 Boost 型单级多输入分布式发电系统样机在 $U_{i1}=90V$、$U_{i2}=100V$、两路占空比为 0.5、阻性负载为 2000W 下的稳态实验波形如图 10-26 所示。实验结果证实了本节提出的电路结构与拓扑及能量管理控制策略的可行性和正确性。

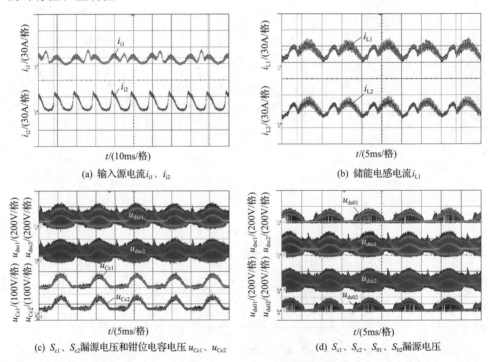

(a) 输入源电流 i_{i1}、i_{i2}

(b) 储能电感电流 i_{L1}

(c) S_{c1}、S_{c2} 漏源电压和钳位电容电压 u_{Cc1}、u_{Cc2}

(d) S_{c1}、S_{c2}、S_{01}、S_{02} 漏源电压

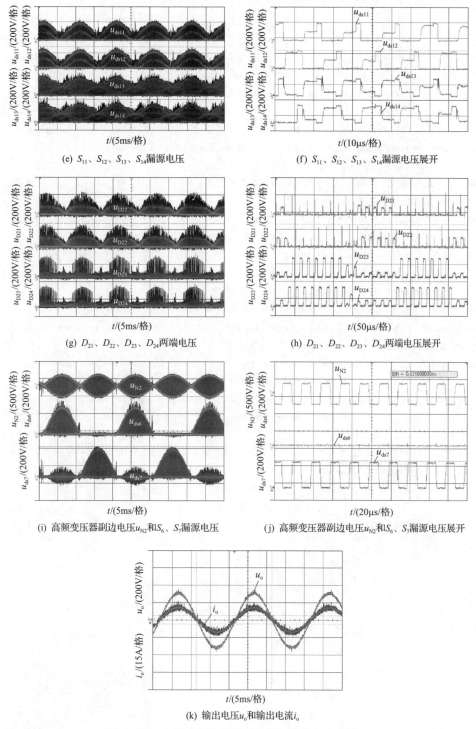

(e) S_{11}、S_{12}、S_{13}、S_{14}漏源电压

(f) S_{11}、S_{12}、S_{13}、S_{14}漏源电压展开

(g) D_{21}、D_{22}、D_{23}、D_{24}两端电压

(h) D_{21}、D_{22}、D_{23}、D_{24}两端电压展开

(i) 高频变压器副边电压u_{N2}和S_6、S_7漏源电压

(j) 高频变压器副边电压u_{N2}和S_6、S_7漏源电压展开

(k) 输出电压u_o和输出电流i_o

图 10-26　本节研制的发电系统样机的稳态实验波形

参 考 文 献

[1] Chen D L, Zeng H C. Single-stage multi-input buck type low-frequency link's inverter with an external parallel-timesharing select switch. US11050359B2. 2021-06-29.

[2] Chen D L, Zeng H C. A buck type multi-input distributed generation system with parallel-timesharing power supply, IEEE Access, 2020, 8: 79958-79968.

[3] Zeng H C, Chen D L. A single-stage isolated charging/discharging DC-AC converter with second harmonic current suppression in distributed generation systems. 43rd Annual Conference of the IEEE Industrial Electronics Society, Beijing, 2017.

[4] 曾汉超, 许俊阳, 陈道炼. 带低频纹波抑制的单级充放电高频环节 DC-AC 变换器. 电工技术学报, 2018, 33(8): 1783-1792.

[5] 曾汉超, 陈道炼. 光伏并网逆变器中工频变压器的磁饱和抑制. 电力电子技术, 2018, 52(9): 89-91.

[6] 陈道炼. 串联同时供电隔离反激直流斩波型单级多输入逆变器: 中国, 201810029374.4. 2020.

[7] 陈道炼. 差动升降压直流斩波器型高频链逆变器: 中国, 200810072268.0. 2010.

[8] Chen D L, Chen S. Combined bi-directional buck-boost DC-DC chopper mode inverters with HFL. IEEE Transactions on Industrial Electronics, 2014, 61(8): 3961-3968.

[9] 陈伟强. 串联同时供电反激直流斩波型单级多输入逆变器. 福州: 福州大学, 2019.

[10] Chen D L, Qiu Y H. Multi-winding single-stage multi-input boost type high-frequency link's inverter with simultaneous/time-sharing power supplies. US11128236 B2. 2021-09-21.

[11] Qiu Y J, Jiang J H, Chen D L. Development and present status of multi-energy distributed power generation system. IEEE 8th International Power Electronics and Motion Control Conference, Hefei, 2016.

[12] Chen D L, Qiu Y H, Chen Y W, et al. Non-linear PWM controlled single-phase boost mode grid-connected photovoltaic inverter with limited storage inductance current. IEEE Transactions on Power Electronics, 2017, 32(4): 2717-2727.

[13] 陈道炼, 陈亦文, 林立铮. 单相电流源并网逆变器的非线性脉宽调制控制装置: 中国, 200910112197.7. 2010.

[14] Qiu Y H, Chen D L, Zhao J W. Boost type multi-input independent generation system with multi-winding simultaneous power supply. IEEE Access, 2021, 9: 99805-99815.